冰冻圈科学丛书

总主编：秦大河

副总主编：姚檀栋　丁永建　任贾文

冰冻圈地理学

刘时银　吴通华　等　著

科学出版社

北　京

内 容 简 介

本书以冰冻圈要素的空间分布和地域分异规律、地理过程、气候环境演化及其对人类活动的影响（聚落、农业、工业；资源、灾害；影响、适应与可持续发展）为主要内容，系统介绍冰冻圈地理学基本理论和方法，并对高原与高山地区、极地地区的区域冰冻圈地理概况进行专门介绍。本书由绪论，冰冻圈形成机理及与其他圈层的联系，冰冻圈类型、分布及变化，冰冻圈与人类活动，极地地区，高原与高山地区，以及冰冻圈地理学研究方法等章节构成。

本书可作为全国高校地理科学专业的研究生教材，也可作为水文学、生态学、大气科学、环境科学、海洋科学等专业的教师、本科生、研究生及科技人员的参考书。

审图号：GS（2020）3856 号

图书在版编目（CIP）数据

冰冻圈地理学/刘时银等著. —北京：科学出版社，2020.12
（冰冻圈科学丛书 / 秦大河总主编）
ISBN 978-7-03-066725-0

Ⅰ.①冰… Ⅱ.①刘… Ⅲ.①冰川学 Ⅳ.①P343.6

中国版本图书馆 CIP 数据核字（2020）第 216062 号

责任编辑：杨帅英 赵 晶 / 责任校对：何艳萍
责任印制：吴兆东 / 封面设计：图阅社

科学出版社 出版
北京东黄城根北街 16 号
邮政编码：100717
http://www.sciencep.com
北京建宏印刷有限公司印刷

科学出版社发行 各地新华书店经销
*
2020 年 12 月第 一 版 开本：787×1092 1/16
2024 年 4 月第三次印刷 印张：14 3/4
字数：344 000

定价：88.00 元
（如有印装质量问题，我社负责调换）

"冰冻圈科学丛书"编委会

本书编写组

主　　笔：刘时银　吴通华

主要作者：（按姓氏汉语拼音排序）

刘　巧　刘时银　王　欣　魏俊锋　吴通华

吴晓东　姚晓军　张　勇　朱小凡

丛书总序

习近平总书记提出构建人类命运共同体的重要理念，这是全球治理的中国方案，得到世界各国的积极响应。在这一理念的指引下，中国在应对气候变化、粮食安全、水资源保护等人类社会共同面临的重大命题中发挥了越来越重要的作用。在生态环境变化中，作为地球表层连续分布并具有一定厚度的负温圈层，冰冻圈成为气候系统的一个特殊圈层，涵盖了冰川、积雪和冻土等地球表层的冰冻部分。冰冻圈储存着全球77%的淡水资源，是陆地上最大的淡水资源库，也被称为"地球上的固体水库"。

冰冻圈与大气圈、水圈、岩石圈及生物圈并列为气候系统的五大圈层。科学研究表明，在受气候变化影响的诸环境系统中，冰冻圈变化首当其冲，是全球变化最快速、最显著、最具指示性，也是对气候系统影响最直接、最敏感的圈层，被认为是气候系统多圈层相互作用的核心纽带和关键性因素之一。随着气候变暖，冰冻圈的变化及对海平面、气候、生态、淡水资源以及碳循环的影响，已经成为国际社会广泛关注的热点和科学研究的前沿领域。尤其是进入21世纪以来，在国际社会推动下，冰冻圈研究发展尤为迅速。2000年世界气候研究计划推出了气候与冰冻圈核心计划（WCRP-CliC）。2007年，鉴于冰冻圈科学在全球变化中的重要作用，国际大地测量和地球物理学联合会（IUGG）专门增设了国际冰冻圈科学协会，这是其成立80多年来史无前例的决定。

中国的冰川是亚洲十多条大江大河的发源地，直接或间接影响下游十几个国家逾20亿人口的生机。特别是以青藏高原为主体的冰冻圈是中低纬度冰冻圈最发育的地区，是我国重要的生态安全屏障和战略资源储备基地，对我国气候、气态、水文、灾害等具有广泛影响，又被称为"亚洲水塔"和"地球第三极"。

中国政府和中国科研机构一直以来高度重视冰冻圈的研究。早在1961年，中国科学院就成立了从事冰川学观测研究的国家级野外台站天山冰川观测试验站。1970年开始，中国科学院组织开展了我国第一次冰川资源调查，编制了《中国冰川目录》，建立了中国冰川信息系统数据库。1973年，中国科学院青藏高原第一次综合科学考察队成立，拉开了对青藏高原进行大规模综合科学考察的序幕。这是人类历史上第一次全面地、系统地对青藏高原的科学考察。2007年3月，我国成立了冰冻圈科学国家重点实验室，是国际上第一个以冰冻圈科学命名的研究机构。2017年8月，时隔四十余年，中国科学院启动了第二次青藏高原综合科学考察研究，习近平总书记专门致贺信勉励科学考察研究队。此后，中国科学院还启动了"第三极"国际大科学计划，支持全球科学家共同研究好、守护好世界上最后一方净土。

　　当前，冰冻圈研究主要沿着两条主线并行前进，一是深化对冰冻圈与气候系统之间相互作用的物理过程与反馈机制的理解，主要是评估和量化过去和未来气候变化对冰冻圈各分量的影响；另一条主线是以"冰冻圈科学"为核心，着力推动冰冻圈科学向体系化方向发展。以秦大河院士为首的中国科学家团队抓住了国际冰冻圈科学发展的大势，在冰冻圈科学体系化建设方面走在了国际前列，《冰冻圈科学丛书》的出版就是重要标志。这一丛书认真梳理了国内外科学发展趋势，系统总结了冰冻圈研究进展，综合分析了冰冻圈自身过程、机理及其与其他圈层相互作用关系，深入解析了冰冻圈科学内涵和外延，体系化构建了冰冻圈科学理论和方法。系列丛书以"冰冻圈变化-影响-适应"为主线，包括了自然和人文相关领域，内容涵盖了冰冻圈物理、化学、地理、气候、水文、生物和微生物、环境、第四纪、工程、灾害、人文、地缘、遥感以及行星冰冻圈等相关学科领域，是目前世界上最全面系统的冰冻圈科学丛书。这一丛书的出版，不仅凝聚着中国冰冻圈人的智慧、心血和汗水，也标志着中国科学家已经将冰冻圈科学提升到学科体系化、理论系统化、知识教材化的新高度。在这一系列丛书即将付梓之际，我为中国科学家取得的这一系统性成果感到由衷的高兴！衷心期待以丛书出版为契机，推动冰冻圈研究持续深化、产出更多重要成果，为保护人类共同的家园——地球，做出更大贡献。

中国科学院院士

中国科学院院长

"一带一路"国际科学组织联盟主席

2019 年 10 月于北京

# 丛书自序

　　虽然科研界之前已经有了一些调查和研究，但系统和有组织的对冰川、冻土、积雪等中国冰冻圈主要组成要素的调查和研究是从 20 世纪 50 年代国家大规模经济建设时期开始的。为满足国家经济社会发展建设的需求，1958 年中国科学院组织了祁连山现代冰川考察，初衷是向祁连山索要冰雪融水资源，满足河西走廊农业灌溉的要求。之后，青藏公路如何安全通过高原的多年冻土区，如何应对天山山区公路的冬春季节积雪、雪崩和吹雪造成的灾害，等等，一系列亟待解决的冰冻圈科技问题摆在了中国建设者的面前，给科技工作者提出了课题和任务。来自四面八方的年轻科学家们，齐聚在皋兰山下、黄河之畔的兰州，忘我地投身于研究，却发现大家对冰川、冻土、积雪组成的冰冷世界知之不多，认识不够。中国冰冻圈科学研究就是在这样的背景下，踏上了它六十余载的艰辛求索之路！

　　进入 20 世纪 70 年代末期，我国冰冻圈研究在观测试验、形成演化、分区分类、空间分布等方面取得显著进步，积累了大量科学数据，科学认知大大提高。1980 年代以后，随着中国的改革开放，科学研究重新得到重视，冰川、冻土、积雪研究也驶入发展的快车道，针对冰冻圈组成要素形成演化的过程、机理研究，基于小流域的观测试验及理论等取得重要进展，研究区域上也从中国西部扩展到南极和北极地区，同时实验室建设、遥感技术应用等方法和手段也有了长足发展，中国的冰冻圈研究实现了国际接轨，研究工作进入了平稳、快速的发展阶段。

　　21 世纪以来，随着全球气候变暖进一步显现，冰冻圈研究受到科学界和社会的高度关注，同时，冰冻圈变化及其带来的一系列科技和经济社会问题也引起了人们广泛注意。在深化对冰冻圈自身机理、过程认识的同时，人们更加关注冰冻圈与气候系统其他圈层之间的相互作用及其效应。在研究冰冻圈与气候相互作用的同时，联系可持续发展，在冰冻圈变化与生物多样性、海洋、土地、淡水资源、极端事件、基础设施、大型工程、城市、文化旅游乃至地缘政治等关键问题上展开研究，拉开了建设冰冻圈科学学科体系的帷幕。

　　冰冻圈的概念是 20 世纪 70 年代提出的，科学家们从气候系统的视角，认识到冰冻圈对全球变化的特殊作用。但真正将冰冻圈提升到国际科学视野始于 2000 年启动的世界气候研究计划-气候与冰冻圈核心计划（WCRP-CliC），该计划将冰川（含山地冰川、南极冰盖、格陵兰冰盖和其他小冰帽）、积雪、冻土（含多年冻土和季节冻土），以及海冰、

冰架、冰山、海底多年冻土和大气圈中冻结状的水体视为一个整体，即冰冻圈，首次将冰冻圈列为组成气候系统的五大圈层之一，展开系统研究。2007 年 7 月，在意大利佩鲁贾举行的第 24 届国际大地测量与地球物理学联合会（IUGG）上，原来在国际水文科学协会（IAHS）下设的国际雪冰科学委员会（ICSI）被提升为国际冰冻圈科学协会（IACS），升格为一级学科。这是 IUGG 成立 80 多年来唯一的一次机构变化。冰冻圈科学(cryospheric science, CS)这一术语始见于国际计划。

在 IACS 成立之前，国际社会还在探讨冰冻圈科学未来方向之际，中国科学院于 2007 年 3 月在兰州成立了世界上第一个以"冰冻圈科学"命名的"冰冻圈科学国家重点实验室"，7 月又启动了国家重点基础研究发展计划（973 计划）项目——"我国冰冻圈动态过程及其对气候、水文和生态的影响机理与适应对策"。中国命名"冰冻圈科学"研究实体比 IACS 早，在冰冻圈科学学科体系化方面也率先迈出了实质性步伐，又针对冰冻圈变化对气候、水文、生态和可持续发展等方面的影响及其适应展开研究，创新性地提出了冰冻圈科学的理论体系及学科构成。中国科学家不仅关注冰冻圈自身的变化，更关注这一变化产生的系列影响。2013 年启动的国家重点基础研究发展计划 A 类项目（超级"973"）"冰冻圈变化及其影响"，进一步梳理国内外科学发展动态和趋势，明确了冰冻圈科学的核心脉络，即变化—影响—适应，构建了冰冻圈科学的整体框架——冰冻圈科学树。在同一时段里，中国科学家 2007 年开始构思，从 2010 年起先后组织了 60 多位专家学者，召开 8 次研讨会，于 2012 年完成出版了《英汉冰冻圈科学词汇》，2014 年出版了《冰冻圈科学辞典》，匡正了冰冻圈科学的定义、内涵和科学术语，完成了冰冻圈科学奠基性工作。2014 年冰冻圈科学学科体系化建设进入到一个新阶段，2017 年出版的《冰冻圈科学概论》（其英文版将于 2020 年出版）中，进一步厘清了冰冻圈科学的概念、主导思想，学科主线。在此基础上，2018 年发表的 *Cryosphere Science: research framework and disciplinary system* 科学论文，对冰冻圈科学的概念、内涵和外延、研究框架、理论基础、学科组成及未来方向等以英文形式进行了系统阐述，中国科学家的思想正式走向国际。2018 年，由国家自然科学基金委员会和中国科学院学部联合资助的国家科学思想库——《中国学科发展战略·冰冻圈科学》出版发行，《中国冰冻圈全图》也在不久前交付出版印刷。此外，国家自然科学基金委 2017 年资助的重大项目"冰冻圈服务功能与区划"在冰冻圈人文研究方面也取得显著进展，顺利通过了中期评估。

一系列的工作说明，是中国科学家的深思熟虑和深入研究，在国际上率先建立了冰冻圈科学学科体系，中国在冰冻圈科学的理论、方法和体系化方面引领着这一新兴学科的发展。

围绕学科建设，2016 年我们正式启动了《冰冻圈科学丛书》（以下简称《丛书》）的编写。根据中国学者提出的冰冻圈科学学科体系，《丛书》包括《冰冻圈物理学》《冰冻圈化学》《冰冻圈地理学》《冰冻圈气候学》《冰冻圈水文学》《冰冻圈生物学》《冰冻圈微生物学》《冰冻圈环境学》《第四纪冰冻圈》《冰冻圈工程学》《冰冻圈灾害学》《冰冻圈人文学》《冰冻圈遥感学》《行星冰冻圈学》《冰冻圈地缘政治学》分卷，共计 15 册。内容涉及冰冻圈自身的物理、化学过程和分布、类型、形成演化（地理、第四纪），冰冻圈多圈层相互作用（气候、水文、生物、环境），冰冻圈变化适应与可持续发展（工程、灾害、人文和地缘）等冰冻圈相关领域，以及冰冻圈科学重要的方法学——冰冻圈遥感学，而行星冰冻圈学则是更前沿、面向未来的相关知识。《丛书》内容涵盖面之广、涉及知识面之宽、学科领域之新，均无前例可循，从学科建设的角度来看，也是开拓性、创新性的知识领域，一定有不少不足，甚至谬误，我们热切期待读者批评指正，以便修改、补充，不断深化和完善这一新兴学科。

这套《丛书》除具备学术特色，供相关专业人士阅读参考外，还兼顾普及冰冻圈科学知识的目的。冰冻圈在自然界独具特色，引人注目。山地冰川、南极冰盖、巨大的冰山和大片的海冰，吸引着爱好者的眼球。今天，全球变暖已是不争事实，冰冻圈在全球气候变化中的作用日渐突出，大众的参与无疑会促进科学的发展，迫切需要普及冰冻圈科学知识。希望《丛书》能起到"普及冰冻圈科学知识，提高全民科学素质"的作用。

《丛书》和各分册陆续付梓之际，冰冻圈科学学科建设从无到有、从基本概念到学科体系化建设、从初步认识到深刻理解，我作为策划者、领导者和作者，感慨万分！历时十三载，"十年磨一剑"的艰辛历历在目，如今瓜熟蒂落，喜悦之情油然而生。回忆过去共同奋斗的岁月，大家为学术问题热烈讨论、激烈辩论，为提高质量提出要求，严肃气氛中的幽默调侃，紧张工作中的科学精神，取得进展后的欢声笑语，……，这一幕幕工作场景，充分体现了冰冻圈人的团结、智慧和能战斗、勇战斗、会战斗的精神风貌。我作为这支队伍里的一员，倍感自豪和骄傲！在此，对参与《丛书》编写的全体同事表示诚挚感谢，对取得的成果表示热烈祝贺！

在冰冻圈科学学科建设和系列书籍编写的过程中，得到许多科学家的鼓励、支持和指导。已故前辈施雅风院士勉励年轻学者大胆创新，砥砺前进；李吉均院士、程国栋院士鼓励大家大胆设想，小心求证，踏实前行；傅伯杰院士在多种场合给予指导和支持，并对冰冻圈服务提出了前瞻性的建议；陈骏院士和地学部常委们鼓励尽快完善冰冻圈科学理论，用英文发表出去；张人禾院士建议在高校开设课程，普及冰冻圈科学知识，并从大气、海洋、海冰等多圈层相互作用方面提出建议；孙鸿烈院士作为我国老一辈科学家，目睹和见证了中国从冰川、冻土、积雪研究发展到冰冻圈科学的整个历程。中国科学院院长白春礼院士也对冰冻圈科学给予了肯定和支持，等等。在此表示衷心感谢。

《丛书》从《冰冻圈物理学》依次到《冰冻圈地缘政治学》，每册各有两位主编，依次分别是任贾文和盛煜、康世昌和黄杰、刘时银和吴通华、秦大河和罗勇、丁永建和张世强、王根绪和张光涛、陈拓和张威、姚檀栋和王宁练、周尚哲和赵井东、吴青柏和李志军、温家洪和王世金、效存德和王晓明、李新和车涛、胡永云和杨军以及秦大河和杜德斌。我要特别感谢所有参加编写的专家，他们年富力强，都承担着科研、教学或生产任务，负担重、时间紧，不求报酬和好处，圆满完成了研讨和编写任务，体现了高尚的价值取向和科学精神，难能可贵，值得称道！

在《丛书》编写过程中，得到诸多兄弟单位的大力支持，宁夏沙坡头沙漠生态系统国家野外科学观测研究站、复旦大学大气科学研究院、云南大学国际河流与生态安全研究院、海南大学生态与环境学院、中国科学院东北地理与农业生态研究所、延边大学地理与海洋科学学院、华东师范大学城市与区域科学学院、中山大学大气科学学院等为《丛书》编写提供会议协助。秘书处为《丛书》出版做了大量工作，在此对先后参加秘书处工作的王文华、徐新武、王世金、王生霞、马丽娟、李传金、窦挺峰、俞杰、周蓝月表示衷心的感谢！

秦大河

中国科学院院士

冰冻圈科学国家重点实验室学术委员会主任

2019 年 10 月于北京

前　言

冰冻圈作为气候系统的独立圈层被提出来之后，受到了国内外学者的高度重视。我国学者对冰冻圈的重视程度远高于国际同行，且率先提出了冰冻圈科学并进行学科体系建设，这主要与我国冰冻圈广泛分布和影响相适应。冰冻圈地理学是冰冻圈科学学科体系的重要分支学科之一，其主要研究冰冻圈要素的形成过程、地理分布、动态变化及其与人文系统的相互作用，是支撑冰冻圈科学其他分支学科的基础，是人们认识冰冻圈重要性、冰冻圈与气候系统其他圈层相互作用机理、冰冻圈变化及其影响的一扇窗户，是开展相关过程与影响研究的知识储备。在冰冻圈科学框架搭建过程中，秦大河院士带领的团队在中国科学院大学、清华大学、北京大学、北京师范大学、复旦大学、华东师范大学、南京大学、南京信息工程大学、兰州大学、中山大学等高校和科研院所开设了冰冻圈科学课程，受到了师生的广泛欢迎，并提出了分支学科及其教材建设的需求。

近数十年来，随着卫星遥感技术的发展和数据开放获取政策的逐步普及，国内外对于全球尺度冰冻圈各要素的时空分布有了系统认识，对各要素变化特征及冰冻圈变化对水文、生态、大气、环境等影响的了解不断加深，冰冻圈地理系统的综合集成研究正迎来蓬勃发展时期。在冰冻圈领域研究成果空前丰富、各种先进研究手段不断涌现的当下，如何编排材料，形成一部体系完整的教材，系统梳理冰冻圈地理学的脉络和结构，让读者更好地了解冰冻圈地理学的内涵，并在研读和实践中正确运用冰冻圈地理学基础知识，进一步深化对冰冻圈的认识，确实让"冰冻圈科学丛书"编委会成员大伤脑筋。本书撰写初期确定由绪论，冰冻圈地理学研究方法，冰冻圈类型、分布及变化，冰冻圈时空分异规律，冰冻圈与其他圈层相互作用，冰冻圈资源评价与可持续利用等章节构成，为此，组织了刘时银、吴通华、张勇、王澄海、上官冬辉、王欣、黄晓东、刘巧、姚晓军、许君利、赵井东、蒋宗立、吴晓东、李晶、魏俊锋、窦挺峰及杜志恒撰写了第一稿，但是"冰冻圈科学丛书"编委会最终放弃此稿，并提出了新的编写框架，即绪论，冰冻圈地理环境及其形成，冰冻圈与人类活动，冰冻圈资源、灾害与可持续发展，青藏高原及周边冰冻圈，高山地区冰冻圈，北极地区冰冻圈，南极地区冰冻圈和冰冻圈地理学研究方法，并重新组织《冰冻圈地理学》编写组进行编写,后又经"冰冻圈科学丛书"编委会的反复讨论、多次修改后,最终敲定目前的编写框架。

《冰冻圈地理学》基本内容及参编人员如下:第 1 章,绪论,重点介绍冰冻圈地理学的研究对象与内容、任务与意义、与其他学科的关系以及研究历史回顾,由刘时银、张勇主笔。第 2 章,冰冻圈形成机理及与其他圈层的联系,重点介绍冰冻圈的形成与发育条件、形成与发育机理,在此基础上介绍冰冻圈与其他圈层的相互作用,由姚晓军、孙美平共同撰写。第 3 章,冰冻圈类型、分布及变化,重点介绍陆地冰冻圈、海洋冰冻圈和大气冰冻圈的构成、全球分布与变化及其地带性和分异特征,以及末次冰期以来的冰冻圈演变,由刘时银、姚晓军、吴通华共同撰写。第 4 章,冰冻圈与人类活动,主要介绍冰冻圈地区的人文社会属性、资源禀赋、冰冻圈灾害,以及冰冻圈变化的影响与适应,由王欣、吴晓东共同主笔,魏俊锋、温阿敏、李韧、马俊杰、应雪参与撰写。第 5 章,极地地区,介绍全球分布范围最大、冰冻圈类别最齐全的北极和南极地区的区域冰冻圈特征、变化与影响,由吴通华、刘巧主笔,朱小凡、倪杰、杜宜臻参与撰写。第 6 章,高原与高山地区,重点介绍青藏高原、全球其他高原和高山地区的冰冻圈分布、变化、影响及与社会经济活动的关系,由吴晓东主笔,郝君明、李祥飞、杨成、马雯思、尚程鹏、王栋参与撰写。第 7 章,冰冻圈地理学研究方法,包括定位监测、遥感监测、统计分析和数值模拟方法,以及野外工作技能等内容,由张勇撰写。全书由刘时银、吴通华统稿、修改和定稿。本书作者对参与第一稿撰写的王澄海、上官冬辉、黄晓东、许君利、赵井东、蒋宗立、李晶、窦挺峰及杜志恒等专家表示衷心的感谢,他们的辛勤工作和付出为本书现版本奠定了基础。

本书不同作者分别得到云南大学引进人才科研项目(YJRC3201702)、国家自然科学基金重点国际合作项目(41761144075)、国家自然科学基金重大项目(41690142)、国家自然科学基金"极地基础科学前沿"专项项目(41941015)、国家自然科学基金面上项目(41871096、41671057、41771075)、青年基金项目(41801052、41561016、41701061)和地区项目(41861013)、科技部基础性工作专项(2013FY111400)等的支持,在此对这些项目为参编者提供的支持表示感谢。尽管几易其稿,试图给予冰冻圈地理学一个系统性介绍,但不妥之处在所难免,欢迎读者批评指正。

作 者

2020 年 3 月

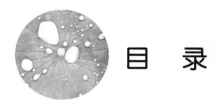

目　录

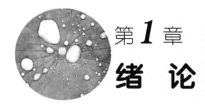

第1章

绪 论

1.1 冰冻圈地理学的研究对象与内容

冰冻圈地理学是研究冰冻圈要素的形成过程、地理分布、动态变化及其与人文系统相互作用的科学。冰冻圈是指地球表层连续分布且具有一定厚度的负温圈层。这个圈层是具有独特的物质结构、状态和厚度的圈层，又称为冰雪圈、冰圈或冷圈。

冰冻圈地理学的研究对象包括陆地冰冻圈、海洋冰冻圈和大气冰冻圈，其中陆地冰冻圈包括冰川（glacier）[含冰盖（ice sheet）]、冻土（frozen ground/frozen soil）（包括多年冻土、季节冻土）、积雪（snow cover）、河冰（river ice）、湖冰（lake ice），海洋冰冻圈包括冰架（ice shelf）、冰山（iceberg）、海冰（sea ice）和海底多年冻土（subsea permafrost/submarine permafrost/offshore permafrost），大气冰冻圈包括对流层和平流层内呈冻结状的水体。陆地冰冻圈占地球陆地面积的52%～55%。其中，南极冰盖、格陵兰冰盖和冰盖之外的山地冰川覆盖了全球陆地表面的10%（南极冰盖和格陵兰冰盖占9.5%，山地冰川占0.5%），主要为南极大陆、格陵兰岛、阿拉斯加、亚洲高原和高山地区。全球积雪覆盖范围平均占全球陆地面积的1.3%～30.6%，北半球多年平均最大积雪范围可占北半球陆地表面的49%。全球多年冻土区（不包括冰盖下伏的多年冻土）占全球陆地面积的9%～12%。北半球季节冻土（含多年冻土活动层）占全球陆地面积的33%。也有资料显示，北半球季节冻土（含多年冻土活动层）多年平均最大占到北半球陆地面积的56%，在极端寒冷年份高达80%以上。全球5.3%～7.3%的海洋表面被海冰和冰架覆盖。北冰洋海冰最大范围是夏季最小范围的2.5倍；9月南大洋海冰范围最大，是2月最小范围的6倍。从年内波动过程看，积雪、海冰、季节冻土是冰冻圈中最活跃的因素，其变化造成的水热流动是对大气圈、水圈、陆地表层系统产生日、月、季尺度影响的最重要的地表过程。

地球淡水资源的75%储存于冰冻圈，南极冰盖和格陵兰冰盖则约占全球淡水资源的70%。广泛的分布范围、显著的季节波动与长时间波动并存、低温、高反射、与相态变化有关的物质和能量的迁移等是冰冻圈的特点，也是冰冻圈列入气候系统五大圈层之一的重要原因。冰冻圈地理学的研究内容包括地球冰冻圈地理环境的形成过程、分布、变化及其对自然和人文系统的影响，重点讨论冰冻圈的时空分异特征，探讨冰冻圈与其他圈层相互作用的理论和方法、冰冻圈变化的影响与适应等问题。

总之，冰冻圈地理环境各要素所组成的圈层是地球表层系统最活跃的圈层，各组成要素对气候变化反应十分敏感，被视为"天然的气候指示计"，其时空分布与变化对人类活动、气候系统、水陆生态系统及水循环影响显著。

1.2 冰冻圈地理学的任务与意义

冰冻圈地理学的任务包括：①研究冰冻圈各要素的数量与理化特征、形成机制和发展规律；②研究冰冻圈各要素及其地理环境的空间分异规律，包括纬度地带性、垂直地带性和非地带性；③研究冰冻圈与其他圈层之间的相互作用，彼此之间物质循环和能量转化的动态过程，正、负反馈机制，从整体上揭示其变化规律；④研究冰冻圈变化对自然和人类经济社会系统的影响，包括正面和负面的作用；⑤研究冰冻圈地理环境各要素变化的风险、暴露度和脆弱度，结合区域经济社会特征，建立冰冻圈变化适应性的评估方法，提出适应和减缓对策。

冰冻圈地理学是地理学的派生学科，地理学的基本理论仍然是冰冻圈地理学的基础，从冰冻圈要素形成过程、地理分布、动态变化及其与人文系统的相互作用机制等方面进行研究，可以深化地理学基本理论，提高人类适应冰冻圈变化影响的能力。具体看：①冰冻圈地区采矿、基础设施建设、航运等受到多年冻土土体冻胀和融沉、热融滑塌，冰雪崩与冰川洪水、泥石流等灾害，以及河湖海冰阻塞等造成的破坏影响，从地理学角度解释灾害形成条件、变化特征、致灾机理并提出适应对策，可以为冰冻圈地区工程活动提供理论和技术保障。②冰雪融化带来的淡水释放，既是人类活动所依赖的宝贵的淡水资源，也是导致海平面上升、大洋环流改变的重要驱动因子，只有认识冰冻圈因子的冻融过程、运动过程以及在水循环过程中的热量和水分转化规律，准确把握不同冰冻圈因子参与水文过程的时空特征和尺度，预测受冰冻圈变化影响的流域的径流变化趋势，才能更好地为水资源利用和管理提供依据。由于冰冻圈水变化涉及生态、工农业用水、清洁能源生产等，从地理学角度认识冰冻圈水循环的分异规律，可以为冰冻圈地区资源利用和保护提供服务。③雪冰的高反射率特性、对陆地下垫面和大洋海水的隔热作用、冻融对土壤墒情的影响等，是改变区域乃至半球尺度热量分配进而引起气候变化的关键过程，也是决定农业生产、生态维持的重要过程之一，认识冰冻圈在不同空间和时间尺度与其他圈层间的相互作用规律，有助于发展国家自主知识产权的地球系统模式，为气候变化预测和预估提供知识基础。④多年冻土中储存的有机质在冻土退化过程中以 CO_2 和 CH_4 形式释放到大气，从而加剧气候变暖，反过来加速冰冻圈萎缩和退化。上述多种过程均与人类活动息息相关，只有从地理学角度研究冰冻圈分布与分异，研究在全球变化背景下冰冻圈与陆地表层系统、水圈和人类圈的相互作用机理，提出适应冰冻圈变化影响的对策，才能确保人与自然的和谐共存，其也是实现 2030 年可持续发展议程目标的重要支撑之一。

1.3 冰冻圈地理学与其他学科的关系

冰冻圈地理学是冰冻圈科学的分支学科，是地理学的专门领域，由于冰冻圈是处于

第2章 冰冻圈形成机理及与其他圈层的联系

依要素不同和物质构成差异，冰冻圈组分具有不同的形成和发育机理，并与地球其他圈层存在着密切联系。本章首先介绍冰冻圈要素的形成与发育条件，然后阐述不同冰冻圈要素在形成发育过程中的主要机理，最后对冰冻圈与其他圈层间的相互作用与联系进行论述，为理解第3章冰冻圈各要素的空间分布格局及时空变化特征提供基础。

2.1 形成与发育条件

冰冻圈的本质特征是固态水的存在。温度达到冰点是固态水形成的基本条件，因此寒冷的气候条件是冰冻圈形成的关键因子。不同冰冻圈要素赖以存在的地理环境背景是影响冰冻圈形成和发育的环境因子，如陆地冰冻圈（continental cryosphere）的地质、地貌、地理背景，海洋冰冻圈（marine cryosphere）的海洋表层盐度、风场、洋流特征，以及大气冰冻圈（aerial cryosphere）的大气环流特征和气象条件。受地球表层热量收支、海陆分布及地貌地形差异的影响，冰冻圈要素的形成发育条件也各不相同。

2.1.1 积雪的形成与发育条件

积雪形成的前提条件是有降雪过程发生，雪降落到地表后，能够形成肉眼可感观或仪器可测量的雪层。积雪的形成与发育不仅与降雪量有关，还与地表温度、地表形态、风场等因素有关。只有当某地的降雪量与风吹雪累积量之和大于地表融雪量和风吹雪损失量之和时，积雪才能够形成。因此，降雪量越大、地表温度越低、地表风速越小，则积雪越厚、存在时间也越长。

降雪是大气降水的一种表现形式，虽然降雪量大小与降水量大小并不一致，但二者之间依然存在密切关系，尤其是在冷季以及中高纬度和高海拔地区。降水沿纬度呈带状分布的特征明显，全球可分为四个降水带：①赤道多雨带，年降水量一般为 1000～2000 mm，但因地处热带，降雪极少，仅在一些海拔高的地区产生降雪，如乞力马扎罗山；②南北纬 20°～30°少雨带，年降水量一般不超过 500 mm，但一些地区受季风环流、地形等因素影响，降水丰富，如喜马拉雅山南坡印度的乞拉朋齐年均降水量高达12665 mm，而受喜马拉雅山地势阻挡，南坡降雪也较多；③中纬度多雨带，年降水量一般为 500～1000 mm，降雪主要出现在冷季，其量值与降水年内分布密切相关；④高纬度少雨带，年降水量一般不超过 300 mm，但因纬度高，全年气温很低，因此多以降雪形式出现。

地形也是影响积雪形成与发育的重要条件。平地和缓坡有利于降雪在地面的积累和保存，而在坡度较陡的地方降雪因重力作用则难以存留。例如，青藏高原雪深分布受到高程和坡度的双重影响，其中坡度的空间差异对平均雪深空间变异的影响具有明显的正效应。不同坡向的坡面除接收到的太阳辐射量不同外，所承受的风力作用也不同，导致积雪量和积雪时长有所差异。地表风速的大小对积雪形成与发育的影响也极大，大风不仅可能导致平缓地表的降雪在风的动力作用下被挟带到背风低洼地带，还可能极大地增加积雪的升华，不利于稳定积雪的形成。例如，青藏高原四季均有降雪发生，但在较强的太阳辐射和大风作用下，高原上积雪存在的范围并不大，积雪存在的时间也不长。

此外，地表植被性状也影响着积雪的空间分布特征，植被的存在可以减缓积雪的消融速率。对祁连山不同植被类型的积雪消融速率对比发现，同一海拔乔木林的积雪消融速率低于灌木林和草地。

2.1.2　冰川（冰盖）的形成与发育条件

冰川（冰盖）形成与发育的物质条件是固态降水，且在一年以上不完全融化，即持续的较低气温是冰川（冰盖）形成所需的气候条件。水热条件组合共同决定了冰川（冰盖）的形成与发育，且气温、降水在不同区域所起的作用存在差异。海拔、坡向、地表破碎度等地形要素既可以改变地表热量收支和物质积累环境，也影响冰川（冰盖）形成与发育。

低温是冰川（冰盖）形成与发育的基本条件。受太阳公转影响，地球气温呈现随纬度升高而降低的纬度地带性规律，在南北极气温达到最低值，如南极内陆地区年均气温低至−50～−40℃，极端最低气温可达−89.2℃（1983 年 7 月 21 日，南极东方站）；北极格陵兰内陆年均气温低于−30℃。尽管极地地区降水并不充沛，但极端低温环境和冰盖表面高反照率导致吸收的太阳辐射能量极少，为南北极冰盖的形成创造了条件。气温在山区随着海拔上升而降低，表现出明显的垂直地带性规律。海拔升高对气温的递降作用，使得中、低纬度地区的一些高大山峰年均气温也可降到 0℃以下，如位于赤道附近的乞力马扎罗山锥呼鲁峰（海拔 5895 m）峰顶气温低达−30℃；珠穆朗玛峰 7～8 月夜间平均温度约−17℃，1 月夜间平均气温可低至−36℃。围绕中、低纬度高大山地形成的负温区为冰川形成提供了必需的低温环境，从而发育了数量众多的山地冰川。

固态降水是冰川（冰盖）形成与发育的物质基础和来源，有利的降水条件对冰川（冰盖）发育的规模至关重要，在某些区域甚至具有决定性作用。区域降水量的多少及形态主要取决于距水汽补给源地的远近、盛行风和地形。例如，来自大西洋及地中海、北海和挪威海的水汽被西风环流输送到欧亚大陆，在邻近其水汽补给源地的阿尔卑斯山冰川区年降水量高达 3000 mm，海拔 3200 m 以上为终年积雪区；当到达大陆内部的西昆仑山时，年降水量减少到 300～500 mm，冰川粒雪线也上升到 5000 m 以上；而在纬度更东的伊犁河谷地区，西北–东南走向的北天山山脉与西南–东北走向的南天山山脉夹峙形成的朝西呈喇叭口地形，导致西风气流爬升，在迎风坡降水量可达 600～800 mm，其成为新疆最湿润的地区。夏季盛行的南亚季风环流是青藏高原东南部山地冰川的哺育者，印度洋暖湿气流在由雅鲁藏布江大拐弯深入青藏高原内部的过程中受地形强迫抬升，念青唐古拉山南坡的年降水量可高达 2500～3000 mm，并发育了数量众多的海洋型冰川，部分冰川规模可达 100 km^2 以上，如恰青冰川（204.36 km^2）、雅弄冰川（179.59 km^2）、夏曲冰川（167.05 km^2）等。北美洲西部的海岸山脉、落基山脉及阿拉斯加山脉拦截大量西来的太平洋湿润气团，使其成为该区众多山地冰川的物质补给源。需要注意的是，即使有大量的固态降水也并不一定能够形成冰川，如素有"雪城"之称的华盛顿尽管年平均降雪量达 1870 mm，但因地处温带大陆性气候区，最冷月（1 月）均温 2.2℃，导致积雪很难在较长时间内存留。

　　雪线是一个假想的、不规则的面，即连接积雪能在夏季全部融化的、平坦的、非阴处地面的最高点所构成的面。通常所说的雪线，是指理论雪线或气候雪线。在冰川学中，雪线又称作冰川物质平衡线高度（equilibrium line altitude，ELA），是指大气固态降水的年收入与年支出相等点的连线。雪线以下，夏季积雪全部融化。雪线高度主要因纬度而异。全球最高雪线高度并不出现在赤道，而出现在南北半球的热带和副热带地区，尤其是在其干旱气候区。这是因为这些干旱气候区多下沉气流、降水量少、晴天多，降雪易融化，而赤道地区尽管降水量大、云量多，但日照百分率远小于热带、副热带干旱气候区。随着纬度的继续增高，气温逐渐降低，在总降水量中降雪的比例逐渐增大，冬长夏短，雪线逐渐降低。到高纬度地区，长冬无夏，地面积雪终年不化，雪线与地面海拔并无必然联系。

　　山脉或山峰的海拔及其雪线以上的相对高差是决定冰川数量、形态和规模的主要地形要素（图 2.1）。山地海拔越高，雪线以上的相对高差越大，冰川形成的积累空间就越大，同时为冰川发育提供更大的冷储并拦截更多的大气降水，这是在中纬度地区以高大山峰为中心形成规模巨大的山谷冰川的根本原因，如青藏高原周边的珠穆朗玛峰、乔戈里峰（K2）、托木尔峰、公格尔峰等海拔超过 7000 m 的山峰四周均发育有冰川，且一些冰川面积

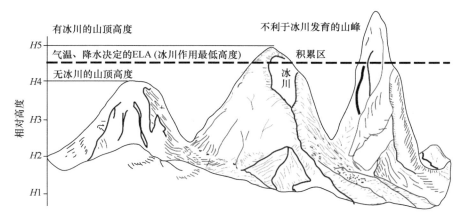

图 2.1　地形与气温和降水决定的 ELA 及与积累区之间的关系示意图

可达 200 km² 以上，如费德钦科冰川（约 992 km²）、锡亚琴冰川（936.2 km²）、音苏盖提冰川（359.05 km²）、托木尔冰川（358.25 km²）、土格别里齐冰川（282.72 km²）等。

　　首先，雪线以上山地的地形陡峭程度也直接影响着冰川的形成和发育，若地形过于陡峭，积雪难以存留，则不可能形成冰川；若地形过于破碎，则多形成规模较小的冰川；若地势极为平缓，则可形成平顶冰川或冰帽（ice cap）。其次，雪线以上空间的多少也会造成冰川规模及类型存在差异，若空间较多则易形成山谷冰川，反之则多为冰斗冰川、坡面冰川或悬冰川。此外，山脉的坡向也会影响冰川的形成，阴坡有利于冰川发育，阳坡则因接收的太阳辐射较多，消融相对强烈而不利于冰川发育。北半球大多数东西走向山脉北坡的冰川数量和面积普遍大于南坡，如昆仑山北坡冰川面积是南坡冰川面积的 3.6 倍，在祁连山这一比例更高达 8.2。

2.1.3　冻土的形成与发育条件

　　冻土是特定气候条件下地表岩石圈与大气间能量、水分交换的产物，其中严寒的气候是多年冻土形成的必要条件。气温是形成不同类型冻土的决定性因子，只有在气温足够低、地-气间能量交换能保证特定深度之下的地温长期低于 0℃ 时，才能形成多年冻土，否则形成季节冻土和短时冻土或瞬时冻土。气温在纬向和垂向上的空间分布格局基本决定了冻土的形成和分布格局。在现代气候条件下，年平均气温与多年冻土区界线有一定的相关性。在我国东北地区，多年冻土区南界与年平均气温 0℃ 等温线相当；在西部高山和高原地区，多年冻土区下界与年平均气温-3～-2℃ 等温线相当；按照年平均气温 8～14℃ 和 18.5～22.0℃ 则可划分出季节冻土（冻土保存时间≥1 个月）和瞬时冻土（冻土保存时间<1 个月）的南界。

　　降水与冻土形成之间的关系比较复杂，降水的相态、时间、频率和强度等变化均会改变地-气间的能量平衡关系。对于同一地区，降水量的长期增加可能会导致地面蒸发量增大、地表温度降低，不仅使得地表的感热、潜热发生变化，而且使得水分下渗、土壤水分状态发生变化，还使得土层中热流、水分迁移状况以及土层水热参数发生变化，并改变地表热通量，影响冻土的发育。积雪较高的反照率和较低的导热特性会阻滞地-气间的能量交换，导致冬春降雪对土的冻结有抑制作用，夏秋降雪则有助于冻土的保存。例如，在 40°N 以北的天山、阿尔泰山，降水自西向东减少对冻土下界随年平均气温向东降低而降低的强度有促进作用，而在该纬度以北的东北地区，降水自西向东增加对多年冻土下界（南界）随年平均气温向东降低而降低的强度有抑制作用。

　　岩土成分和性质对冻土发育的影响在多年冻土南界和下界附近最为显著。在很小的范围内相邻两处岩土因岩性差异，往往形成冻土层与融土层、季节融化层与季节冻结层并存的局面。岩土成分和性质主要是通过其物理性质和含水量来影响冻土的发育。在岛状冻土区，岩性和含水量对冻土岛的生存起着决定性作用。岩性和含水量对多年冻土厚度的形成也起着重要作用，主要是通过导热系数、热容量和水的相变热来直接影响多年冻土层的厚度。例如，高山和丘陵地带的基岩导热系数大、含水量较少，而高原上的松散层导热系数小、含水量较多，因而高山和丘陵地带形成了较厚的冻土层。在河谷地带，河水和地下水以及河床沉积相较粗（如砂卵砾石）等对减薄冻土层厚度，甚至形成融区有重要作用。

植被对冻土形成与分布的影响具有普遍性，主要表现在植被覆盖对地表热动态和能量平衡的影响、植被冠层对降水与积雪的再分配，以及植被覆盖对表层土壤有机质与土壤组成结构方面的作用，土壤有机质与结构变化将导致土壤热传导性质发生改变，从而影响活动层土壤水热动态。植被冠层对太阳辐射具有较大的反射和遮挡作用，可显著减少到达冠层下地表的净辐射通量，阻滞地表温度的变化，对冻土水热过程产生直接影响。例如，在大兴安岭落叶松林观测到夏季植被冠层下部的净辐射通量仅为植被冠层上部的60%，将近 40%的太阳辐射被植被冠层反射和吸收。植被对土壤水热状况的影响直接关系冻土的形成与发育，但这种影响还与植被结构、地被物性质以及地表水分状况关系密切。例如，在阿拉斯加土壤排水条件较好的林地内，夏季 30 cm 处的地温要比排水较差的林地高出 7～9℃。又如，在青藏高原，土壤排水条件较好的高寒草甸植被覆盖度降低将导致土壤融化地温升高和水分增加，而冻结地温降低和水分减少；土壤排水不畅的高寒沼泽草甸则刚好相反。

冻土的形成发育还与地温场、地形、地质构造密切相关。受地震、火山、构造运动、放射性元素以及地下水的影响，不同区域的地温场存在较大差异，地温越高，越不利于多年冻土发育。地形对冻土的发育一是体现在大区域地形组合和格局影响多年冻土的地带性表现，如我国西北地区高山与盆地相间大的地貌格局决定了高山发育多年冻土，盆地仅发育季节冻土；二是坡向的影响使山地冻土特征往往具有明显的不对称性，如北坡冻土分布下界海拔较南坡低，季节冻结和融化、冷生过程和下限在南北坡也有差别。区域地质构造、构造运动性质及发育历史对区域的岩相、堆积物类型、裂隙发育程度等有相当大的控制作用，这些要素与冻土组构、地下冰类型及分布又有着密切联系。青藏高原地质构造年轻，构造变动强烈，深大断裂较为发育且分布密集，新构造活动也很强烈，致使许多地区地温梯度大，地中热流高，导致在相同的年均气温、岩性等条件下，青藏高原冻土层的年平均温度较高、厚度较小。

2.1.4　河湖冰的形成与发育条件

季节性是河湖冰的显著特征。河流和湖泊一般在每年秋冬季冻结，翌年春夏季消融。河湖冰形成的必要条件是水体温度达到冰点，河流和淡水湖泊的冰点一般为 0℃，非淡水湖泊受盐度影响则低于 0℃。通常，随着秋末冬初气温的逐渐下降，河流和湖泊水体失热大于吸热，水体开始冷却，当达到冰点时河湖冰开始在岸边生成，并逐渐扩张直至河湖完全冻结。

河湖冰的形成与演化除受气温、辐射等气象因子影响外，河道的几何形状/湖岸线轮廓、水深及水的动力作用、沙洲（湖心岛）甚至桥梁等基础设施也会对河湖冰的形成产生影响。河湖的封冻和解冻主要受冰动力影响时分别称为武封河（湖）和武开河（湖），主要受温度影响时分别称为文封河（湖）和文开河（湖）。

热带地区以外的江河湖泊在冷季多被冰雪覆盖，尤其是北半球约 60%的河流受到河冰的显著影响。我国北方大多数河流在秋末冬初结冰，如西流松花江一般于 11 月封冻，翌年 4 月解冻，封冻期长达 130～160 天，最大冰厚 1.0～2.0 m；部分河流甚至发生冰排现象或冰凌灾害，如黄河宁蒙段每年都有不同程度的冰凌出现（图 2.2）。欧亚大陆北部、北美洲北部和青藏高原的湖泊在冬季普遍冻结，部分湖泊封冻期长达半年以上，冰厚也可达半米。

图 2.2　黄河冰凌（图片来自韩城新闻网）

2.1.5　海冰的形成与发育条件

与河湖冰的形成类似，海冰的形成也要有寒冷的气候条件。海水结冰需要满足三个条件：①气温比水温低，水中的热量大量散失；②相对于水开始结冰时的温度，已有少量的过冷却现象；③水中有悬浮微粒、雪花等凝结核。通常，当海水表层温度低于–4℃时，海冰就可以形成。

海冰的形成与中、高纬度天气系统密切相关，如形成于南极大陆、65°N 以北北极地区的冰洋大陆气团，以及活跃于北半球中纬度大陆上西伯利亚、蒙古国、加拿大、阿拉斯加一带的极地大陆气团。位于亚洲东海岸外的鄂霍次克海海冰形成与西伯利亚内陆冬季寒冷的气候有关，整个冬半年寒冷的空气顺着西风气流到达鄂霍次克海区，使其温度降低，并逐渐冻结。这一寒冷效应一直持续到初夏才发挥它的冷源作用。我国在对梅雨长期预报时，必须考虑鄂霍次克海年初的海冰覆盖面积。

除温度条件外，海洋暖流的输入也会影响海冰的形成，如北欧的大部分海域和巴伦支海都处于北极圈之内，但因有强大的北角暖流输入热量，海冰无法形成，这也造就了摩尔曼斯克、捷里别尔卡和瓦尔德等北极圈内的不冻港。在有些海域，冬季没有暖流输入而结冰，春季当暖流输入时海冰就快速融化，如楚科奇海的海冰在春季由于白令海暖流输入而最先消融。此外，大陆架深度也会影响海冰的形成，如我国的黄海、渤海因大陆架较浅而成为海冰分布纬度最低的海域。

2.1.6　冰架和冰山的形成与发育条件

冰架是冰盖在海洋中的延伸部分，上游冰盖冰流的输送通量和冰架前端的崩解速率是控制冰架形成与发育的主要物质源和动力源。冰架厚度的增加，主要是由雪的堆积而造成的。近期研究表明，一些南极冰架是由底部水的二次凝结而逐渐形成的。冰架表面平坦，南极洲的一些机场多建于此，如美国在麦克默多站（McMurdo Station）附近修建了一个能起落大型"LC-130 大力神"运输飞机的机场，飞机跑道直接建在罗斯冰架的冰面上。但是，机场的跑道必须年年维修和延长，否则由于冰架不断移动，机场将会离麦克默多站区越来越远。

冰山大多在春夏两季形成，其物质来源是冰盖和冰架，如南极冰架是南大洋冰山的主要物质来源，格陵兰冰盖则是北冰洋冰山的主要物质来源。冰山主要由冰架崩塌、断裂而形成，并在风和洋流的动力作用下在海面漂浮运动直至消融。北冰洋的冰山高可达数十米，长可达一二百米，形状多样。南极冰山一般呈平板状（图 2.3），与北冰洋冰山相比，南极冰山不仅数量多，而且体积巨大，如 B15 冰山面积达到 1.1 万 km^2。一般来说，南极大陆的海岸坡度都很陡，冰架在向外围运动过程中导致冰面常形成一道道冰裂隙，这些冰裂隙的宽窄、长短、深浅不尽相同，但几乎所有的冰裂隙的两壁都是光滑的。在冰体不断挤压和风、浪、潮的作用下，冰层会猛然断裂开来，导致冰崩发生。中国首次东南极考察队"极地"号船就连续 3 次遇到了巨大冰崩的威胁。

图 2.3 南极 A-68B 冰山局部（2018 年 10 月 16 日，据 NASA[①]）

2.1.7 海底多年冻土的形成与发育条件

在冰期或末次冰盛期，海平面远低于现代海平面，古海岸带以外范围均为多年冻土。当古冰盖消失、海平面上升时，分布在极地海洋沿岸地区的多年冻土被海水淹没而下伏

---

① NASA 指美国国家航空航天局。

于温暖和含盐高的海水，并最终形成海底多年冻土。海底多年冻土与陆地多年冻土有很大区别，主要是其残余性、相对温暖的环境以及一直处于退化状态。

海底多年冻土的发育、分布和特征很大程度上取决于所处的海洋环境及其过程，主要影响因素包括：①地质地貌条件，如地热通量、大陆架地形、沉积物和岩性、地质构造等；②气候背景，主要是形成时和后期的气温；③海洋学特征，如温度、盐度、海流系统、潮汐、上覆海冰状况等；④水文条件，如入海淡水径流。一般情况下，海底多年冻土以距海岸远近及是否在海冰区而划分为 5 个区（图 2.4），即陆地区域（岸区）、海滨区、上覆海洋常年受海冰影响且海冰冻结至海床的区域、海冰底部洋流受到限制且海水盐度较高的区域，以及开阔洋区。

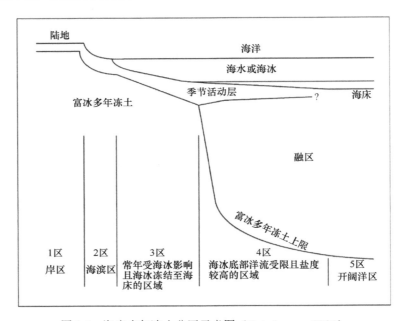

图 2.4　海底多年冻土分区示意图（Osterkamp，2001）

海底多年冻土作为一个巨大的有机碳库，含有大量与有机质结合的碳。最新研究表明，海底多年冻土有机碳储量为 860±590 Pg，相当于现在大气中二氧化碳的总和，特别是 25 m 冻土层厚度中的碳储量达到 500 Pg。海底大陆架的增温会引起海底多年冻土的融化，并释放一定数量的温室气体通过海水进入大气中，其在一定程度上减少了海底多年冻土的碳汇储量。实际监测发现，近年来东西伯利亚大陆架地区海底多年冻土退化引起甲烷排放量逐渐增加，其可能是自 0.8 ka B.P.以来当地海底多年冻土被海水淹没之后持续增温引起的，而且海底多年冻土的稳定性减弱也会促使储藏在多年冻土下的甲烷气体得以释放。在当前北极气候变暖背景下，未来海底多年冻土的退化可能会更加显著。除了海底多年冻土中储藏的有机碳之外，北极海底大陆架一定深度区间还存在以化合物和自由甲烷为主要形式的碳汇，海底多年冻土相当于一道阻隔温室气体释放的屏障，当海底多年冻土退化之后，海底深层碳汇将通过新的路径进入大气中并加速气候变暖。

2.1.8　大气冰冻圈要素的形成与发育条件

大气冰冻圈要素形成与发育的前提是水汽转变为固态，这一过程也称为凝华。大气中水汽凝华的一般条件是凝华核的存在和大气中的水汽达到饱和或过饱和状态。

气象学上将能使大气中水汽凝结成小水滴的悬浮微粒称为凝结核，其半径一般为 $10^{-7} \sim 10^{-3}$ cm，半径越大、吸湿性越好的核周围越易凝结。若水汽在核上直接凝华成冰晶，则这种核称为凝华核。大气中的凝结核主要来自垂直气流及湍流带到大气中的土壤、风化岩石、火山爆发等微粒，还有各种燃烧烟尘、海浪飞溅泡沫中的盐分，以及来自宇宙流星和陨石燃烧过程中形成的微粒等。大气的水平运动将凝结核输送到全球各地。凝华核则大都是土地尘粒、炭黑、燃烧灰烬等物质。

空间中水汽达到饱和或过饱和的途径主要有两种：一是通过蒸发增加空气中的水汽，使水汽压大于饱和水汽压；二是通过冷却作用，减少饱和水汽压，使其小于实际水汽压。当冷空气流经暖水面时，暖水面温度比气温高，暖水面上的饱和水汽压比冷空气的饱和水汽压大得多，由于暖水面不断蒸发，暖水面上冷空气的水汽压逐渐增大，并接近暖水面上的饱和水汽压，这对冷空气来说，就可能达到过饱和状态而产生凝结。空气冷却的方式有很多，主要有绝热冷却、辐射冷却、平流冷却和混合冷却，其中绝热冷却是云形成的主要方式，辐射冷却和平流冷却是雾形成的主要方式。

2.2　形成与发育机理

冰冻圈各要素在形成与发育过程中都经历水（汽）-冰的能量转换与物质迁移过程，但不同要素的形成发育机理存在很大差异，如冰川的形成发育涉及物质平衡过程和动力过程，冻土的形成发育则还涉及水–土–气–生间的复杂耦合关系。

2.2.1　积雪的形成与发育机理

积雪的物质平衡涉及降雪、升华与再冻结、蒸发与凝结、融雪，以及风吹雪，其中降雪是积雪物质的来源；融雪则是积雪物质的损失；蒸发与凝结、升华与再冻结是两个同时发生的过程，即雪中液态水蒸发过程中伴随着水汽凝结过程，冰晶升华过程中伴随着水汽再冻结过程；风吹雪是积雪在水平空间上再分配的过程。积雪的物质平衡可用式（2.1）来表示：

$$\Delta M = P - S + F - E + C + B - R \qquad (2.1)$$

式中，ΔM 为积雪总物质变化量，不仅包括雪层中的冰晶，也包括液态水含量；P 为降雪；S 和 F 分别为升华与再冻结；E 和 C 分别为蒸发与凝结；B 为风吹雪的迁移量；R 为融雪水从雪层中流出的量，当雪层中的水分仅发生相变而水分依然保持在雪层中时，其物质总量保持不变。

2.2.2 冰川（冰盖）的形成与发育机理

固态降水决定冰川物质来源，能量平衡决定冰川消融。冰川（冰盖）冰是由大气降雪沉积、变质而演变形成的。雪晶在到达地面之后，就会不断发生变化，如晶粒之间的相对位移、晶粒粒径和形状的变化，以及晶粒内部的变形。这些变化的结果是晶体的原始形态逐渐消失，晶粒增长，雪密度增大，直到变成粒雪。当粒雪密度达到 0.83 g/cm³ 左右时，粒雪间的贯通孔隙完全封闭，随即转变为冰。上述雪—粒雪—冰的变化过程统称为雪的变质成冰作用，简称成冰作用。广义上的成冰作用不仅包括由雪变成冰的过程，也包括水冻结的成冰过程。此外，在动力变质作用和热力变质作用下，冰本身的结构还可以再次发生变化。

雪变成冰的方式和所需时间取决于水热条件。负温条件下变质成冰主要有等温变质作用（简称 ET 变质作用）和温度梯度变质作用（简称 TG 变质作用）两类。ET 变质作用是雪层中的松散晶粒在重力作用下发生位移，雪晶粒径变粗，密度增大，孔隙度完全封闭而最终成冰，这一过程十分缓慢，如在山地冰川上部以这种方式成冰的时间需要数十年，而在极地冰川上则需要数百乃至数千年。TG 变质作用是当雪层表面温度很低而雪层下部温度较高时，在雪层内部出现较大的温度梯度，通过发生凝华再结晶，雪晶粒表面棱角增多，最终形成棱柱状、棱锥状或空心六棱杯状晶体（又称深霜）。当雪面气温上升到 0℃ 发生融化或因降雨出现液态水时，融冻变质作用（简称 MF 变质作用）便起着重要作用。MF 变质作用使雪的晶体迅速变化，大致分为再冻结作用、渗浸作用、渗浸–冻结作用和冻结成冰作用四个过程。

按照成冰作用机制，原苏联冰川学家舒姆斯基将冰川（冰盖）自上而下划分成 7 个带，之后人们发现还存在一个过渡性的成冰带，修正后的各冰川带包括：重结晶带或雪带、再冻结–重结晶带、冷渗浸–重结晶带或冷粒雪带、暖渗浸–重结晶带或暖粒雪带、渗浸带或粒雪–冰带、渗浸–冻结带或冰带、消融带或冻结带。Benson（1961）按是否有融水及其渗浸深度，对格陵兰冰盖冰川带进行划分，之后 Müller（1962）和 Paterson（1987）对其划分方案进行了补充和综合，并提出按形态特征划分的冰川带分布模式（图 2.5）。该方案将冰川划分为干雪带、渗浸带、湿雪带和附加冰带 4 个带，自上而下各带之间的界线分别为干雪线、湿雪线、雪线和平衡线。

冰川物质平衡反映了冰川固态水体的收入（或积累）与支出（消融）的关系。积累（accumulation，用 c 表示）是指冰川收入的固体水分，包括冰川表面的积雪、凝华后冻结的雨以及由风及重力作用再分配的吹雪、雪崩堆等。消融（ablation，用 a 表示）是指冰川固态水的所有支出部分，包括冰雪融化形成的径流、蒸发、升华、冰体崩解、流失于冰川之外的风吹雪及雪崩体。在冷性冰川上，部分融水又重新在粒雪及冰面或冰裂隙中冻结，这部分融水严格说来不能算是消融。积累与消融之差便是物质平衡（mass balance，用 b 表示，单位为 mm w.e.）。冰川物质平衡通常以年为计算单位，从当年消融期末到下一年度消融期末的时段称为物质平衡年。年积累（c_a）与年消融（a_a）的差值称为年平衡（b_a）。设冰川面积水平投影为 S，则整个冰川的物质平衡可由 c_a、a_a、b_a 对面积的积分得到，可称为总积累（C_a）、总消融（A_a）和总净平衡（B_n），即

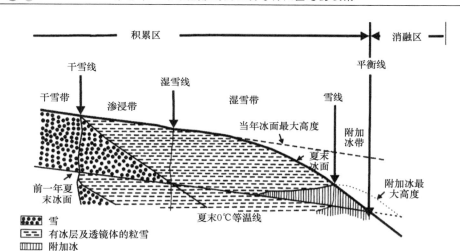

图 2.5　冰川（冰盖）带的划分（Cuffry and Paterson，2010）

$$C_a = \iint c_a \mathrm{d}x\mathrm{d}y \tag{2.2}$$

$$A_a = \iint a_a \mathrm{d}x\mathrm{d}y \tag{2.3}$$

$$B_n = \iint b_a \mathrm{d}x\mathrm{d}y \tag{2.4}$$

　　冰川物质平衡观测一般在积累区和消融区进行，冰川积累区和消融区的总平衡分别称为纯积累（B_c）和纯消融（B_a）。冰川的年物质平衡可从冰川的总平衡分量得到，也可从积累区的纯积累和消融区的纯消融得到，即

$$B_n = C_a - A_a = B_c - B_a \tag{2.5}$$

　　欧洲和北美洲的冰川多为冬季补给型冰川，而中国冰川多为夏季补给型冰川，二者的物质平衡在时间上存在显著差异（图 2.6），即前者在非消融季获得大量补给，消融季快速消融，年物质平衡曲线近似正态分布曲线；后者因物质积累与消融都在消融季，积-消变化过程不明显，但积-消区域差异则很大。

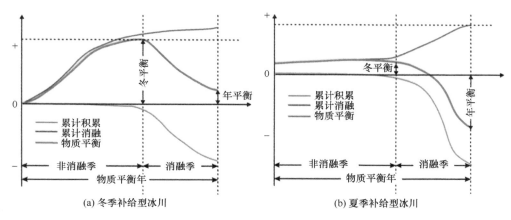

图 2.6　冰川物质平衡年内过程及相关定义

　　冰川运动是冰川区别于其他自然冰体的主要标志，与冰川物质平衡、温度状态、水力特征等存在密切关系。在冰川形成与发育演化过程中，冰川运动不仅影响着其自身状态的改变，还直接改造冰川周围的地貌形态。在理想的冰川运动中，积累区冰川在垂直方向上向下运动，在水平方向上由边缘指向中心；而消融区则相反。通常用下沉速度和压缩流（对于积累区而言）或上升速度和扩张流（对于消融区而言）来表述。冰川运动的一种机制是冰在应力作用下的变形，表现为蠕动和断裂。前者是指冰晶内或冰晶间的运动，与金属在接近熔点时的变形相似；后者是指当冰川中的应力超过冰蠕动的最大限度时产生的冰破碎断裂，如冰川表面的冰裂隙。冰川在自身重力作用下，可通过底部滑动方式向下运动，极端情况表现为冰川跃动。冰川底部滑动因观测难度较大，其机制尚不十分清楚，目前认为冰川底部滑动机制主要有复冰机制和增强的蠕变机制两种。在冰川底部滑动过程中，当障碍物较小时（直径<0.05～0.5 m），复冰机制起着主要作用，当障碍物尺寸增大时，增强的蠕变机制发挥作用。

　　冰盖的物质收入主要来自降雪的积累，物质损失主要来自融水径流、冰床底部融化和冰山崩解。表面物质平衡（surface mass balance，SMB）是冰盖表面的物质收入和支出的净平衡，不包括冰盖边缘地区的排出量。对于南极冰盖，其表面物质损失较少，因此常用雪积累率来表示 SMB；对于北极冰盖，其表面融化和径流增加造成的物质损失对 SMB 的影响较为显著。触地线（带）在冰盖形成发育过程中扮演着重要角色。触地线是冰盖冰体流入海洋开始漂浮的初始位置构成的连线，为冰架与触地冰之间的分界线。受海洋潮汐运动影响，触地线实际上是一个带，也就是触地冰受潮汐影响开始出现挠曲，至冰层达到静水力学平衡的地带。触地带是上游受垂直剪切应力作用的触地冰及下游受以纵向拉伸和横向剪切为主的浮力驱动的冰架枢纽，在此形成一个复杂的物质能量过渡区。冰架底部界面存在活跃的冰–海相互作用，冰架变化将导致触地带位置和动力的快速变化，从而改变内陆触地冰流速和冰盖动力机制，引发上游触地冰快速变化。

2.2.3　冻土的形成与发育机理

　　地下冰的存在是冻土所独有的特征。地下冰是正在或已冻结的土体中所有类型冰的总称。地下冰可能是后生的或共生的，也可能是同时发生的或残余的、进化的或退化的、多年性的或季节性的。地下冰发生在土体或岩石孔隙、洞穴，或者其他开放的空间中，常以透镜状、冰楔状、脉状、层状、不规则块状，或者作为单个晶体或帽状存在于矿物质颗粒之上（图 2.7）。冷生构造指冻土固体组分间的相对空间排列，是表征冻土组分空间分异作用的宏观指标。冷生构造取决于形成构造冰包裹体的形状大小及与土骨架之间的相互位置。土的冷生成岩类型（后生型和共生型）决定着土冷生构造的主要特征。

　　后生冻土的冷生构造是土沉积以后发生自上而下的冻结而形成的，这种类型的冷生构造分布最广。决定后生型冷生构造的因素是土的成因、成分、冻结前土的组构、含水量及其垂向分布、含水层的存在及冻结条件。当地表温度发生周期性变化时，一定周期和振幅的冷波形成一定厚度的冻层，而土的含冰量则在该冻层上部随深度逐渐增加，在冻层 1/3 厚度的深度达到最大值。这是由于，一方面随深度加大，冻结速度减小，从而

(a)   (b)

图 2.7 青藏高原可可西里（a）和两道河（b）地区多年冻土上限附近地下冰

保证了从下部土层中抽吸足够数量的水分而有利于成冰；另一方面，随着深度加大，土中的热周期几乎以等比级数减少，其反而不利于在更深处成冰。

共生型冷生构造是在沉积物堆积和冻结同时（地质意义上）发生时形成的，与后生型冻层不同的是共生型冻层是自下而上增加的。在多年冻土区地温较低的堆积地形中，冻土上限附近常见斑杂状或悬浮状冷生构造，其特点是土颗粒和土集合悬浮于冰中，体积含冰量一般超过 50%。这种厚层地下冰的形成是冻结锋面附近冰的重复分凝作用造成的，具体而言，它是由正冻土中的成冰作用、已冻土中的成冰作用、正融土中的成冰作用、未冻水的不等量迁移规律、水的自净作用和冰的共生共长等多种作用的综合并重复发生的结果。

关于多年冻土层上限附近的厚层地下冰的形成国内外学者曾给出多种解释，其中我国冻土学家程国栋院士提出的重复分凝机制假说被广泛认可，即著名的程氏假说。在季节温度梯度作用下，夏季季节融化层内水分向下伏多年冻土的迁移量远远大于冬季活动层回冻时水分从多年冻土中向上的迁移量，导致活动层与下伏多年冻土间未冻水的不等量迁移，进而冻结成冰，经过长期、年复一年的重复作用，多年冻土上限附近地下冰含量累积、增加。同时，地表沉积物加积造成的多年冻土上限附近共生地下冰形成，这也是多年冻土上限附近厚层地下冰形成的主要原因。

对于冻土而言，其热量与水分的运动、相变过程是耦合发生的，垂直方向上的热传输过程满足下列热传递方程：

$$\frac{\partial (CT)}{\partial t} - L_f \rho \frac{\partial \theta_i}{\partial t} = \frac{\partial}{\partial z}\left(k \frac{\partial T}{\partial z} \right) + C_w T \frac{\partial q_w}{\partial z} + Lv \frac{\partial q_v}{\partial z} - S_h \qquad (2.6)$$

$$k = \frac{\lambda}{C} \qquad (2.7)$$

$$\lambda \approx \lambda_u^{\theta_u} \cdot \lambda_i^{\theta - \theta_u} \cdot \lambda_m^{1-\theta} \qquad (2.8)$$

$$C = C_f + L \cdot \rho \cdot \frac{\partial \theta_u}{\partial T} \qquad (2.9)$$

$$C_f = C_{sf} + \left(W - W_u \right) C_i + W_u \cdot C_u \qquad (2.10)$$

式中，θ、θ_u 和 θ_i 分别为体积总含水量、未冻水体积含水量和体积含冰量；z 为深度；W

为总含水量；W_u 为液态水含水量；λ、λ_u、λ_i 和 λ_m 分别为冻土、液态水、冰和土壤矿物质的热扩散系数；C、C_f、C_{sf}、C_i 和 C_u 分别为冻土热容量、感热热容量、矿物质热容量、冰热容量和液态水热容量；L、L_f 和 L_v 分别为相变潜热、冻结潜热和蒸发潜热；q_w 和 q_v 分别为液态和气态水分对流通量；S_h 为能量平衡源汇项。

2.2.4　河湖冰的形成与发育机理

随着秋末冬初气温的逐渐下降，河流水体失热大于吸热，于是水体发生冷却。当水温降至 0℃ 以下时，在过冷水中形成细小的以柱状冰为主的冰晶。在河岸附近流速较缓以及紊流较弱区域，冰晶上浮至水面，并聚集成一层连续薄冰。随着水体失热增强，这些薄冰不断生长变大形成岸冰。在远离河岸流动较快的水流以及紊流较强的区域中，由于湍流作用，河流表面的冷却水通过水流混合，冰晶在水温 0℃ 以下的整个水深范围内形成，随着冰晶体积增大和数量增多，其可以凝结在一起形成絮状冰或冰块继而浮至水面，它们之间相互碰撞继而形成更大的冰单元。随着热量的不断耗散和冰的黏性作用，河道中的流冰密度逐渐增加，在合适的水力条件下会形成冰盖、冰塞或冰坝。

湖冰一般也在秋冬季冻结、春夏季消融。由于水陆热容量差异，湖冰通常最早形成于湖岸或水深较浅区域。秋冬季太阳辐射减弱、气温下降，湖水失热使得水温降低，当水温降到 0℃ 或更低时，湖水产生冰晶并发生冻结现象。当湖冰出现时，由于冰的高反照率，进入湖泊的太阳辐射将进一步减少，水体热通量和太阳短波辐射的减弱加剧了湖冰的进一步发展。当湖冰表面存在积雪时，在湖泊冻结期可通过降低冰–气间的热量交换以及冰底的光通量使湖冰厚度增加，而在消融期可通过积雪融水增强冰–气间的热量交换使湖冰厚度减薄。

河流和湖泊的结冰过程是一个从开阔水域到部分甚至全水域被冰覆盖的过程。水体冷却是河湖结冰的基本条件，水的冷却及成冰热量平衡方程如下：

$$Q = \phi_S + \phi_L + \phi_H + \phi_E + \phi_P + \phi_F + \phi_G + \phi_B \qquad (2.11)$$

式中，Q 为由水体表面进入大气中的净热流量；ϕ_S 和 ϕ_L 分别为短波辐射和长波辐射产生的净热流量；ϕ_H 为由对流产生的热交换量；ϕ_E 为蒸发或冷凝产生的净热流量；ϕ_P 为降水产生的热交换量；ϕ_F 为水体运动摩擦产生的热量；ϕ_G 为地下水注入产生的热流量；ϕ_B 为水体与河湖床面的热交换量。

由于式（2.11）中涉及项较多，在计算净热流量 Q 时通常采用式（2.12）：

$$Q = C_0 \cdot (T_w - T_a) \qquad (2.12)$$

式中，C_0 为复合换热系数，一般取值为 15～25 W/（m²·℃）；T_w 和 T_a 分别为水温和水面气温。

当河流和湖泊冻结时，其冰厚消长取决于热力条件和水力条件，以及上游来冰量（对于河冰而言）。在假设河湖冰界面（大气–冰面和冰下–水）及冰体内部各层导热系数不变和导热层密度均匀的前提下，冰厚计算方程如下：

$$\rho_i l_i \frac{dh_i}{dt} = \frac{T_m - T_s}{\dfrac{h_2}{\lambda_f} + \dfrac{h_3}{\lambda_{bi}} + \dfrac{h_4}{\lambda_{wi}} + \dfrac{h_5}{\lambda_s}} = \phi_{ai} - \phi_{fi} \qquad (2.13)$$

$$\phi_{ai} = h_{ai}\left(T_a - T_s\right) \tag{2.14}$$

$$\phi_{fi} = h_{fi}\left(T_w - T_m\right) \tag{2.15}$$

式中，ϕ_{ai} 为大气与冰面间的热流密度；ϕ_{fi} 为冰、水面间的热流密度；h_{ai} 为大气和冰面的热交换系数；h_{fi} 为冰、水湍流热交换系数；T_a 为大气温度；T_s 为冰面温度；ρ_i 为冰密度；l_i 为长波辐射；h_2、h_3、h_4、h_5 和 λ_f、λ_{bi}、λ_{wi}、λ_s 分别为各层厚度及相应的导热系数，如图 2.8 所示。

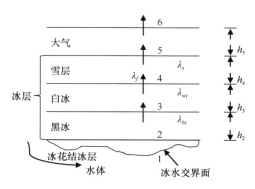

图 2.8　河湖冰复合结构层图

2.2.5　海冰的形成与发育机理

当海水温度达到冰点或有雪降到低温的海面上时，海水处于过冷却状态产生结晶核（一般由降雪或大气冰形成），然后生成冰晶。大量的冰晶凝结，聚集形成黏糊状或者海绵状的海冰，即初生冰。初生冰继续凝结就形成冰皮，其表面平滑而湿润，色灰暗，厚度约 5 cm，因其较脆极易被海风或海流吹散而形成长方形的薄冰块。当冰厚达到 10 cm 左右时，此时的海冰开始变得比较有弹性，表面无光泽，但在外力作用下依然容易弯曲和被折断，并产生"指状"重叠现象，这就是尼罗冰。尼罗冰被折碎成的长方形冰块就是饼冰。由尼罗冰或饼冰直接冻结而形成，且冰厚达到 10~30 cm 时就形成初期冰，其颜色多呈灰白色。初期冰继续发展，形成厚度为 70 cm 至 2 m 的冰层就是一年冰。

与淡水不同的是，海水无论是冰点温度还是最大密度时的温度均与盐度有关。当海水盐度小于 24.69‰时，海水最大密度温度高于冰点温度，当气温下降时，首先达到海水最大密度温度，此时有垂直方向的对流混合，当水温继续下降接近冰点温度时，表层海水的密度已非最大并逐渐趋于稳定，于是水温稍低于冰点时就迅速结冰。反之，当冰点温度高于海水最大密度温度时，则是水温逐渐下降至冰点温度的过程，也就是海水密度不断增大的过程，因而海水变重下沉，发生对流，这种对流过程会一直持续到海水冻结为止。

海冰物质平衡过程实际上是水（冰）面、冰层与下部海水的水热耦合过程，其符合表面能量平衡、冰体内部热量传导、水体内部热量传输及水热耦合平衡等方程。海冰的物质平衡是由海水冻融状态决定的。在这个意义上，海冰的质量是不断变化的，发生的是质量的季节性增多和减少，变化后的海冰质量转变为海水的质量，或者反之。

在不考虑动力学过程的基础上，海冰物质平衡遵循热力学方程，稳态 Stefan 方程如下：

$$\rho_i LH \approx \frac{k_i\left(T_m - T_a\right)}{H} \tag{2.16}$$

式中，L 为潜热通量；T_m 为冰的融点温度；T_a 为冰上边界温度；H 为冰的厚度；k_i 为冰的导热系数；ρ_i 为冰的密度。

海冰底部冰的增长与融化是向上海水热通量与水–冰界面传入冰体内部热量之间差异的结果，式（2.16）可写为

$$H = \left(2k_i / \rho_i L\right)^{0.5}\left[\left(T_b - T_a\right)t\right]^{0.5} \tag{2.17}$$

式中，T_b 为海冰底部温度；t 为时间。

若不考虑海冰表面积雪、海洋热通量和风的影响，海冰厚度可由式（2.18）计算得到：

$$H = 0.035\alpha\left[\sum\left(T_b - T_a\right)t\right]^{0.5} \tag{2.18}$$

式中，海冰厚度 H、温度 T 和时间 t 的单位分别为 m、℃和 d；α 的取值为 0.75（根据加拿大波弗特海海冰模拟结果）。

2.2.6　冰架与冰山的形成与发育机理

冰架的形成取决于冰盖或冰川在重力作用下能够伸入海洋，冰山的形成则取决于冰盖或冰架的崩解能力。冰架表面接收降雪及冰架底部发生融化/冻结作用是冰架物质平衡的重要组成部分，冰架的物质损耗主要通过崩解形成冰山完成。冰架大面积崩解与全球气候变暖有关，近些年来发生冰架崩解的地区集中在全球变暖最显著的三个区域内：南极半岛地区、阿拉斯加及加拿大高北极地区和西伯利亚地区。2017 年 7 月，南极半岛拉尔森（Larsen）C 冰架突然断裂进入威德尔海，并形成 A-68 冰山，随后破裂成为两块，分别命名为 A-68A 和 A-68B 冰山，后者即著名的矩形冰山（图 2.9）。在之后的一年时间

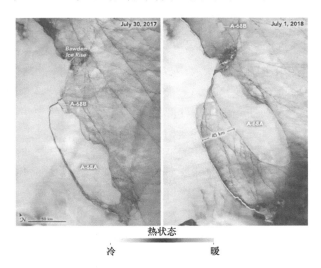

图 2.9　2017 年 7 月 30 日～2018 年 7 月 1 日 A-68 冰山变化（据 NASA）

里，A-68A 冰山受威德尔海密集海冰的阻挡而缓慢移动，其北端被浅水区的鲍登冰隆（Bawden ice rise）卡住几乎不能动，西端距拉尔森 C 冰架约 45 km，东南部在移动过程中与海冰冻结形成新的形状；A-68B 冰山则被威德尔海洋流挟带向北流向南乔治亚岛和南桑威奇群岛，至 2018 年 11 月，该冰山已漂移至开阔海域。

对触地线的迁移及其稳定性理论研究发现，失去支撑时，触地线会在上倾基岩上沿冰盖冰流的方向不稳定地后退。如图 2.10 所示，当温暖的变性绕极深层水（warm modified circumpolar deep water，mCDW）流向冰架底部时，触地线处冰体融化，触地线后退，导致冰架开始变薄、冰山出现[图 2.10（a）]；触地线在上倾基岩上不稳定地后退时，海洋性冰盖在缺少支撑的情况下也变得不稳定，冰通量随着触地线处冰体厚度的增加而增加，导致冰盖向海洋的排出量增加，冰架持续减薄并崩解形成冰山，触地线进一步后退，直到到达新的下倾基岩才稳定下来，表面融化和冰架的进一步崩解也会引起冰盖和冰架的减薄[图 2.10（b）]。

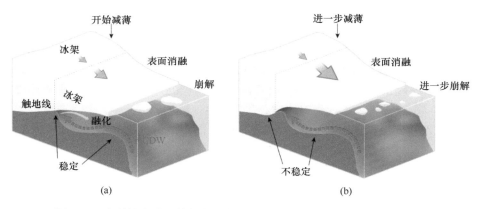

图 2.10　海洋性冰盖及其与海洋交互作用示意图（Hanna et al.，2013）

2.2.7　雪花、霰、冰粒、雹的形成与发育机理

在混合云中，冰水共存使冰晶不断凝华增大成为雪花。当云下气温低于 0℃时，雪花可以一直落到地面而形成降雪。如果云下气温高于 0℃时，则可能出现雨夹雪。当地面温度低于 0℃时，降雪逐渐积累形成积雪。冰晶是雪花形成的必要介质，它以一些尘埃为中心，与水蒸气一起在较低的温度下形成冰核，这一过程被称作冰核活化。冰核活化受控于温度，当温度下降时，活化的冰核数量增加。冰核活化后，大气中的过冷水汽会在冰核上凝华，使冰核增长形成冰晶。在冰晶增长的同时，冰晶附近的水汽被不断消耗，越靠近冰晶的地方水汽越稀薄、过饱和程度也越低。冰晶逐渐扩大形成冰花，降落到地面便成为雪花。

雪花的形状极多，有星状、柱状、片状等，但基本形状是六角形。对于六角形片状冰晶来说，由于不同部位曲率的差异，不同部位具有不同的饱和水汽压，其中角上的饱和水汽压最大，边上次之，平面上最小。在实有水汽压相同的情况下，由于冰晶各部分饱和水汽压不同，其凝华增长的情况也不相同。例如，当实有水汽压仅大于平面的饱和水汽压时，水汽只在面上凝华，形成的是柱状雪花。由于凝华的速度还与曲率有关，曲率大的地方凝华较快，因此在冰晶边上凝华比在面上快，多形成片状雪花。当实有水汽压大于角上的饱和水汽压时，虽然冰晶各部位都有水汽凝华，但尖角处位置突出，水汽供应最充分，凝华增长得最快，因此多形成枝状或星状雪花。

霰又称软雹，指从云中降落至地面的不透明的球形或圆锥形晶体，其由过冷水滴在冰晶周围冻结而成，直径 2～5 mm。霰着地反跳，易碎，常降自积雨云或层积云。

冰粒又称小冰丸、小雹，是由透明或半透明的小冰粒所组成的降水。冰粒呈圆球形或不规则形，偶呈锥形，直径为 5 mm 或更小。冰粒有两种形成过程：①雨滴冻结或雪花融化后重新冻结而成；②米雪（由直径小于 1 mm 的扁平或伸长的白色不透明冰粒组成的降水）下降时碰到过冷水滴或由米雪融化后再冻结而成。冰粒着地不反跳，也不破碎，常降自层云和雾。

雹是指直径大于 5 mm 的固态降水，一般呈球形，常降自积雨云。雹以雹核或霰为核心，外面包有好几层冰壳，平均密度为 700～800 kg/m³。雹形成时需要有强上升气流的对流云，因此多发生在暖季的中午至傍晚，并伴随雷暴天气出现。冰雹形成的条件一般包括：①大气中必须有相当厚的不稳定层存在；②积雨云必须发展到能使个别大水滴凝结的高度（一般认为温度达-16～-12℃）；③要有强的风切变；④云的垂直厚度不能小于 6～8 km；⑤积雨云内水汽含量丰富，一般为 3～8 g/m³，在最大上升速度的上方有一个液态过冷水的累积带；⑥云内应有倾斜的、强烈而不均匀的上升气流，一般速度在 10～20 m/s 及以上。雹核在上升气流的挟带下进入生长区后，在水量多、温度不太低的区域与过冷水滴碰并，长成一层透明的冰层，再向上进入水量较少的低温区，这里主要由冰晶、雪花和少量过冷水滴组成，雹核与它们黏并冻结就形成一个不透明的冰层。这时冰雹已长大，而那里的上升气流较弱，当它支托不住冰雹时冰雹开始下落，并在下落过程中不断地合并冰晶、雪花和水滴而继续生长，当它落到较高温度区时，碰并上去的过冷水滴便形成一个透明的冰层。这时如果落到另一股更强的上升气流区，冰雹又将再次上升，重复上述的生长过程。这样冰雹就一层透明、一层不透明地增长直至落地。

2.3 与其他圈层的相互作用

冰冻圈与其他圈层的相互作用涉及地球表层广大地区，冰冻圈在其形成、演化过程中深刻影响着地球表层系统的大气圈、水圈、生物圈和岩石圈，而地球表层其他圈层也对冰冻圈分布规律、变化过程起着驱动和控制作用。冰冻圈与其他圈层的相互作用内容丰富、过程复杂且时空尺度不一（图 2.11）。同时，冰冻圈与人类圈关系密切。

2.3.1 冰冻圈与大气圈

由于冰雪自身的高反照率、高相变潜热和低热导率特征，以及可以通过改变洋流温盐状况来影响大洋环流，因此将冰冻圈从水圈中分离出来，使其成为气候系统的独立圈

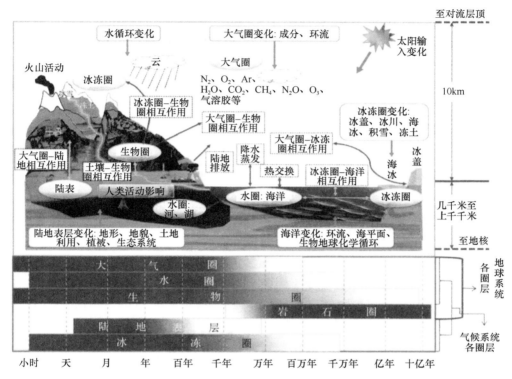

图 2.11 冰冻圈与其他圈层相互作用的时空尺度关系

层。冰冻圈与大气圈通过大气和冰雪覆盖下垫面间的物质、能量和动量交换进行相互作用，其在全球和区域气候形成、异常和变化中扮演着重要角色。一方面，冰冻圈对气候变化十分敏感，被视作气候变化的指示器；另一方面，冰冻圈自身变化对气候也有巨大的反馈作用。

冰雪–反照率–温度正反馈机制是冰冻圈与大气圈相互作用的形式之一。由于冰雪表面的反照率大，能够吸收的太阳辐射能量少，加之强烈地吸收和放射长波辐射，冰雪表面的有效辐射在相同温度下比其他下垫面大，从而产生较低的地面温度，使地面向大气输送的长波辐射和感热减少，进而导致气温降低。这种对流层大气温度的降低使高空冷涡增强，进而导致降雪增加和持续，雪盖面积增大。同样地，气温降低也将使海冰面积扩大和维持，而冰雪面的高反照率又可减少冰雪面对太阳辐射的吸收，使冰雪面温度下降，进而造成大气温度进一步降低。

积雪作为重要的陆面强迫因子，其自身变化除对局地大气产生直接影响外，还会导致更大范围内的大气环流异常。例如，秋冬欧亚大陆积雪异常与冬季北半球大气环流显著相关，秋季西伯利亚积雪异常与北半球环状模（northern annular mode，NAM）呈显著的负相关关系。当青藏高原冬春积雪偏多时，积雪反照率效应会导致青藏高原下垫面热状况发生改变，继而导致东亚夏季风偏弱，东亚季风系统的季节变化进程较常年偏晚，致使初夏华南降水偏多，夏季长江及江南北部降水偏多，华北和华南降水偏少，降水呈现自北向南"少—多—少"的空间格局；而当积雪偏少时，降水则呈现相反的分布状态（图 2.12）。海冰的分布与变化也会影响气候系统，如夏季北极海冰的大范围减少和秋冬季海冰的延迟恢复，可引起冬季大气环流的变化和大量局地水汽由海洋输送到大气，导致东亚、欧洲和北美大部分地区冬季的异常降雪和低温天气。

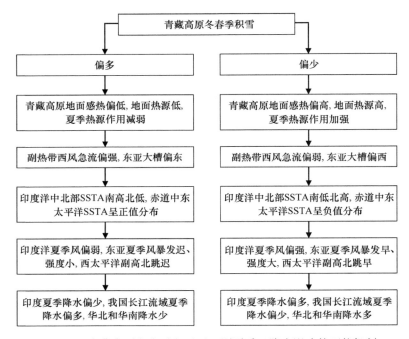

图 2.12 青藏高原冬春季积雪对亚洲夏季风降水影响的可能机制

冰雪除通过高反照率致冷外，还阻隔了大气与海洋及陆地之间的热量和水分交换。冰雪的热传导率低，具有很好的绝热性，能阻止或大大削弱大气与陆地及海洋之间的热量交换。当冰雪厚度达 50 cm 时，地表与大气之间的热量交换基本上被切断。北极和南极海冰的平均厚度分别为 3 m 和 1~2 m，格陵兰冰盖平均厚度为 1.6 km，南极冰盖平均厚度高达 2.1 km，这使得大气难以获得海洋和陆地的热量输送。这种作用在海洋上尤为明显，海冰切断了热量和水汽从海洋向大气的输送，是冷的极地气团和冰下相对暖的海洋之间的绝缘层。例如，冬季北极巴伦支海海冰变化对后期大气环流有着显著影响。当冬季巴伦支海海冰偏多（少）时，春季（4~6 月）北太平洋中部海平面气压升高（降低），阿留申低压减弱（加深），导致春季白令海海冰偏少（多）；夏季亚洲大陆热低压加深（减弱），500 hPa 西太平洋副热带高压位置偏北（南）、强度偏强（弱），东亚夏季风易偏强（弱）。由于对太阳辐射的高反照率和强烈的长波辐射能力，冰雪表面和近地面温度很低，饱和水汽压特别小，空气中水汽极易达到过饱和状态，在冰雪表面产生凝华现象，并且经常出现雪面逆温。因此，冰雪冰面切断了大气的热量和水汽源，导致供给空气的热量和水分很少，相反，空气要向冰雪表面输送热量和水分，故在冰雪表面上形成的气团冷而干。由于空气中水汽含量很少，大气逆辐射微弱，冰面表面放射出的长波辐射因空气中缺乏水汽而大量散逸到宇宙空间。因此，冰雪表面对大气具有致冷、致干作用，即冰雪−空气水汽的反馈是一种负反馈过程。

冰冻圈自身的巨大冷储和相变潜热也会在不同时空尺度上影响着天气和气候系统。冰雪融化时需要消耗大量的热量，如 0℃冰变为 0℃水的相变潜热为 33.4×10^4 J/kg，变为气态水则高达 283×10^4 J/kg。随着季节更替，当气温回升时，冰雪融化需要吸收大量的热量，从而将会减缓气候变暖的程度。相反，当气温下降时，冰雪冻结时所释放的潜热则会削弱气候的变冷程度。因此，冰雪覆盖可以延缓季节的转换，使融冰化雪季节的气温降低。例如，夏季，南极是全球接收太阳辐射最多的大陆，但依然十分寒冷，其主要原因就在于南极大陆有 98%的区域常年为冰雪覆盖。

雪（冰）–气动量交换也是冰冻圈与大气圈相互作用的形式，主要体现在两个方面：①风吹雪。由气流挟带起分散的雪粒在近地面运行的多相流或由风输送的雪称为风吹雪。风吹雪对自然降雪有重新分配的作用，对积雪区的物质平衡和冰川物质平衡具有重要的影响。同时，风吹雪对冰雪面能量平衡也有重要影响，风可造成空气中雪粒的升华磨蚀，增强从雪面向大气的水汽通量的输送。风吹雪还可改变大气能见度和积雪表面粗糙度，影响大气及大气与积雪表面间的能量交换。②海（湖）冰受潮（湖）流和风的驱动，在风、浪、流的共同作用下，海（湖）冰运动场的非均匀性引起形变、破碎和堆积。如有研究指出，北极海冰迅速减少除受温度升高影响外，当地强风的吹动也是重要原因。通过对自 1979 年以来逐年北极风强度及强弱转换时间与海冰范围的分析，北极风表现强劲的时间和北极海冰锐减的时间相吻合。

2.3.2　冰冻圈与水圈

冰冻圈是地球的天然固体水库，蕴藏着丰富且宝贵的淡水资源。冰冻圈内的水体参与地球水循环，从全球水量平衡来看，冰冻圈的扩张（萎缩）意味着液态水的减少（增多）、水循环的减弱（增强）。在全球尺度上，冰冻圈变化引起海平面升降，改变全球水循环过程；在区域或流域尺度上，冰冻圈变化，包括径流量变化和径流年内分配影响流域水文过程，进而影响水资源合理利用。

对于水圈最主要的部分——海洋而言，冰冻圈变化与海平面的升降存在密切关系。在地质时期（约 100 Ma B.P.），全球尺度海平面变化（变幅 100～200 m）主要由地质构造过程所引起，如大尺度洋盆变形等。随着陆地冰盖的形成（如形成于 35 Ma 的南极冰盖），全球平均海平面下降约 60 m。大约自 3 Ma 开始，随着冰期–间冰期循环交替出现，北半球万年尺度准周期性消长的冰盖对全球海平面变化产生重要影响，其影响量级在 100 m 左右。在百年至千年的更短时间尺度上，海平面波动主要受自然强迫因子（如太阳辐射、火山喷发）和气候系统内变化（如 ENSO、NAO、PDO）[②]的影响。而近百年海平面上升的贡献主要由海洋热膨胀、陆地水储量变化和冰冻圈变化三方面组成。其中，海洋热膨胀对过去几十年海平面上升的贡献超过40%，1971～2010 年海洋热膨胀对海平面上升的贡献为 0.8[0.5～1.1] mm/a，1993～2010 年则为 1.1[0.8～1.4] mm/a。陆地水储量变化对海平面上升的贡献较小，量值不足 10%。全球冰川（不包括格陵兰冰盖和南极冰盖周边的冰川）对海平面上升的贡献为 0.54[0.47～0.61] mm/a（1901～1990 年）、

② ENSO 指厄尔尼诺-南方涛动；NAO 指北大西洋涛动；PDO 指太平洋十年涛动。

0.62[0.25～0.99] mm/a（1971～2009 年）、0.76[0.39～1.13] mm/a（1993～2009 年）和
0.83 [0.46～1.20] mm/a（2005～2009 年），格陵兰冰盖和南极冰盖的总贡献为 0.60[0.42～
0.78] mm/a（表 2.1）。若不考虑陆地水储量变化的影响，海洋热膨胀和冰冻圈变化对海
平面上升（自工业化以来）的贡献各占一半，未来随着海洋热膨胀的减小和冰盖贡献量
的增加，冰冻圈变化对海平面上升的贡献将会大于海洋热膨胀。

表 2.1 过去不同时段观测和模拟的全球平均海平面收支状况（IPCC AR5 WGI, 2013）（单位：mm/a）

贡献来源	1901～1990 年	1971～2010 年	1993～2010 年
观测的对全球平均海平面上升的贡献			
海洋热膨胀	—	0.8 [0.5～1.1]	1.1 [0.8～1.4]
除格陵兰冰盖和南极冰盖以外的冰川*	0.54 [0.47～0.61]	0.62 [0.25～0.99]	0.76 [0.39～1.13]
格陵兰冰川*	0.15 [0.10～0.19]	0.06 [0.03～0.09]	0.10 [0.07～0.13]**
格陵兰冰盖	—	—	0.33 [0.25～0.41]
南极冰盖	—	—	0.27 [0.16～0.38]
陆地水储量	−0.11 [−0.1～0.06]	0.12 [0.03～0.22]	0.38 [0.26～0.49]
总贡献	—	—	2.8 [2.3～3.4]
观测到的全球平均海平面上升	1.5 [1.3～1.7]	2.0 [1.7～2.3]	3.2 [2.8～3.6]
模拟的对全球平均海平面上升的贡献			
海洋热膨胀	0.37 [0.06～0.67]	0.96 [0.51～1.41]	1.49 [0.97～2.02]
除格陵兰冰盖和南极冰盖以外的冰川	0.63 [0.37～0.89]	0.62 [0.41～0.84]	0.78 [0.43～1.13]
格陵兰冰川	0.07 [−0.02～0.16]	0.10 [0.05～0.15]	0.14 [0.06～0.23]
包括陆地水储量在内的总贡献	1.0 [0.5～1.4]	1.8 [1.3～2.3]	2.8 [2.1～3.5]
残差	0.5 [0.1～1.0]	0.2 [−0.4～0.8]	0.4 [−0.4～1.2]

*所有数据到 2009 年，而非 2010 年；**在总量中没有包括该贡献值，而是被纳入格陵兰冰盖贡献中。

  冰冻圈与海洋相互作用的另一表现是冰冻圈通过自身变化影响海洋温盐循环过程。
温盐环流（thermal-haline circulation，THC）是全球海洋在温度和盐度差异驱动下的洋流
现象。图 2.13 为全球温盐环流输送带示意图，图 2.13 从宏观上表示高纬度下沉水—低
纬度传输的底部洋流—低纬度上升（翻转）流—高纬度平流的洋流过程，一次温盐循
环耗时大约 1600 年。现代海洋的观测与模拟研究表明，南极底层水（Antarctic bottom
water，AABW）、北大西洋深层水（North Atlantic deep water，NADW）、南极中层水
（Antarctic intermediate water，AAIW）、绕极深层水（circumpolar deep water，CDW）
等这些构成大洋经向翻转环流（meridional overturning circulation，MOC）的重要洋流
系统的变化与冰冻圈存在密切关系。在北大西洋温盐环流中，随着气候变暖和格陵兰
冰盖融化，北大西洋暖流末端因更多淡水汇入，洋面表层盐度降低使海水无法下沉，
导致温盐环流减弱甚至停滞，其直接结果是来自赤道的热能无法传递到北大西洋地区，
从而引发整个北大西洋冷事件的出现，即北美东部和西欧变冷，积雪、冰川和冻土分
布范围扩大。一项研究表明，若大洋温盐环流关闭，北半球温度将下降 1.7℃，局地降
温幅度可能更大。

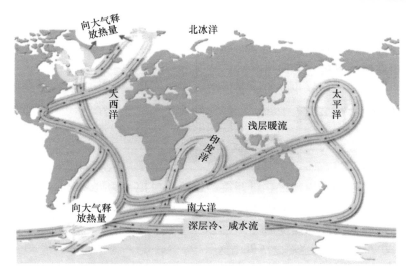

图 2.13　全球温盐环流输送带
红色表示海洋浅层较暖的洋流，蓝色表示海洋深层冷而咸的洋流

　　冰冻圈与陆地水圈的相互作用主要体现在冰冻圈的水文功能上，其包括水源涵养、水量补给（水资源）和径流调节。冰冻圈作为水源地不同于降雨型源地，其以过去一定时期内积累的固态水转换为液态水的方式形成水源，即使在干旱少雨时期，它仍然会源源不断地输出水量。发育于高纬度、高海拔地区的冰冻圈是世界上众多大江大河的发源地，如以青藏高原为主体的高亚洲冰冻圈是恒河、印度河、长江、黄河等著名河流的源区。冰冻圈作为固态水体本身就是重要的淡水资源，其融水也是地表径流的重要组成部分。例如，积雪是干旱区缓解春旱的重要水资源；我国冰川年融水量约为 600 亿 m^3，相当于黄河入海的年总水量；在我国西部干旱区，冰川融水径流占出山径流的 10%～30%，在个别流域高达 70%以上；青藏高原多年冻土区 10 m 深度以内土层的平均重量含水量为 18.1%，青藏高原多年冻土中由地下冰转换成液态水的年总量为 50 亿～110 亿 m^3；近期青藏高原西北部和羌塘高原东南部湖泊扩张与水量增加的主要原因是冰川融水增多。更为重要的是，冰冻圈对河川径流具有重要的调节作用，表现为冰川对径流的"削峰填谷"作用，即在降水偏多的丰水年，分布在高海拔的冰川区气温往往偏低，冰川消融量减少，冰川融水对河流的补给量下降，减小降水偏多而引起的流域径流增加的幅度；而当流域降水偏少时，冰川区相对偏高的温度导致冰川融水增加，弥补了降水不足对河流的补给量。一些定量研究表明，当流域冰川覆盖率超过 5%时，冰川对河流的年内调节作用效果显著；当流域冰川覆盖率超过 10%时，河流径流基本趋于稳定。此外，积雪和冻土对河流径流也起着年内调节作用。

2.3.3　冰冻圈与生物圈

　　冰冻圈与寒区生物圈是寒区气候作用的结果，但二者之间又存在极为密切的相互作用关系，并对寒区生物圈特性具有一定程度的主导性。广义上，冰冻圈范围内一切生态系统均不同程度地受到冰冻圈状态与过程的影响。相对而言，寒区生态系统的结构、功能与时空分布受冰冻圈要素的影响较为深刻，特别是受积雪、冻土和冰盖的影响较为广泛，其涉及两极地区、青藏高原以及中低纬度高山带；山地冰川的影响具有局域性，对冰川作用区的局部动植物分布、系统演化等产生一些重要作用。同时，寒区生物地球化学循环与冰冻圈要素的作用密切相关，冻融过程及其伴随的水分相变和温度场变化所产生的水热交换对生物地球化学循环产生巨大的驱动作用，并赋予其特殊的循环规律以及对环境变化的高度敏感性。

积雪与生物圈的相互作用主要表现为积雪对土壤水热状况的影响。在北半球高山带和北极地区，积雪厚度、积雪融化时间等不仅决定了植被类型及其群落组成，而且对植物的生态特性（如冠层高度、叶面积指数、生物量等）起着关键作用。例如，蒿草（*Kobresia myosuroides*）仅分布于浅积雪或积雪时间较短的环境下，而苔草（*Carex pyrenaica*）和帕里三叶草（*Trifolium parryi*）则分布在较厚积雪或积雪覆盖较长时间的环境下。即使适应积雪厚度较宽泛的物种，也存在显著的群落多度和结构上的差异，如高山羽叶花（*Acomastylis rossii*）虽然在不同厚度积雪环境下均有分布，但不同积雪厚度下其多度和覆盖度差异显著。积雪的时空变化也会导致陆地生态系统自身的改变。在北半球，因积雪融化时间提前和积雪覆盖减少，已观测到以下变化：①植被物候发生变化，表现为植物生长季延长，植物花期提前，植被群落组成和物种多样性显著改变；②大量无脊椎动物的生活周期改变（如冬眠时间缩短），拈花无脊椎动物物种减少，部分无脊椎动物（如蜘蛛）出现明显的表型变异；③整个捕食链的级联效应促使北极小旅鼠生活周期衰落，岸禽鸟类筑巢时期变化，麝香牛种群数量增加后出现下降等。

冻土巨大的能水效应和封存碳效应是其与生物圈相互作用的主要机制。在不同区域，受制于冻土性质、活动层特性、气候以及地形等诸多条件，冻土对寒区生态系统的影响不尽相同。以植被为例，北极北部苔原带不仅分布有石质表面的多边形苔原，而且也分布着大量土质和泥炭质多边形苔原湿地，这些不规则多边形苔原的形成被认为与其下伏的冻土性质有关（图2.14）。在多年冻土发育的泰加林带，不同冻土环境营造了森林带广泛存在的寒区森林湿地类型以及不同森林生物量分布格局。例如，我国大兴安岭多年冻土带上的泰加林带分布着大量的冻土湿地，包括森林沼泽湿地、灌丛沼泽湿地、苔草沼泽湿地以及泥炭藓沼泽湿地等众多类型，而在青藏高原昆仑山至唐古拉山一带及其以西的广大干旱与半干旱寒区，则发育了大面积的高寒草甸和高寒湿地生态系统。

在气候变暖、冻土活动层增厚和冻土退化背景下，一些寒区生态系统已发生显著变化：①北极苔原分布区植被覆盖度增加，生物量增大，湿地面积扩大，其原因是气温上升改善了原来限制于温度的高寒植物的生长，土壤温度升高增强了土壤微生物活动、加速了有机质分解和增加了植被可利用的养分利用率，活动层厚度增加拓展了植物根系生长范围；②泰加林带的退化表现为郁闭度和生产力下降，其原因是冻土退化使土壤水分饱和，不利于树木生长，而在阳坡冻土退化导致活动层土壤水分流失产生干旱胁迫；③植被物候发生变化，如春季生长提前、秋季生长延迟和生长季延长，这种变化对生物多样性的作用是负面的，北极地区灌丛植被生长延长、遮蔽作用增大以及对积雪拦截厚度增大，导致禾草类和隐花植物大量消失；④青藏高原多年冻土区植被退化，表现为高寒

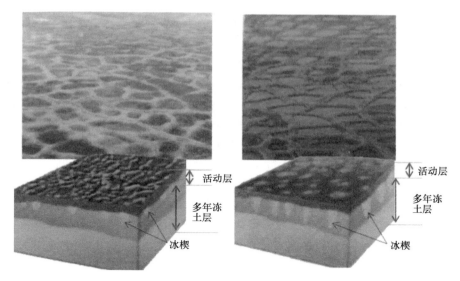

图 2.14　北极地区典型的多边形苔原格局及其形成的冻土因素

草甸覆盖度和生产力下降、高寒草原沙漠化面积增大；⑤土壤微生物的生长、矿化速率和酶的活性以及群落组成发生变化，影响冻土区生态系统整体的碳收支和养分循环。

　　此外，冻土对全球土壤碳库具有重要贡献。据估计，冻土中所存储的碳约占全球陆地土壤碳的 60%，其中 0～3 m 活动层和冻土土壤中的总碳量为 1000±150 Pg C。在未来持续增温的背景下，到 21 世纪末北极多年冻土区的碳排放量达到每年 0.5～1.0 Pg C 的规模，这与全球陆地土地利用与覆盖变化引起的碳排放规模相当。考虑冻土退化和植被演替，未来气温升高驱动冻土融化将可能导致北极地区由巨大的碳汇区转化为巨大的碳源区。

　　冰川对生物圈的影响具有局部性，且主要表现为冰川消退带的生态系统演替。总体而言，冰川消退带生态系统演替中微生物（包括藻类、细菌、真菌、古菌、原生动物）的丰度和多样性随着演替均逐渐上升直至最大值，并在之后的一段演替时期内保持相对稳定，然后出现下降。微生物群落在冰川前部的演替行为体现出其竭尽所能占据可利用资源、最大限度利用生态位进行生长和繁殖的集体智慧。

　　在演替的最初，冰川底部暴露的裸露岩石占据主要空间，只有来自大气沉降和冰川底部遗留的少量沉积物才能为最初定居的微生物提供有限的碳源、氮源和能源；同时，环境条件极其严苛，岩石表面昼夜温差甚至达到 50℃ 以上，自由水只在短时期内存在，白天紫外线强度甚至超过大多数藻类所能承受的上限。因此，最初阶段定殖的微生物必须迅速利用周边资源进行存活、生长和繁殖，这就要求它们代谢能力多样、具有较高的生长速率和繁殖能力，同时具有相应的环境抗性。而 β-变形菌门和拟杆菌门中的相当一部分微生物具备利用多种有机物进行呼吸产能的能力，如 β-变形菌门中的蓝黑紫色杆菌（*Janthinobacterium*）就能利用来自冰川表层的少量沉积物寡养生存。而伴随着演替的进行，尤其在植物出现以后，根系和凋落物一方面涵养水源保持土壤湿度，另一方面向土壤输送大量的有机碳，土壤温度以及辐射等环境波动显著变小，对于微生物而言整体生存环境变得更加舒适；土壤的分化程度增加、层与层之间理化性质差异变大，这造就了更多具有显著理化性质差异的生态位，从而可以滋养更为丰富多样的微生物群落。例如，表层土壤有机质含量较高，更适宜富养型 α-变形菌门等细菌的栖息，而底部土壤寡养、含氧量低，更适宜古菌的居住。同时，根系是大量共生固氮菌、联合固氮菌、寄生型和共生型真菌的乐园，而远离根系的土块则以自生固氮菌和腐生型真菌为主，且其丰度远小于根系区。因此，生态位的分化促进冰川前部演替过程微生物群落多样性的增加。图 2.15 显示不同演替阶段碳、氮不同来源的相对贡献度（非定量），可以看出演替早期碳和氮主要来自对外来物质的分解和固氮作用，之后微生物贡献的碳和氮输入比例开始增加，但最终成熟生态系统碳和氮的输入主要来自植物凋落物。

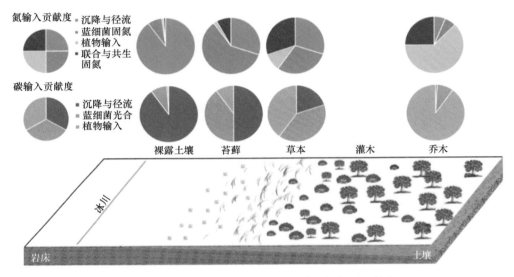

图 2.15　不同演替阶段碳和氮不同来源的相对贡献度

两极地区冰川、冰盖、冰架及海冰的变化主要通过改变极地生物的栖息地来影响其种群变化和生态演替。北极熊是北极最主要的大型食肉动物（图 2.16），其食物来源是北冰洋的海洋生物，如海豹、各类海鱼等。在气候变暖背景下，北极冰冻圈的消退加剧了北极熊猎食环境变差和生存空间萎缩，导致北极熊死亡或自相残杀，甚至长途迁徙离开其原有的栖息地。2019 年 2 月，俄罗斯西北部的新地岛曾发生北极熊成群南下，并侵入人类聚集地觅食的异常现象。同年 4 月，一只北极熊出现在俄罗斯远东堪察加半岛的季利奇基小镇，这里距离它的栖息地达 700 km。在南极，气候变暖导致海冰减少，海藻和浮游生物减少，从而引起在冬季供南极磷虾幼体生存的初级食物源减少，这可能是以南极磷虾为主食的阿德雷企鹅和帽带企鹅数量减少的原因。南极大陆仅有的两种本地草地植物，即南极珍珠植物和南极茸毛草在夏季的生长周期明显变长。在西南极洲的个别岛屿上，茸毛草的生物量增长了 25 倍。在冰雪融化的无冰地区，新种类植物开始出现且向较远距离传播种子。一些研究发现，在过去的几十年中，南极洲沿海岸带的植物发育区内也新生长了不少草本植物，这与冰盖和冰川在沿海岸地区的融水有关，也与冰区退缩露出的新土地有关。

图 2.16　北极熊

2.3.4　冰冻圈与岩石圈

冰冻圈与岩石圈的相互作用是地球表层圈层系统之间最具活力的过程，岩石圈的全球格局和区域差异由地球内动力系统控制，冰冻圈则是地球外力控制下的复杂自然地理要素组合，具有全球分布差异。一方面，岩石圈的构造运动、均衡作用，以及新生代构造强烈抬升的造山带地区所引起的化学风化作用等控制和影响着冰冻圈的形成与演化；另一方面，冰冻圈各要素强大的动力作用，在不同时空尺度上改变和重塑岩石圈的本来面貌。

在地质历史时期，大陆的合并与分离、大陆与海洋位置的变化、大规模高山和高原的隆升，导致全球地表热量巨变，引发冰期–间冰期。例如，古元古代冈瓦纳古陆和晚古生代石炭–二叠纪泛大陆的形成，导致出现了两次大冰期。由地壳运动引发的火山喷发可使大量火山灰进入大气层，阻挡太阳辐射，引起全球降温，从而有利于冰冻圈的发育。在构造运动和天文等共同驱动下，洋流和大气环流格局的变化可引起区域性冰川作用的加强。例如，青藏高原隆升催生的东亚中低纬冰川作用；巴拿马地峡关闭使原来受太平洋赤道暖流影响的南北美西海岸低纬地区改受来自高纬寒冷洋流的影响，从而加强了科迪勒拉山脉的冰川作用；南极大陆与其他大陆分离，南大洋海–气环流阻止了南下的热量，加剧了南极冰盖的扩张。

冰川均衡是地壳均衡理论的延伸。冰期时，冰盖扩张，在冰川重力负荷下，冰盖下的地幔物质向冰盖外侧流动，冰盖下的岩石圈下沉，冰盖外围的岩石圈上升；间冰期时，冰川消退，冰盖下的岩石圈均衡回跳，地壳上升，上地幔物质回流。北美北部地区、大不列颠群岛、斯堪的纳维亚半岛和南极洲现在正处于间冰阶冰川均衡抬升状态，如北美加拿大大奴湖（Great Slave Lake）–哈德森湾（Hudson Bay）之间曾是劳伦冰盖（Laurentia ice sheet）的中心，冰盖消退后该区的均衡上升量达 8 mm/a，位于冰盖边缘的五大湖区均衡上升量仅 2 mm/a（图 2.17）。

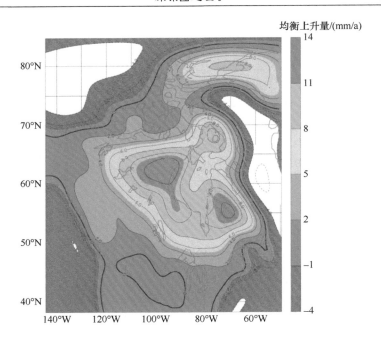

图 2.17　北美劳伦冰盖消失引起的均衡上升（Peltier，2004）

　　岩石圈化学风化是地表物质循环的基本过程之一，各类演示发生化学风化消耗大气 CO_2 是全球碳循环的一个净汇，对全球气候变化有重要影响。资料显示，全球尺度岩石圈化学风化每年消耗大气 CO_2 量为 $0.214 \sim 0.292$ Gt，尽管与现在大气碳库中碳的含量（约 800 Gt）相比很少，但岩石圈化学风化消耗 CO_2 并将其作为碳酸盐矿物埋藏在海洋中，且存留时间超过了百万年。因此，在地质时间尺度上，岩石圈化学风化是调节全球碳循环的一个重要机制。青藏高原–喜马拉雅山脉、阿尔卑斯山脉和安第斯山脉等的抬升，以及冰川强烈的侵蚀作用，加强了岩石圈风化速率，消耗了大气 CO_2，引起了新生代以来的全球气候变冷。据测算，发源于青藏高原的长江、黄河、澜沧江（湄公河）、怒江（萨尔温江）、恒河、雅鲁藏布江–布拉马普特拉河、印度河与伊洛瓦底江 8 条河流硅酸盐岩石化学风化共消耗大气 CO_2 为 0.022 GtC，约占全球大陆硅酸盐岩石化学风化所消耗的大气 CO_2 的 16%。此外，冰川底部硅酸盐矿物和碳酸盐矿物的溶蚀与沉淀在冰冻圈化学过程中具有特殊意义，特别是在冰期全球冰川大规模扩张时，其地质效应不容忽视。冰川底部硅酸盐矿物发生溶蚀和再沉淀；冰川底部基岩背冰面的复冰作用过程中，先发生再冻结的融水可以将其中溶解的物质析到尚未冻结的融水中，使其所含的 Ca^{2+} 浓度逐渐增大，最终达到饱和，形成了冰下 $CaCO_3$ 沉淀，如天山乌鲁木齐河源 1 号冰川、西藏枪勇冰川均有 $CaCO_3$ 侵蚀与沉积作用存在。

　　冰冻圈中对岩石圈产生作用的核心要素是冰川和多年冻土。冰川通过侵蚀、搬运和堆积作用，改变着岩石圈的表面形态。冰川侵蚀过程包括两种作用：刨（挖）蚀作用和磨蚀作用。刨蚀作用是冰川运动时，一方面以自身的推力将冰床上的碎屑物挖起；另一方面又把与冰川冻结在一起的冰床上的岩石拔起并带向下游。磨蚀作用是冰川中所挟带的岩块，以巨大的动压力研磨冰床基岩的一种作用。在受冰川侵蚀的北欧、北美等地，地面起伏和缓，风化层很薄，甚至基岩裸露；而地面构造脆弱地区则被蚀成洼地或湖盆，如北欧的"千湖之国"芬兰和北美的五大湖区等。冰川具有强大的搬运能力，能将成千上万吨的岩块搬至千里之外，如第四纪的北欧斯堪的纳维亚冰盖把大量的冰碛物带到遥远的英国、德国、波兰和俄罗斯等地；被喜马拉雅山冰川搬运的漂砾直径可达 28 m。此外，冰川还有逆坡搬运的能力，能把冰川从低处搬到高处，如西藏东南部一些大型山谷冰川把花岗岩漂砾抬高达 200 m，苏格兰的大陆冰川将冰碛物抬高至 500 m。当冰川消融时，冰川搬运能力下降，或是冰川中冰碛超载，被搬运的碎屑堆积下来，继而形成各种地貌。冰川堆积物通常结构疏松，没有层理，又无分选，堆积物大小悬殊。最常见的冰川堆积地貌是终碛堤（垄）、鼓丘、蛇形丘、冰水扇和冰水平原。

　　根据冰川作用（主要是侵蚀作用和搬运作用）和发生部位，通常冰川地貌分为冰蚀地貌、冰碛地貌、冰水堆积地貌和冰面地貌四种类型。其中，冰蚀地貌主要有冰斗、槽谷（U 形谷）、峡湾、刃脊、角峰、羊背石、卷毛岩、冰川磨光面、悬谷、冰川三角面等（图 2.18）；冰碛地貌主要有冰碛丘陵、侧碛堤、终碛堤、鼓丘等；冰水堆积地貌因分布位置、物质结构和形态特征不同，可以分为冰水扇和冰水河谷沉积平原、季候泥、冰砾阜与冰砾阜阶地、锅穴、蛇形丘等；冰面地貌主要有冰瀑、冰裂隙、冰川弧拱、冰面河、冰面湖、冰蘑菇、冰塔林等。

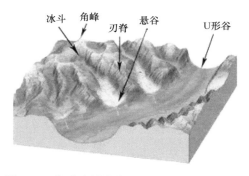

图 2.18　典型冰川地貌（据中国数字科技馆）

　　冻土对岩石圈的改造主要通过冻融作用来实现。冻土地区地温低，而且发生周期性的正负变化，冻土层中的水分也相应地出现相变和迁移，从而引起岩石的破坏，碎屑物的分选，堆积层的变形、冻胀、融陷、流变等一系列变化过程，总称为冻融作用。冻融作用的方式主要有冻融风化、冻融扰动和冻融泥流等。其中，冻融风化作用是指冰楔冻融而使岩（或土）破坏的作用。冻土层中的大小裂隙常被水填充，当夜间及冬季地温降至 0℃以下时，水分冻结，形成冰楔，冰楔体积膨胀而向两侧围岩（或土）挤压，使裂隙扩张；白天或夏季冰体融解，融水进一步向下深入，然后又再度结冰。这样经过反复冻融之后裂隙不断扩大，岩（或土）体也受压破坏。冻融扰动是冻土碎屑物质进行分选和缓慢迁移的一种重要形式，它发生在冻土活动层内，每年冬季冻结由地面向下进行时，下面尚未冻结而含水的融土，在上部季节冻土及下部永冻层的挟逼下，发生塑性变形，造成各种褶曲。另外，活动层碎屑物中的孔隙水在冬季（或夜间）冻结后，往往产生垂直性的冰针，它膨胀时可将上覆的砾石托起；当夏季（或白天）冰针融化时，被托起的砾石则不能恢复原位。这个过程如果反复进行，冻土内的砾石就逐渐被抬升（在地下）和侧移（在地面）。冻融泥流发生在冻土的斜坡上，夏季活动层融化时，土中的水分因下部永冻层的存在而不能下渗，造成该土层饱含水分，甚至稀释成泥浆状，在此过度湿润的情况下，土体便沿斜坡向下蠕移，成为冻融泥流。

除冻融作用外，气温上升和冻土退化使得冻土的热融作用更加凸显。热融作用可分为热融滑塌和热融沉陷两种。由于斜坡上的地下冰融化，土体在重力作用下沿冻融界面移动就形成热融滑塌。热融滑塌开始时呈新月形，以后逐渐向上方溯源发展，形成长条形、分叉形等。大型热融滑塌体长可达 200 m，宽数十米，后壁高度 1.5～2.5 m。平坦地表因地下冰的融化而产生各种负地貌，称为热融沉陷。由热融沉陷形成的地貌有沉陷漏斗（直径数米）、浅洼地（深数十厘米至数米，径长数百米）、沉陷盆地（规模大者可达数千米）等。当这些负地貌积水时，就形成热融湖塘。

冻土地貌又称冰缘地貌，其形态多样。据统计，世界上冰缘地貌类型不少于 50 种，除少数极地地区的冰楔、大型多边形以及海底冰丘外，其他的冰缘地貌类型在我国冻土区均有出现，常见的典型冰缘作用及其地貌形态如下：①以寒冻风化–重力作用主导形成的冰缘岩柱、岩堆、石海、石河、倒石锥和岩屑堆等，在雪线附近冻融作用强烈，这种类型的冰缘地貌尤为发育；②在冻融蠕流–重力作用下，通过冻爬和蠕流过程形成的冰缘地貌形态，如泥流阶地、石冰川、石河、石流坡坎等；③正负温的频繁波动使得季节融化层反复冻结和融化，不同粒径的物质会逐渐分异并重新组合，经冻融分选作用，呈现的典型形态有石环、石条和石带等；④受冻胀和冻裂作用形成的冰锥和冻胀丘等多分布在平缓的下垫面；⑤冻土中地下冰的融化也会形成相应的冰缘地貌，如坡面上的厚层地下冰受人为活动或自然因素的影响，其热量平衡状态遭受破坏，从而融化并使土体在重力作用下沿地下冰顶部发生牵引式或坍塌沉陷式的位移，最终形成热融滑塌，平坦地表下的地下冰融化会形成热融沉陷或热融洼地，热融洼地在积水之后进一步发育又形成热融湖塘（图 2.19）。近年来，气温的快速上升使得青藏高原热融滑塌和热融沉陷等灾害事件频繁出现、热融湖塘快速扩张，特别是北麓河、温泉和可可西里地区，这些灾害事件对当地自然环境和青藏铁路、公路、输电线路等工程设施构成了直接或潜在的威胁。

(a) (b)

图 2.19　热融滑塌（a）和热融湖塘（b）

2.3.5　冰冻圈与人类圈

冰冻圈与人类关系密切，一方面冰冻圈是人类赖以生存和发展的重要物质基础，能为人类提供淡水资源以及调节、文化、旅游、生境等服务，同时也可通过自身改变，以灾害形式给人类社会带来破坏；另一方面，人类生产和经济活动也会对冰冻圈要素产生直接或间接的影响，如多年冻土区的工程建设会影响多年冻土稳定状态，人类活动大量排放的温室气体通过加剧气温上升造成冰川加速消融。本书第 4 章将对二者的关系做详细阐述。

思　考　题

1. 简述冰川的形成与发育条件。

2. 简述积雪对多年冻土形成与发育的影响。

3. 论述海冰变化对我国天气和气候系统的影响。

4. 论述冰川与地球系统其他圈层间的联系，并举例说明。

第3章
冰冻圈类型、分布及变化

本章首先介绍冰冻圈的类型与分布，之后介绍近半个多世纪以来全球变暖影响下冰冻圈要素的变化特征，最后综述冰冻圈的地域分异规律。

3.1　冰冻圈类型

冰冻圈在岩石圈内可从地面向下延伸一定深度（数十米至数千米），在大气圈内位于0℃等温线以上的对流层和平流层内。根据冰冻圈要素形成发育的动力、热力条件和地理分布，可将地球冰冻圈划分为陆地冰冻圈、海洋冰冻圈和大气冰冻圈三大类。地球（或行星）表层含冰或处于（压力）融点之下的物质是构成冰冻圈的主要要素，其存在形式多样，时间和空间分异显著。在时间尺度上，冰冻圈既有季节性的河冰、湖冰、积雪、冻土等要素，也有多年冻土与万年尺度的南极冰盖和格陵兰冰盖等。在空间尺度上，冰冻圈要素由赤道向南北两极地区呈断续状，其中，中、高纬地区是冰冻圈发育的主要地带，而在中、低纬度地区则依赖于高海拔所提供的低温条件，仅能在海拔较高的高山和高原地区发育呈岛状或片状分布的冰冻圈要素。由于海拔和纬度效应，冰冻圈的下边界在赤道附近海拔最高，可以达到5000~6000 m，如位于赤道附近的乞力马扎罗山冰川海拔高达5897 m。从赤道向南北两极，冰冻圈下边界的高度随纬度而逐渐降低，在高纬地区下降到海平面甚至以下，如北冰洋海底发育有海底多年冻土。

3.1.1　陆地冰冻圈

陆地冰冻圈专指形成于陆地表面的冰冻圈，包括冰川、大陆冰盖、冻土（含季节冻土、多年冻土和地下冰，但不含海底多年冻土）、积雪、河冰和湖冰。陆地冰冻圈占全球陆地面积的52%~55%，其中山地冰川和南极冰盖、格陵兰冰盖覆盖了全球陆地表面的10%（南极冰盖和格陵兰冰盖占9.5%，山地冰川占0.5%）。多年冻土区（不包括冰盖下伏的多年冻土）占全球陆地面积的9%~12%；如果将格陵兰冰盖和南极冰盖的全部面积计入，多年冻土面积则占全球陆地面积的22%~24%。北半球季节冻土（包括多年冻土活动层）占北半球陆地面积的33%，也有资料显示，北半球季节冻土多年平均值占到北半球陆地面积的56%。积雪覆盖范围跨度较大，占全球陆地面积的1.3%~30.6%，北半球多年平均最大积雪范围可占北半球陆地面积的 49%。

冰川是指陆地上由降雪和其他固态降水积累、演化形成的处于流动状态的冰体。温度、降水和地形是冰川形成发育的三个必要条件。冰川通过积累区内源源不断的固态降水补给变质成冰,在重力作用下向下流动,以消融或崩解流入海洋(湖泊)的方式失去物质,这一过程使冰川的冰体物质处于动态平衡状态。山地冰川规模通常差异很大,小的不足 1 km^2,大的可达 $1 \times 10^2 \sim 1 \times 10^4 \text{ km}^2$。冰盖和冰帽是两种特殊形式的冰川,是指冰流轨迹呈辐射状从冰盖/冰帽中心地带流向其边缘的穹形冰川,二者的最大区别在于面积不同。其中,冰盖面积大于 5 万 km^2,地球上目前只有南极和格陵兰两个冰盖。冰盖以其巨大的冰量、冷储及表面高反射率调节气候变化,同时通过边缘崩解和冰下冷水流驱动全球海洋环流,继而影响海平面变化。冰盖内保存有大量反映地球气候、环境、人类活动和外太空事件的记录。与冰盖相比,冰帽面积较小,其下伏地形较平坦,流动方式几乎不受下伏地形影响。冰帽多分布在高纬度地区,但中、低纬度海拔较高的平缓山顶也有发育。冰帽规模大小不一,主要与气候及地形条件有关,现代的一些大冰帽很可能是末次冰期时大陆冰盖的残余部分。俄罗斯谢韦尔内(Severny)和加拿大埃尔斯米尔(Ellesmere)等岛屿上分布着面积超过 2 万 km^2 的冰帽,最大冰厚度超过 1 km。按形态,冰盖和冰帽之外的其他冰川可分为悬冰川(hanging glacier)、坡面冰川(slope glacier)、冰斗–悬冰川(hanging cirque glacier)、冰斗冰川(cirque glacier)、冰斗–山谷冰川(cirque-valley glacier)、山谷冰川(valley glacier)、峡湾冰川(fjord glacier)7 种类型(图 3.1);按热力条件可分为暖型冰川、过渡型冰川和冷型冰川;按冰温和气候条件可分为干极地型冰川、湿极地型冰川、湿冷型冰川、海洋型冰川和大陆型冰川;按地球物

图 3.1 慕士塔格山谷冰川——乔都马克冰川(刘时银拍摄)(左上),冰斗–山谷冰川——七一冰川(蒲健辰拍摄)(右上),大型山谷冰川——帕苏冰川(刘时银拍摄)(左下),冰川–冰湖相连景观——龙巴萨巴冰川(王欣拍摄)(右下)

理性质可分为温型冰川、亚极地型冰川和高极地型冰川。综合国际标准，我国冰川可分为海洋型冰川、亚大陆型冰川、极大陆型冰川3种类型。

冻土是指在0℃及以下含有冰的各种岩石或土，由矿物颗粒、冰、未冻水、气体等多相体物质组成；温度≤0℃但不含冰的土壤称为寒土。按其存在时间，冻土可分为短时冻土、季节冻土、隔年冻土和多年冻土。多年冻土按空间连续性可分为连续多年冻土（连续性大于90%）、不连续多年冻土（连续性为50%~90%）、大片不连续多年冻土（连续性为10%~50%）及稀疏岛状多年冻土（连续性小于10%）；按热稳定性可分为极稳定型多年冻土、稳定型多年冻土、亚稳定型多年冻土、过渡型多年冻土、不稳定型多年冻土、极不稳定型多年冻土6类；按年平均地温可分为低温多年冻土、中温多年冻土、高温多年冻土、极高温多年冻土；按地下冰含量又可分为富冰多年冻土（体积含冰量大于50%）、多冰多年冻土（体积含冰量为25%~50%）、少冰多年冻土（体积含冰量小于25%）。多年冻土在工程上有3种划分方案，即按融沉程度可分为不融沉土、弱融沉土、融沉土、强融沉土和强融陷土；按冻胀可分为不冻胀土、弱冻胀土、中等冻胀土、冻胀土、强冻胀土；按强度可分为少冰冻土、多-富冰冻土、饱冰冻土、含土冰层。

积雪是指地球表面存在时间不超过一年的雪层，即季节性积雪。根据雪颗粒特征可分为新雪、老雪、粗颗粒雪、细颗粒雪、深霜等；根据颜色可分为洁净雪、污化雪等；根据积雪的物理属性，如深度、密度、热传导性、含水率、雪层内晶体形态和晶粒特征，以及各雪层间相互作用、积雪横向变率和随时间变化特质等，并经验性地参考各类积雪存在的气候环境特点（如降水、风、气温），可将全球积雪分为6类：苔原积雪、泰加林积雪、高山积雪、草原积雪、海洋性积雪和瞬时积雪。国际冰雪委员会（ICSI）根据积雪液态水含量将积雪划分为：干雪（0）、潮雪（0~3%）、湿雪（3%~8%）、很湿雪（8%~15%）和雪浆（>15%）5类。我国还采用年累计积雪日数和连续积雪日数将积雪分为稳定积雪区（年累计积雪日数大于60天）和不稳定积雪区（年累计积雪日数小于60天）两大类，其中不稳定积雪区又可分为年周期性不稳定积雪区（平均年积雪日数为10~60天）和非周期性不稳定积雪区（平均年积雪日数小于10天）两个亚区。

河冰和湖冰分别是指河流表面和湖泊表面冷季被冻结形成的季节性冰体，其冻结过程都经历水内冰、薄冰、岸冰、冰覆盖和封冻等阶段（图3.2）。根据形成位置和形成条件，河冰可分为初生冰、岸冰、水内冰、流冰花、冰礁和冰桥6种类型，其中初生冰根据形态可分为冰针（微冰）和冰凇；岸冰根据形成时间可分为初生岸冰、固定岸冰、冲积岸冰、再生岸冰和残余岸冰；水内冰按形状可分为珠状、薄片状、海绵状、羽毛状、卷叶状和粒状；流冰花按照疏密度可分为稀疏流冰花（疏密度<0.3）、中度流冰花（疏密度0.4~0.6）和全面流冰花（疏密度>0.7）三级。按照冰体结构和纹理，湖冰可划分为初生冰（primary ice）、次生冰（secondary ice）、附加冰（superimposed ice）和聚结冰（agglomerate ice）4种类型，其中初生冰按冰面形态和温度梯度可分为表面光滑-低温度梯度冰、表面光滑-高温度梯度冰、表面粗糙-冰核冰和雪核冰；次生冰按冰内结构及凝结状态可分为垂向管状冰、水平管状冰、水平多层管状冰、黏性冰屑浆和稀性冰屑浆5个子类；附加冰按雪密度可分为雪冰（0.83~0.90 g/cm³）、稀性雪冰（0.60 g/cm³）和地面冰。

图 3.2 青海湖湖冰（姚晓军拍摄）

3.1.2 海洋冰冻圈

海洋冰冻圈是指海冰及其上覆积雪、冰架与冰山，以及海底多年冻土。

海冰是指海洋表面海水冻结形成的冰，北半球海冰南界可达 38°N～40°N 的渤海湾地区。海冰表面降水冻结时形成的冰也是海冰的一部分。由于海水含有盐分，因此海水的冻结温度低于 0℃。海冰形成时使其中的水冻结，而盐分被排挤出来，部分来不及流走的盐分被包裹在冰晶之间的空隙里形成"盐泡"，未逸出的气体包裹在冰晶之间形成"气泡"，因此，海冰实际上是淡水冰晶、盐分和气泡的混合体。按动态，海冰可分为固定冰和漂浮冰两类，前者不随洋流和大气风场移动，而后者受洋流和海表风场强迫影响。固定冰附着于岸边的是冰脚，附着于浅滩上的是岸冰，浅海水域里一直冻结到底的是锚冰。按形成和发展阶段，海冰可分为初生冰、尼罗冰、饼冰、初期冰、一年冰和多年冰，其中一年冰厚度为 0.3～3 m，时间不超过一个冬季；多年冰至少经过两个夏季都未融化。

冰架是冰盖前端延伸漂浮在海洋部分的冰体，是冰盖的组成部分。冰架是陆地冰体在重力驱动下不断地从触地线向海洋方向流动形成的，其物质损耗主要通过崩解形成冰山完成。一般情况下，冰架前缘持续向前运动数年至数十年后发生大的崩解事件。除上述过程外，冰架表面接收降雪及冰架底部发生融化/冻结作用也是冰架物质平衡的重要组成部分。冰架是冰盖和海洋相互作用的重要界面，冰架的稳定性在很大程度上决定了冰盖的稳定性。当前，冰架主要发育在南极冰盖和格陵兰冰盖周边及加拿大北极地区。

冰山是冰盖和冰架边缘或冰川末端崩解进入水体的块状冰体。冰山形成受冰川运动、冰裂隙发育程度、海洋条件、海冰范围和天气条件的影响。全球变暖可加速冰山的形成。冰山是淡水冰，大量冰山进入海洋后可改变海洋的温度和盐度。冰山漂移对航海安全构成巨大威胁。南极冰盖和格陵兰冰盖是冰山的主要来源区，据估计，仅格陵兰冰盖西侧每年就能分离出大约 1 万座冰山；南大洋冰山的总量可达 20 万座左右，约占全球冰山总量的 93%。冰山的寿命主要取决于漂流过程，洋流会把冰山带入暖水区域，加速冰山融化。

海底多年冻土是指发育在海水下的多年冻土，由早期陆地多年冻土被海水淹没而保存在海水之下。海底多年冻土主要分布在北极地区大陆架的海底，大部分是冰期或末次冰盛期后残留的。南极地区大陆架海底理论上也应该遗留有海底多年冻土。海底多年冻土主要沿大陆岸线和岛屿岸线呈连续条带或岛状分布，厚度达数米至数百米。

3.1.3　大气冰冻圈

　　大气冰冻圈为温度低于冰点（0℃）的大气对流层和平流层空间。大气冰冻圈主要以固态水形式存在，在降落至地面之前，以各种形态存在于大气之中。为与地面新降雪区分，将落地之前的雪花、冰雹、霰和其他各种冰晶归为大气冰冻圈的组分。

　　由于气象条件和生长环境的差异，大气冰冻圈中的固态水名目繁多，国际冰雪委员会于 1951 年对其进行了统一，即将大气冰冻圈中的固态水分为 10 种：雪片（plate）、星形（stellar crystal）雪花、柱状（column）雪晶、针状（needle）雪晶、多枝状（spatial dendrite）雪晶、轴状（capped column）雪晶、不规则（irregular forms）雪晶、霰（graupel）、冰粒（ice pellet）和雹（hail）。前 7 种统称为雪，是大气中的水汽经凝华而形成的固态降水；后 3 种则是由水汽先变成水，然后水再凝结成冰晶而形成的。2013 年有学者提出的雪晶包括八大类、39 个亚类和 121 种，主要是基于晶型差异来划分的。

3.2　冰冻圈地理分布

3.2.1　陆地冰冻圈分布

1. 冰川（冰盖）

　　南极冰盖（不包括冰架）面积约 $12.29 \times 10^6 \, \text{km}^2$，占全球陆地总面积的 8.3%，平均冰厚约 2100 m，冰储量约 $30 \times 10^6 \, \text{km}^3$，相当于海平面上升当量 58.3 m。南极冰盖以南极横断山为界分为东南极冰盖和西南极冰盖。南极冰盖下伏大量湖泊和水系，冰盖底部的科学研究已成为重要的前沿领域。格陵兰冰盖面积约 $1.84 \times 10^6 \, \text{km}^2$，占全球陆地总面积的 1.2%，平均冰厚约 1600 m，冰储量约 $3 \times 10^6 \, \text{km}^3$，相当于全球海平面 7.36 m 的变化量（图 3.3）。

　　据政府间气候变化专门委员会第五次评估报告（IPCC AR5）统计，除冰盖外，全球有冰川（含冰帽）177331 条，总面积 726258.3 km^2，储量 113915～191879 Gt，海平面上升当量 411.9 mm（表 3.1）。全球冰川分布极不均衡，其具有以下特征。

　　（1）山地冰川主要分布在北半球，共有现代冰川 143450 条，面积 560915 km^2，冰储量 82270～141762 Gt（水当量），海平面上升当量 301.4 mm，分别占全球山地冰川总量的 85.2%、77.23%、72.2%～73.9% 和 73.2%。

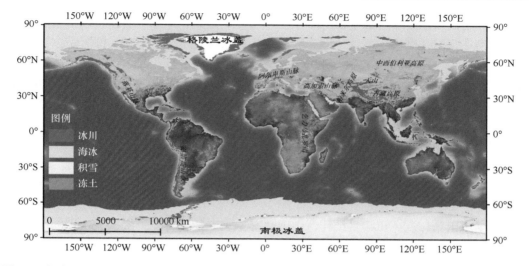

图 3.3　全球主要冰冻圈要素分布示意图（根据 RGI 冰川编目；NSIDC 海冰和积雪最大范围，Gruber 冻土分布数据绘制）

表 3.1　全球山地冰川统计

编号	地区	冰川条数/条	冰川面积/km²	最小冰储量/Gt	最大冰储量/Gt	海平面上升当量/mm
1	阿拉斯加	32112	89267	16168	28021	54.7
2	加拿大西部与美国	15073	14503.5	906	1148	2.8
3	加拿大北极地区北部	3318	103990.2	22366	37555	84.2
4	加拿大北极地区南部	7342	40600.7	5510	8845	19.4
5	格陵兰	13880	87125.9	10005	17146	38.9
6	冰岛	290	10988.6	2390	4640	9.8
7	斯瓦尔巴群岛	1615	33672.9	4821	8700	19.1
8	斯堪的纳维亚	1799	2833.7	182	290	0.6
9	俄罗斯北部	331	51160.5	11016	21315	41.2
10	亚洲北部	4403	3425.6	109	247	0.5
11	欧洲中部	3920	2058.1	109	125	0.3
12	喀斯喀特	1339	1125.6	61	72	0.2
13	亚洲中部	30200	64497	4531	8591	16.7
14	南亚西部	22822	33862	2900	3444	9.1
15	南亚东部	14006	21803.2	1196	1623	3.9
16	低纬地区	2601	2554.7	109	218	0.5
17	安第斯山南部	15994	29361.2	4241	6018	13.5
18	新西兰	3012	1160.5	71	109	0.2
19	南极及亚南极地区	3274	132267.4	27224	43772	96.3
总计		177331	726258.3	113915	191879	411.9

资料来源：IPCC AR5 WGI，2013。

（2）中低纬地区冰川数量多于高纬（50°以上）地区，但冰川面积、冰储量及对海平面上升潜在贡献量则小于高纬地区。例如，北半球中低纬地区（表 3.1 中编号为 2、10、11、12、13、14、15 的区域）有冰川 91763 条，面积 141275 km²，冰储量 9812～15250 Gt，海平面上升当量 33.5 mm；而 50°N 以北的高纬地区（表 3.1 中编号为 1、3～9 的区域），分布有冰川 60687 条，较中低纬度地区少，但冰川面积（419639.5 km²）、冰储量（72458～126512 Gt）和海平面上升当量（267.9 mm）均大于 50°N 以南的中低纬地区。南半球具有类似特征，中低纬地区（表 3.1 中编号为 16～18 的区域）的冰川数量（21607 条）多于 50°S 以南高纬地区（3274 条），而冰川面积（33076 km²）、冰储量（4421～6345 Gt）和海平面上升当量（14.2 mm）均少于后者（分别为 132267 km²、27224～43772 km³ 和 96.3 mm）。

根据中国第二次冰川编目统计，中国共有 48571 条冰川，面积 51766.08 km²，冰储量 4494.00±175.93 km³。昆仑山山系的冰川数量最多（8922 条）、面积最大（11524.13 km²），其数量和面积分别占全国冰川的 18.4% 和 22.3%；天山山系的冰川数量仅次于昆仑山山系而位居第二，但其总面积低于昆仑山山系和念青唐古拉山山系而位居第三。

2. 冻土

全球多年冻土除大洋洲外各洲均有分布，主要分布于高纬度地区和中低纬度的高海拔地区，多年冻土面积约占陆地总面积的 24%。北半球多年冻土面积为 2279×10⁴ km²，占北半球陆地面积为 23.9%（图 3.4）；季节冻土的多年平均面积约 4812×10⁴ km²，占北半球陆地面积的 50.5%；短时冻土多年平均面积为 627×10⁴ km²，占北半球陆地面积的 6.6%。在极端条件下，北半球季节冻土面积可达北半球陆地面积的 80% 以上。

在北半球，多年冻土北抵 84°N 的格陵兰岛，南至 26°N 的喜马拉雅山脉，纵跨 59 个纬度，其中 45°N～67°N 地区的多年冻土面积占北半球多年冻土总面积的 70%。在海拔上，北半球大约 62% 的多年冻土分布在海拔 500 m 以下，10% 的多年冻土分布在海拔 3000 m 以上。中国多年冻土区面积约 2×10⁶ km²，居世界第三位，主要分布在青藏高原、天山、阿尔泰山以及大、小兴安岭地区。青藏高原多年冻土区面积约 1.5×10⁶ km²，东北大、小兴安岭地区多年冻土区面积约 38.6×10⁴ km²，天山、阿尔泰山、祁连山等高山多年冻土区面积相对较小，约 7.4×10⁴ km²。

3. 积雪

积雪的空间覆盖范围仅次于季节冻土。98% 的积雪分布在北半球，南半球除南极洲之外鲜有大范围陆地被积雪覆盖。积雪季节变化显著，北半球陆地积雪覆盖范围最小时，仅为 1.9×10⁶ km²，最大时可达 47×10⁶ km²，其接近北半球陆地面积的一半（图 3.5），而南半球最大积雪覆盖范围仅约占其陆地总面积的 1/4。

积雪通常分布在季节雪线以北（北半球）、以南（南半球）或以上（山区）。季节雪线，即积雪的最南界线（北半球）和山区积雪的下限，它随着积雪的融化向高纬度或高海拔地区上移，积雪完全融化，季节雪线消失，所以季节雪线随季节而变化。

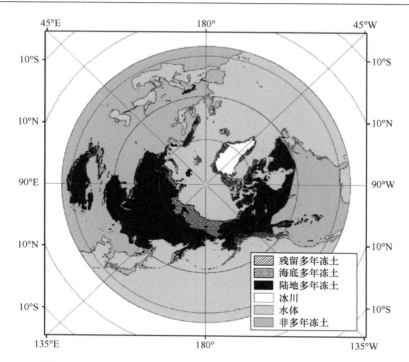

图 3.4　北半球多年冻土分布图（根据 Zhang et al.，2008 改绘）

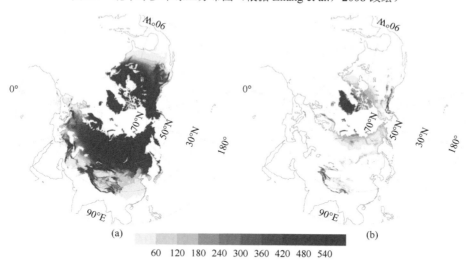

图 3.5　北半球冬季（a）和夏季（b）积雪范围气候场分布（采用美国国家冰雪数据中心的 IMS 数据）

4. 河湖冰

河冰与湖冰广泛分布在高纬度地区和高海拔地区。以冻结期和解冻期为标志日期，河冰与湖冰的结冰期与气温 0℃等温线紧密相关。如图 3.6 所示，若按年均气温在 0℃以下（浅灰色的区域）、10 月至翌年 3 月气温 0℃以下（中度灰色的区域）和 1 月气温在 0℃以下（深色区域）划分，北半球对应的河湖冰大致存在 6 个月、3 个月和半个月的地理范围。这三条等温线所包含的面积分别为北半球陆地面积的 52%、45% 和 25%，在北美洲分别位于 33°N、35°N 和 50°N，在欧亚大陆则均位于 27°N 附近，这主要是受到青藏高原高海拔地形的影响，在南界上纬向效应转化成了海拔效应。

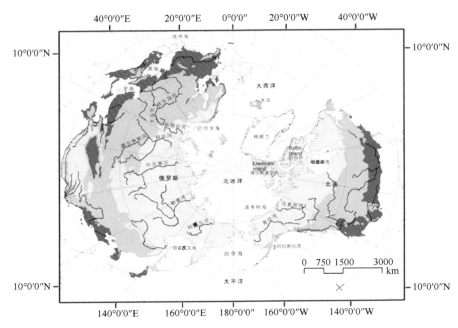

图 3.6 河湖冰冻结期的 3 条等温线分布（Bennett and Prowse，2010）

3.2.2 海洋冰冻圈与大气冰冻圈

1. 海冰

海冰是海洋冰冻圈的主体，约占地球表面和全球海洋面积的 7% 和 12%。海冰出现在多年海冰区，包括北冰洋中央以及南极洲的小部分（主要位于西威德尔海）。只在冬季出现海冰的区域称为季节性海冰区，该区可延伸至平均纬度约 60° 的位置。世界上大部分的海冰集中在两极地区。北极海冰通常在 3 月覆盖 $13×10^6$～$15×10^6$ km²，南极海冰在 9 月覆盖 $15×10^6$～$16×10^6$ km²。但是南极海冰的季节性波动较大，每年 3 月大约只有 $2×10^6$ km²，而北极海冰在 9 月仍有 $7×10^6$～$9×10^6$ km²。在南半球，海冰主要分布在南大洋，其形状呈环状，长度约 $2×10^4$ km，宽度夏季几近于 0，冬季可达 1000 km，其以南极洲为中心横跨 60°S～70°S。在北半球，海冰主要分布在北冰洋及相邻海域，以及其他冬季寒冷的海域和海湾，如鄂霍次克海、白令海、巴芬湾、哈德森湾、格陵兰海、拉布拉多海、波罗的海和渤海等。受蒙古冷高压控制、大陆架较浅和淡水汇入影响，中国的黄海、渤海（37°N～41°N）是海冰分布纬度最低的海域。

2. 冰架与冰山

全球冰架主要分布在环南极冰盖沿岸地带（图 3.7）、格陵兰冰盖周边以及加拿大高北极海岸。南极冰架占据了 44% 的海岸线，面积 $1.5×10^6$ km^2，罗斯（Ross）冰架、龙尼–菲尔希纳（Ronne-Filchner）冰架和埃默里（Amery）冰架是南极三大冰架，面积分别为 $0.473×10^6$ km^2、$0.422×10^6$ km^2 和 $0.063×10^6$ km^2。加拿大北极埃尔斯米尔岛是第二个主要冰架分布区，冰架面积约 1000 km^2。

图 3.7　南极冰架分布图

南极冰盖是全球冰山的主要输出者，南大洋冰山的总量可达 20 万座左右，数量约占全球冰山总量的 93%，总重量达 $1×10^{12}$ t。南半球冰山集中分布在环绕南极大陆的南大洋海面，并随沿岸洋流自东向西移动，有时会漂移到南大西洋靠近新西兰的区域和南太平洋靠近南美海岸附近的区域。北半球冰山的来源包括格陵兰冰盖、加拿大北极地区，其中，挪威斯瓦尔巴群岛和俄罗斯北极地区的冰山主要来自于格陵兰冰盖西侧，据估计每年可分离出大约 1 万座冰山。阿拉斯加的一些冰川，如哥伦比亚冰川也有冰山崩解。北冰洋冰山分布最著名的地区是大西洋西北部，这里是世界上冰山分布与跨洋运输线的唯一交会区域。

3. 海底多年冻土

在冰期或末次冰盛期，海平面比现在要低 100m 以上，极地海洋沿岸地区的大陆架直接暴露于大气，发育了多年冻土。当古冰盖消失、海平面上升后，这部分原来分布在极地海洋沿岸地区的多年冻土被海水淹没，位于海床之下，下伏于温暖和含盐度高的海洋，成为海底多年冻土。海底多年冻土的详细分布尚无充分的实测资料，特别是南极地区是否存在海底多年冻土还不清楚。环北极沿岸是海底多年冻土的主要分布区，欧亚大陆一侧是重点区。

4. 大气冰冻圈分布

大气中形成固态降水的条件是低于冰点的气温和接近饱和的水汽压或空气处于过饱和状态，二者耦合使水汽围绕凝结核凝结成雪花、冰雹、霰、冰粒等固态形式，并在重力作用下降落到地面。理论上，大气冰冻圈范围应大于积雪范围，这是因为夏季云层中具备形成雪晶的条件，但晶粒在降落过程中会不断融化，雪花从凝结层高度降落不至于完全融化的最大离地高度不超过 300 m。夏季向赤道方向的凝结层高度较高，只有在具有一定海拔高度的地区，落地雪花才能得以短暂保存。

3.3　冰冻圈地域分异

根据地理学基本原理，地理环境都遵循地带性规律、人地关系规律和距离衰减规律。地带性包括纬度地带性、经度地带性、垂直地带性和非地带性。冰冻圈是气候的产物，是气候系统的重要组成部分，因此冰冻圈的分布总体上与特定的气候带相吻合，具有一定的地域分异规律。形成地域分异的基本因素有两个：一是太阳辐射，太阳能沿纬度方向分布不均，与此相对应的诸多自然现象沿纬度方向呈一定规律分布。二是地球内能，其所形成的地貌分区和干湿度分区呈南东–北西向，甚至呈南北向。此外，自然地理环境各要素及其组成的自然综合体大致沿山地等高线方向延伸，沿垂直方向随地势高度发生带状更替。海洋冰冻圈的垂直分异随距大陆架的距离或海水深度的变化而变化。

3.3.1　陆地冰冻圈的分异特征

1. 纬度地带性

太阳辐射能随纬度分布不均，即低纬地区辐射值高而高纬地区辐射值低导致地表发生热量分带性，热量分带性主要表现在横贯海陆的大气圈中，它决定着气温、气压、湿度、降水和风向等在地表呈纬度地带性分布。而气候的地带性使其他自然地理成分也相应地呈地带性分布。受气候系统的影响，冰冻圈的分布也具有随纬度变化的特征。陆地冰冻圈的各个分量［冰川（冰盖）、冻土（季节冻土和多年冻土）、积雪、河冰（湖冰）］等主要分布在中高纬度，如冰盖主要分布在随纬度升高而气温降低的极地地区，南极冰盖主要分布在南半球高纬度地区，格陵兰冰盖则分布在北半球高纬度地区。除冰盖之外的冰川多数集中分布在北半球高纬度地区，中低纬度地区由于气温较高，冰川只能发育在高海拔地带，南北纬 30°之间少有冰川发育，因此冰冻圈的发育受到海拔的限制。由于气候温暖，只有那些海拔较高的山地才能提供冰川发育的冷储条件，如 20°S 附近安第斯山雪线高达 6500 m，我国的玉龙雪山与喜马拉雅山弧形山地最南侧位置相当，其发育的冰川规模小，海拔高，雪线位置高，在 6000 m 以上，北半球随着纬度增加，雪线呈降低趋势，冰川发育规模和数量取决于山地海拔，从而表现出一定的高度地带性。

全球积雪的 98%分布在北半球，且主要在高纬地区，南半球除南极洲外少有积雪分布。从欧亚大陆积雪时间分布不难看出，中高纬度地区累计积雪周数有明显的纬度分布特征，除青藏高原、蒙古高原外，欧亚大陆主体累计积雪周数由低纬向高纬增加，粗略计算，纬度每增加 1°，累计积雪周数增加 0.43～0.71 周（图 3.8）。图 3.8 很好地展示了纬度地带性被经度地带性和垂直地带性所干扰。西伯利亚东南部降雪持续时间长与其有利的降雪条件有关。而天山、帕米尔高原、喀喇昆仑山、喜马拉雅山等，尽管位于中低纬度，但海拔造成的低温条件使这些山地冰川区一年中 60% 左右的时间有积雪分布。除了积雪分布范围以外，积雪深度分布具有显著的纬度地带性，随纬度增加雪深逐渐增厚。欧亚大陆积雪深度高值区主要位于俄罗斯平原东北部、叶尼塞河流域附近区域、堪察加半岛和库页岛，多年平均积雪深度超过 50 cm；低值区主要位于除新疆北部、东北平原大部、内蒙古高原东北部、青藏高原西南部以外的其他大部分地区，多年平均积雪深度不超过 5 cm。

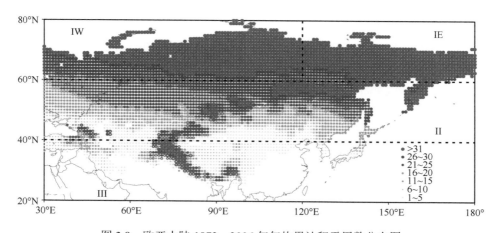

图 3.8　欧亚大陆 1972～2006 年年均累计积雪周数分布图

图中虚线是划分四个区的分割线（Zhang and Ma, 2018）。欧亚大陆西部（IW）（60°N～80°N, 30°E～120°E）、东部（IE）（60°N～80°N, 120°E～180°E）、中部（II）（40°N～60°N, 30°E～180°E）和南部（III）（20°N～40°N, 30°E～180°E）

积雪通常分布在季节雪线以上。季节雪线即积雪的最南界线（北半球），其分布也有地带性，随纬度增大，其分布的海拔降低。季节雪线随着积雪的融化向高纬度上移，积雪完全融化，雪线消失，所以季节雪线是随季节变化而变化的（图 3.9）。

河冰和湖冰受限于水域范围，气温在冰点附近持续一定时间的地区都有河冰和湖冰发育，随着纬度升高，结冰表现出增加趋势（图 3.6），因而具有明显的纬度地带性。

全球多年冻土主要分布在欧亚大陆和北美洲大陆及其北部的北冰洋岛屿及大陆架和部分洋底，以及安第斯山及南极大陆没有被冰川覆盖的基岩裸露地区。多年冻土分布有明显的纬度地带性，高纬地区有足够的低温，>90% 的区域发育有多年冻土，为连续多年冻土区，向南随着太阳辐射不断增加，温度升高，气温低于 0℃ 的时间缩短，多年冻土区由不连续多年冻土区（面积占比为 50%～90%）过渡为大片不连续多年冻土区（面积占比为 10%～50%）及稀疏岛状多年冻土区（面积占比<10%）。统计表明，北半球连续多年冻土南界大致位于年平均气温-8℃等温线处，在加拿大，年平均气温-8～-6℃是

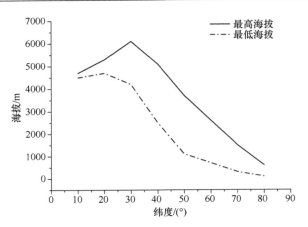

图 3.9　北半球山区雪线的海拔变化
其中纬度为各纬度带的中心值，如 80°指 75°～85°纬度带

连续和不连续多年冻土过渡地带。除亚洲高山和高原外，多年冻土厚度分布也表现出自北向南递减的趋势，如在西伯利亚北部多年冻土厚度约 1500 m，阿拉斯加北部约 740 m，向低纬地区冻土厚度逐渐减薄。在阿拉斯加的巴诺地区，年平均气温–12℃，多年冻土厚度为 400 m，位于低纬度的费尔班克斯年平均气温–3℃，多年冻土厚度减为 90 m，该地区南界年平均气温–1～0℃，多年冻土厚度不足数米，不难看出沿纬度方向的温度（热量）梯度控制着多年冻土的分布范围及其厚度。

从全球看，欧亚大陆多年冻土区的南界在斯堪的纳维亚半岛、芬兰和科拉半岛到北极圈内（68°N 左右），往东在俄罗斯欧洲部分北部到 65°N，到乌拉尔山大致南移到 56°N，到中国东北大、小兴安岭冻土南界不断南移，从连续性到不连续性变化。在南半球，多年冻土主要分布在南极洲及其周围岛屿，多表现为岛状冻土。全球各大洲均有季节冻结发生。在欧亚大陆东部，短时冻结和非系统冻结区（非年年发生）的南界可到北回归线；在欧洲西部地区南界仅到巴尔干半岛、亚平宁半岛南端和伊比利亚半岛的一部分。系统冻结区（每年发生）的南界一般可到 30°N。同时，多年冻土厚度从高纬向低纬有变薄的趋势。

太阳入射辐射总量在纬向上分布的差异，导致冻土下界高度出现非严格纬度变化。北半球多年冻土下界高度并非随纬度减小而单调递增（图 3.10），而是从赤道开始，下界高度随纬度增大而升高，至极值点后随纬度增大而降低，同时地球上的太阳入射辐射是从赤道开始随纬度增大而增加，在 25°N 时达最高值，然后随纬度增大而递减，二者基本一致。图 3.10 极值点的纬度值为 25°22′N，相应地，多年冻土下界的最大值为 5078 m。在 28°N～48°N，冻土下界高度随纬度呈线性变化，程国栋模拟了高海拔地区多年冻土下界的拐点在 38°N 附近，而青藏高原多年冻土下界高度随纬度的变化率比高纬度地区要大。

2. 经度地带性

自然地带在地表空间的水平更迭与温度、水分状况密切相关。一些地方水分的差异

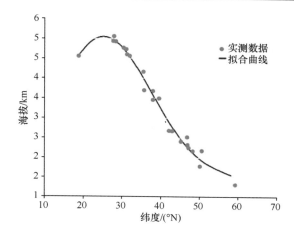

图 3.10　北半球多年冻土下界随纬度变化（程国栋和王绍令，1982）

使自然带由沿海向内陆更迭，如我国温带，自东向西由沿海向内陆经历由森林、草原地带向荒漠地带更替变化。冰冻圈的分异也受水分的影响，如来自大西洋及地中海、北海和挪威海等水汽，被西风环流输送到欧亚大陆的中西部冰川区。在临近水源补给地的阿尔卑斯山，冰川区年降水量大于 3000 mm，其纬度约在 46°N，大致相当于阿尔泰山脉的东南端，二者海拔相当，虽然阿尔泰山地区的低温条件优于阿尔卑斯山，但由于降水量的巨大差异，阿尔泰山南端只发育有零星的冰川。亚洲内陆依赖于西风水汽输送，故在帕米尔高原、西昆仑山、昆仑山降水量显著减少，但由于高海拔的低温冷储，这里仍然能发育较大范围的冰川和冻土。经向方向的降水差异除决定冰冻圈要素的分布规模之外，冰川或冻土性质也与经向方向的降水分布有关，如在青藏高原，自东部的贡嘎山至念青唐古拉山，分布着季风海洋型冰川，向西冰川性质表现为亚大陆型，到青藏高原西北部已过渡到冰温很低的极大陆型，体现出经度地带性和高度地带性叠加作用的影响。

3. 垂直地带性

陆地冰冻圈的分布也遵循垂直地带性的规律。山地具有足够的海拔和相对高度，它们是发生垂直地带性分异的两个前提，而热量和水分的差异则是垂直地带性形成的直接原因。当山地具有足够的海拔和相对高度时，气温随着高度的增加而递减，降水量在一定高度内随着地势的增高而增加，降水呈固态的比例也随海拔升高而增加，导致不同海拔水热组合特征发生变化，形成气候垂直带，土壤、植被、水文特征、地貌特征等相应发生垂直变化，形成一系列的垂直自然带。通常当某一山地的海拔和相对高度足够高时，顶带则是高山冰雪带和寒漠带。垂直地带性又受纬度地带控制，垂直自然带同赤道向两极出现的水平自然带类似，其带谱的多少与山地海拔和所处纬度有关，其基带与水平地带性决定的自然带一致，因而在地球不同纬度上处于不同高度的带谱不同，如赤道附近的乞力马扎罗山山顶终年被冰雪覆盖，亚洲中部的山岳冰川最发达，尤其在青藏高原地区，青藏高原地区海拔高，气候严寒，均分布有冰川、冻土、积雪、河湖冰等。中国的多年冻土主要分布在东北大、小兴安岭和松嫩平原北部及西部高山和青藏高原，并零星地分布在季节冻土区内的一些高山上。河冰和湖冰广泛分布在高纬度和高海拔地区，北半球中低纬度、南半球等河湖冰受海拔限制，通常纬度较低的高海拔地区的水域也能形成河冰与湖冰。海拔升高对气温的降低作用，使得积雪性质和成冰过程有所差异，造成在冰川表面由低向高依次分布着消融带、冻结带、渗浸–冻结带、冷渗浸带、重结晶–渗浸带、渗浸带，各带雪向冰的转化过程受控于融化、升华、再冻结、重结晶等由温度主导的过程，而在中低纬度冰川区，巨大海拔的最上部也能出现类似于极地冰川内部重结晶的现象。

青藏高原和高亚洲其他山地多年冻土也是海拔抬升的结果，同纬度东部和西部由于海拔不足，温度较高，冰川和多年冻土难以留存。不同于冰川，地势对多年冻土的影响更为显著，如青藏高原西北高、东南低的总体地势结构使得藏北高原发育了大片连续多年冻土，这里多年冻土温度低、地下冰厚度大，向周边低海拔地区延伸，逐渐过渡为岛状多年冻土。多年冻土下界分布也基本遵循海拔地带规律。

3.3.2　海洋冰冻圈的水平地带性

与大陆纬度地带性一样，大洋表层的纬度地带性也是建立在全球热力地带性分异的基础上——太阳辐射能沿纬度不均匀分布，主要是气候地带性，即太阳辐射、温度、风向、降水等的地带性引起大洋的温度、洋流、盐度和含氧量的差异以及海洋生物的区别等。海洋冰冻圈（包括冰架、冰山、海冰及其上覆积雪以及海底冻土）也如此。全球冰架主要分布在环南极冰盖沿岸地带以及加拿大高北极海岸。海底多年冻土也表现出纬度地带性，在北冰洋拉普捷夫海和东西伯利亚海沿岸宽达 $400\sim700$ km、水深不到 80 m 的区域，拉普捷夫海海底温度介于 $-1.8\sim-0.5℃$，大致沿 60 m 等深线以北为连续海底多年冻土，60 m 等深线至大陆架边缘为不连续海底多年冻土。

海冰主要分布在高纬度地区，当海水在平均含盐度为 34.5 PSU（实际含盐度）、表面温度降到 $-1.8℃$ 时，海洋表面开始结冰，因此海冰范围具有较大的季节性波动，如北冰洋，夏季海冰范围缩小到洋盆之内和加拿大北极群岛，冬季可以扩展到 44°N 边缘海域，在拉布拉多海和大西洋海冰南界位于 46°N。黄、渤海中纬度季风气候带，是全球纬度最低的结冰海域之一。但海冰分布的南界受到洋流的影响，北大西洋湾流区和高纬太平洋地区温暖的洋流可阻止海冰发育，因此海冰只能出现在白令海和鄂霍次克海以北海域（图 3.11）。

南半球高纬海冰分布纬向特征更为显著（图 3.12），同样季节性波动较大。1 月是南大洋盛夏，夏季海冰融化导致海冰退缩至南极半岛附近的威德尔海西侧，别林斯高晋、阿蒙德森与罗斯海沿岸地区仅有多年冰得以保存。3~8 月的冬季，海冰由夏季多年冰向北快速发展，但是其沿纬向发育的趋势受到南极绕极流的影响。

由南北半球海冰年内过程不难看出，北冰洋多年冰范围较大，而南大洋以一年冰为主。

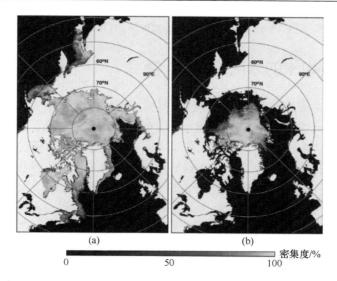

图 3.11　基于微波分辨率 6.24 km（AMSR-E）的北半球高纬地区海冰密集度分布

（a）2008 年 3 月 1 日海冰范围最大时；（b）2008 年 9 月 14 日海冰范围最小时

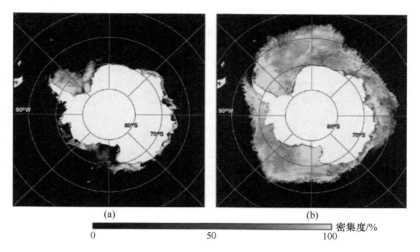

图 3.12　南半球高纬地区海冰密集度分布（AMSR-E）

（a）2008 年 2 月 16 日海冰范围最小时；（b）2008 年 9 月 3 日海冰范围最大时

3.4　末次冰期以来的冰冻圈演变

　　地球从诞生到现在，曾发生过 3 次著名的大冰期：第一次是发生在 6 亿年前元古代末期的震旦纪大冰期；第二次是发生在 3 亿年前后的石炭纪至二叠纪大冰期；第三次是发生在包括现在在内过去 200 多万年的第四纪大冰期，也是对现在地球环境影响最大的冰期。末次冰期是第四纪更新世内发生的距今最近的一次冰期，约 70 ka B.P.开始，约 11.5 ka B.P.完结。在末次冰期，曾出现几次冰川的前进及消退，最盛期发生于约

26.5 ka B.P.，即末次冰盛期（last glacial maximum，LGM）。

3.4.1 末次冰期以来的冰川（冰盖）演变

在末次冰盛期，冰盖的面积要比现在大得多。当时全球温度低于现在约 10℃，形成了面积达 16×10^6 km^2 的北美大冰盖和面积 7×10^6 km^2 的欧亚冰盖，加上约 3×10^6 km^2 的格陵兰冰盖和 2×10^6 km^2 的阿尔卑斯山冰盖，北半球冰盖总面积超过 26×10^6 km^2。研究表明，2 万年前南极冰盖覆盖了西南极的罗斯海和威德尔海，东南极也有扩展，但并未覆盖所有的南极大陆架（图 3.13）。在这一时期，全球山地冰川也大规模扩张，在末次冰盛期冰川面积可占陆地总面积的 30%。北美和欧洲冰盖进退形成的地貌遗迹至今仍然保存完好。在美国，位于密苏里河和俄亥俄河以北的大部分地区，以及宾夕法尼亚州北部和整个纽约州与新英格兰都被冰原覆盖。欧洲古冰盖的中心在波罗的海，它覆盖了斯堪的纳维亚半岛，向东覆盖了整个巴伦支海和喀拉海，向西通过挪威海与不列颠岛冰盖相连，向南远至德国中部，与阿尔卑斯山冰盖之间只有约 200 km。北美和欧洲大冰盖在 20～18 ka B.P.达到鼎盛后开始阶段性退缩，至 11 ka B.P.时基本消失。青藏高原是否曾存在大冰盖长期存在争议，现在越来越趋向于认为没有大冰盖，主要原因是：①地貌学和其他证据不足；②气候条件不具备，如未达到冰冻圈高度、没有形成冰盖的充足的水汽条件。

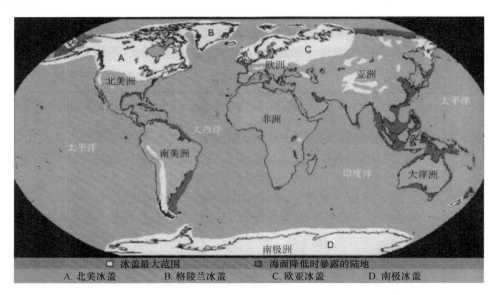

图 3.13 全球末次冰盛期冰盖和出露的大陆架

在末次冰盛期山地冰川普遍前进，且因持续时间较长，形成大规模的冰碛垄。末次冰期结束过程称为冰消期，在此时期冰川阶段性退缩。在退缩的总趋势下，冰川偶有前进，但前进的规模依次减小，因此在大多数冰川谷地中都留下比较完整的冰碛垄堆积，一般可以发现晚冰期、新冰期、小冰期（little ice age，LIA）的冰碛垄。青藏高原已发现 20 个点的晚冰期冰川前进证据,如珠穆朗玛峰的绒布寺晚冰期终碛垄在现代冰川末端以下 8 km 处。新冰期冰碛分布在现代冰川前数百米至数千米处,冰碛物形态完好,风化较轻,其上长有草丛或树木。小冰期冰碛物分布在现代冰川数百米至数千米之间,一般有三道清晰的终碛垄和侧碛垄,冰碛垄形态清晰完整,排列有序,冰碛物十分新鲜,其上长有苔藓地衣或少量灌木,如天山乌鲁木齐河源 1 号冰川外围就存在 3 条小冰期冰碛垄(图 3.14)。

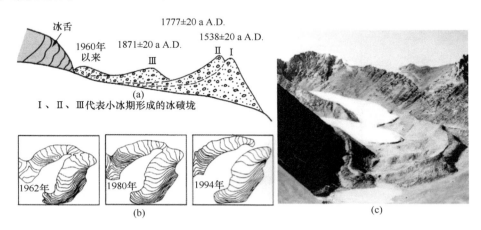

图 3.14　天山乌鲁木齐河源 1 号冰川小冰期以来的变化(施雅风等,2011)

关于末次冰盛期青藏高原上是否存在大规模冰川发育尚存在不同的观点。依据古冰川遗迹和地貌记录,末次冰盛期青藏高原冰川分布范围约 $35×10^4$ km²,相当于现代的 7 倍,均为分散型山地冰川。冰川物质平衡线高度(equilibrium line altitude,ELA)在青藏高原东部和南缘以及西缘较现代分别下降 800 m 和 1000~1200 m,但在中西部仅降低 300~500 m;青藏高原的某些冰川作用中心虽然发育了冰帽,但未形成覆盖整个高原的冰盖。一些学者根据相关地质证据,提出末次冰盛期青藏高原即使在 5~9℃降温条件下也会存在大范围的冰雪覆盖甚至冰盖,更何况末次冰盛期全球降温幅度很可能是早期认识的两倍(9~11℃),并推测全球 ELA 整体下降 1000~1200 m。

基于不同气候模式对青藏高原 ELA 的模拟显示(图 3.15),在末次冰盛期与参考时段共有的积累区内,模拟的 ELA 平均下降 393~1440 m,积累区由青藏高原四周向内扩大至现代的 2~5 倍;但青藏高原中部是否为积累区还存在较大不确定性。各模式平均的末次冰盛期 ELA 等值线在青藏高原上仅为 3800~4800 m,在天山和阿尔泰山分别为 3800~4600 m 和 2600~3200 m,在祁连山为 4200 m 左右。相对于参考时段,末次冰盛期中国西部 ELA 下降值存在空间差异。其中,ELA 最大降幅出现在青藏高原南缘和西北部,尤其在喜马拉雅山的西北段和喀喇昆仑山达到 1100 m,东部边缘最小(约 550 m),中部次之(650~800 m),平均降幅为 866 m,积累区则因 ELA 下降而向青藏高原腹地扩张。另外,中国境内天山的 ELA 下降不超过 650 m,祁连山和阿尔泰山的 ELA 降幅为 500~600 m。

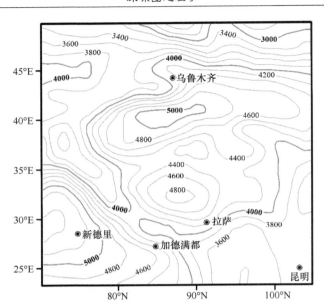

图 3.15 不同气候模式集合平均模拟的青藏高原末次冰盛期夏季气温和年降水计算所得的 ELA 等值线分布图（单位：m）（姜大膀等，2019）

全新世是第四纪冰期–间冰期旋回中的现代间冰期阶段。综合全球 50 条高分辨率代用资料序列，证实了全新世气候突变的普遍性及在全球广大地域的一致性。高纬地区每一千多年就会出现一次冷事件，平均相隔约 1.5 ka，此期间冰川明显前进。全新世大暖期气候相对稳定，达 5～6 ka，大部分地区温度比现代高 2～3℃，青藏高原部分地区达 4～5℃，这一时期冰川范围比现在小，内陆湖泊出现高水位，植被繁茂。

3.4.2 末次冰期以来的冻土演变

与冰川（冰盖）变化类似，在末次冰期全球冻土也大幅度扩张。在末次冰盛期，西伯利亚和阿拉斯加等地虽未形成大冰盖，但在现代多年冻土中发现的猛犸象遗体表明，这一地区当时的气候更为严寒，是多年冻土最为广阔的发育区域。结合中国北方的古冰缘地貌遗迹，推断当时的高纬多年冻土向南扩展到 40°N 左右，并通过贺兰山、阿尔金山、帕米尔高原与青藏高原的多年冻土相连接。在北美，末次冰期多年冻土在大冰盖外围也十分发育，多年冻土南界可到达 33°N（图 3.16）。

末次冰盛期北半球古多年冻土总面积为 50.3×10^6 km²（包括冰盖下陆地），占北半球陆地面积的 52.8%，其中欧亚大陆上分布的多年冻土达到区域总面积的 2/3。整个北半球的非高山地带 45°N 以北区域基本都属于多年冻土区，而在中国中东部最南可达 37°N。高山地带的多年冻土下界在 1000～2000 m，北美洲古多年冻土下界略高于青藏高原古多年冻土下界。中亚和西亚高山区的多年冻土下界在 1500～2000 m，青藏高原北部及天山地区的多年冻土下界在 1500 m 左右，而在青藏高原南部和西部其下界在 2000～2500 m。青藏高原东南部的多年冻土下界在 3500 m 以上，与现代多年冻土下界差异不大，其原因可能是东亚季风改变了四川盆地及相邻的青藏高原局部气候条件。在中国东部地区，

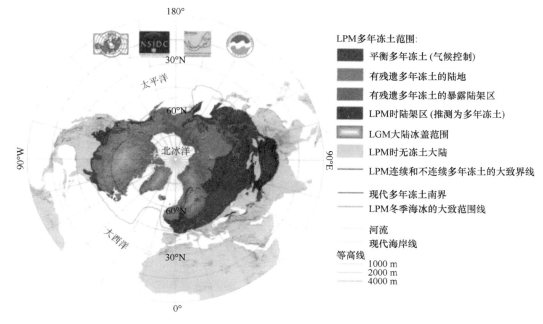

图 3.16　古冰缘地貌恢复的北半球末次冰盛期多年冻土最大范围（Vandenberghe et al.，2014）

末次冰盛期多年冻土覆盖整个东北地区，南界从辽东湾 40°N 向西沿燕山山脉南麓—五台山南坡 1800 m—甘肃永登，再向西与青藏高原和祁连山下界相接。大兴安岭地区现在的多年冻土也是末次冰盛期的孑遗。

青藏高原现存的多年冻土主要是在末次冰期形成的，主要受海拔、纬度和局地气候共同影响。根据青藏高原上现代多年冻土分布和古多年冻土遗迹、古冰缘现象分布的时空差异，可将青藏高原全新世以来的多年冻土演化分为 6 个较明显的时段：①早全新世气候剧变期（10.8 ka B.P.至 8.5～7 ka B.P.），末次冰期形成的大面积多年冻土开始退化；②全新世大暖期（8500～7000 a B.P.至 4000～3000 a B.P.），多年冻土面积显著退缩；③晚全新世新冰期（4000～3000 a B.P.至 1000 a B.P.），多年冻土向青藏高原大面积扩展，直到冰期末达到最大面积，比现在的多年冻土面积多 20%～30%，比多年冻土下界低约 300 m；④晚全新世温暖期（1000～500 a B.P.），多年冻土下界比现在升高 200～300 m，面积也比现在少 20%～30%；⑤晚全新世小冰期（500～100 a B.P.），多年冻土面积扩大，厚度增加，并新生一些多年冻土岛；⑥近代升温期（100 a B.P.以来），冻土分布从高原四周向中心缩减，下界上升 40～80 m，总面积减少 6%～8%。

末次冰期以来，随着气候变暖，全球不同地区的多年冻土均呈现出不同速率的退缩状态。在垂直方向上，北半球山地多年冻土的下界由末次冰期的 2000 m 左右上升到现在的 4000 m 左右；在纬向上，45°N～50° N 是多年冻土退缩速率最快的纬度带，这一区域 83%的多年冻土出现了退化。其中，欧洲地区的多年冻土退化幅度最大，北欧地区的多年冻土退化最为显著，南界的北移幅度甚至达到 23～24 个纬度，阿尔卑斯山地区的连续多年冻土退缩到 3500 m 以上。中国东北地区的古冻土南界向北移动了 6～8 个纬度，青藏高原高海拔山地多年冻土的下界在垂直方向上由 2000 m 左右上升至

3500～5300 m（图 3.17）。北美的多年冻土南界北移了 16～18 个纬度，美国东部地区在末次冰期 1000 m 的下界处直接退缩为季节冻土，而西部则在 2000 m 以上退缩为现在的零星分布状态。大面积的多年冻土退化使得冻土中大量的碳被释放进大气中，从而又加速了气候变暖。

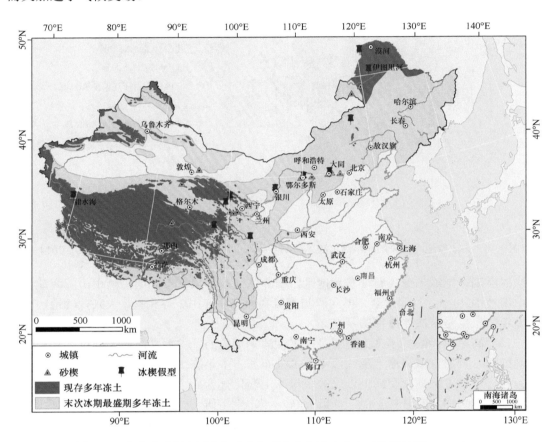

图 3.17　末次冰盛期中国多年冻土与现存多年冻土分布（施雅风等，2011）

3.4.3　末次冰期以来的冰冻圈对海平面演变的影响

海平面的变化直接影响着海洋冰冻圈要素的形成与发育。在上新世中期，当南极冰盖和格陵兰冰盖部分或全部消失时，海平面比现在高出 5～40 m。进入第四纪后，气候一直处于冰期–间冰期旋回的过程中，其间影响海平面变化的主要因素是冰盖和海洋物质的交换，其次是温度变化引起的海水膨胀和收缩，两者的综合作用导致海平面的变化范围在 120 m 以上。在这个阶段中的末次间冰期，海平面高出现在 4～6 m，甚至有研究表明要高出 6.6 m。尽管此时山地冰川和海水的热膨胀对海平面上升起到一定的作用，但海平面上升主要还是来自南极和格陵兰两个冰盖的贡献。进入末次冰盛期后，南极冰盖和格陵兰冰盖不断扩张，并且在北美和北欧存在着两个大冰盖。这些大冰盖储存了全球大量的水，导致全球海平面迅速降低 120 m，甚至下降达 130～135 m，达到最低海平面（图 3.18）。从 19 ka B.P.开始，随着冰盖的崩解和山地冰川的消融，海平面再次上升。

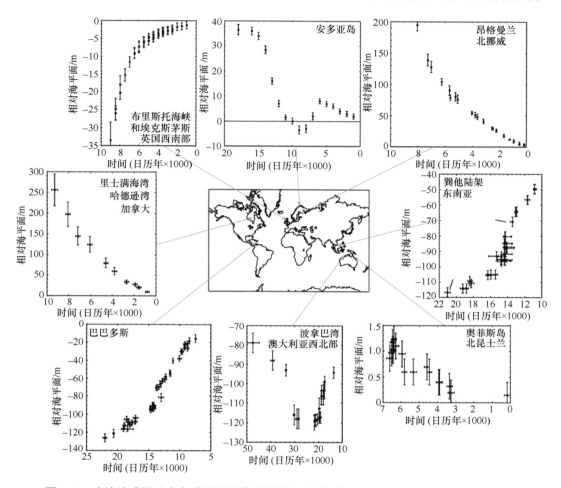

图 3.18 末次冰盛期以来全球不同区域观测的海平面变化（Lambeck and Chappell，2001）

3.5 近期冰冻圈变化

IPCC AR5（第五次评估报告）显示，过去 130 多年全球平均气温升高了 0.85℃，主要升温时间发生在 1983～2012 年的 30 年间，近期升温仍持续。受气候变暖影响，冰冻圈各要素均处于物质损失的失衡状态。

3.5.1 冰盖变化

IPCC AR5 指出，格陵兰冰盖的冰量损失大大加快，很可能(>90%的概率)已从 1992～2001 年的 34 Gt/a 增至 2002～2011 年的 215 Gt/a。同期，南极冰盖的冰量损失速率也增加较大，可能从 30 Gt/a 增至 147 Gt/a。具有很高信度的是，这些冰量损失主要发生在南极半岛北部和南极西部的阿蒙森海区。与 IPCC AR4 相比，格陵兰冰盖的冰量损失加速明显，夏季融化区域进一步扩大。最新资料显示，自 2000 年以来，格陵兰冰盖处于持续消融状态，并在 2012 年出现极高值（图 3.19），2019 年冰盖融化面积达到 28.3×10^6 km^2，冰量损失超过 300 Gt。

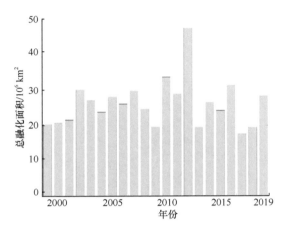

图 3.19 2000～2019 年格陵兰冰盖消融面积变化

3.5.2 山地冰川变化

全球山地冰川冰量损失加快，冰量损失速率（不包括冰盖外围的冰川）很可能从 1971～2009 年的 2260 Gt/a 增长到 1993～2009 年的 2750 Gt/a。近几十年来，全球山地冰川长度、面积及冰储量总体处于持续退缩状态，近 20 年以来这种退缩趋势更为显著。冰川是海平面上升的主要贡献者，格陵兰和南极以外的冰川在 1993～2009 年和 2005～2009 年的损失速率分别相当于 0.76 mm/a 和 0.83 mm/a 海平面上升当量。由于区域气候差异、局部地形因素等影响，冰川退缩的幅度具有区域差异。近半个世纪以来，全球冰川面积年均退缩率为 0.35%，最大值（2.28%）出现在低纬度地区的乞力马扎罗山和科迪勒拉山，最小值位于加拿大北极北部（图 3.20）。具有高信度的是，即使未来气温不再升高，冰川退缩的态势也不会发生改变。

近 50 年来，中国以青藏高原为主体的"亚洲水塔"的冰川整体上处于亏损状态（图 3.21），面积减少约 17.7%，外流水系冰川面积减少 23.49%，内流水系冰川面积减少 15.10%（刘时银等，2017）。在空间上，外流区冰川面积变化速率最快的是黄河水系（−10.45%/10a）、最慢的是长江水系（−4.05%/10a），印度河、澜沧江、怒江、雅鲁藏布江和额尔齐斯河冰川面积变化速率较为接近，介于−8.95%/10a～−8.12%/10a。内流区冰川面积减小幅度最大的是伊犁河等中亚内流水系，这些流域的冰川面积萎缩速率与外流水系的额尔齐斯河接近。包括河西走廊、柴达木盆地、吐鲁番−哈密盆地、塔里木盆地和准噶尔盆地的东亚内流水系冰川面积变化与长江水系较为相似，分别为

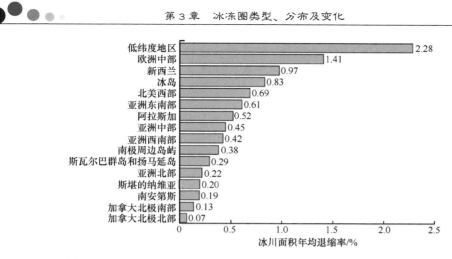

图 3.20　1960 年以来全球不同区域冰川面积退缩率（牟建新等，2018）

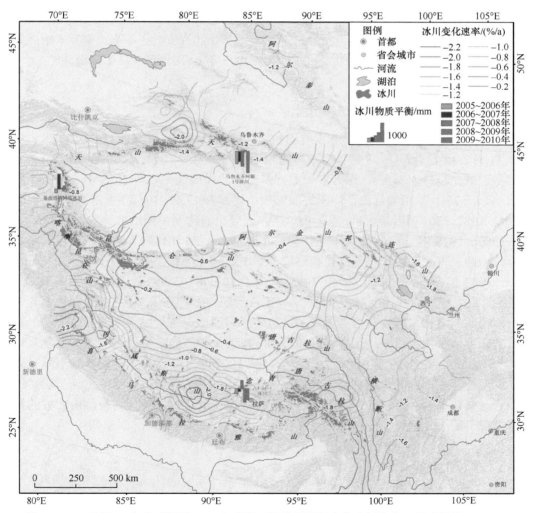

图 3.21　20 世纪 50 年代后期至 2015 年中国西部冰川面积变化空间分布（刘时银等，2017）

–15.89%/10a 和–4.37%/10a。帕米尔高原、喀喇昆仑山与西昆仑山地区的出现稳定甚至前进，冰川表现出弱负物质平衡或弱正物质平衡，出现了"喀喇昆仑山冰川异常"。

3.5.3　冻土变化

自 20 世纪 80 年代以来，北极、西伯利亚、加拿大、阿拉斯加地区以及我国的青藏高原，东北大、小兴安岭地区都观测到了地温升高现象，多年冻土和季节冻土均有退化趋势，表现为多年冻土区地温升高、活动层增厚、地下冰融化，季节冻土区季节冻结层变薄和范围缩小等特征。例如，阿拉斯加北部地区观测到的最高升温幅度达到 3℃（1980～2005年），俄罗斯的欧洲北部地区达到 2℃（1971～2010 年）。在俄罗斯的欧洲北部地区，1975～2005 年已观测到多年冻土层的厚度和面积均已大幅度减小。近 10 年来，青藏高原多年冻土区也呈现变暖变湿的特征，活动层底部温度变化率平均为 0.45℃/10a，活动层厚度变化率达到 21.7 cm/10a。20 世纪 60～90 年代，青藏高原多年冻土下界上升幅度为 50～80 m，北界南退了 0.5～1.0 km，南界北移了 1～2 km。大、小兴安岭多年冻土南界大幅度北移（40～120 km），面积减少约 7×10^4 km²（1970～2005 年），局地多年冻土岛消失。

3.5.4　积雪变化

自 20 世纪中叶以来，北半球积雪面积持续缩小，一项研究指出，1981～2018 年北半球 11 月、12 月、3 月、5 月各月积雪面积缩小趋势为 5×10^4 km²，11 月至翌年 6 月积雪水当量减少趋势为 5Gt/a。综合多种数据得出，北极地区 1967～2018 年 5 月和 6 月相对于 1981～2010 年相同月份平均积雪面积缩小速率为 13.4%/10a，春季积雪期减少 0.7～3.9 天。1982～2017 年欧洲阿尔卑斯山、喀尔巴阡山和比利牛斯山脉雪线普遍上升。

1980～2016 年，青藏高原积雪面积在 20 世纪 80～90 年代较大，2000 年以后则显著减少。同期，青藏高原平均积雪面积峰值分别出现在 1980～1981 年（1.15×10^6 km²）、1982～1983 年（9×10^5 km²）、1994～1995 年（8.1×10^5 km²）、1997～1998 年（6.9×10^5 km²）积雪期，最大积雪面积出现在 1994～1995 年积雪期。在空间上，除北部的柴达木盆地和西南部冈底斯山脉与唐古拉山脉之间的降雪较少区域出现零星的降雪增加趋势外，青藏高原大部分区域积雪日数呈逐年递减的趋势。1980～2018 年，青藏高原雪深呈现总体下降趋势。2000 年之前雪深呈现较大的波动，从 2000 年开始雪深出现明显的下降且波动较小，但也存在一定的空间异质性。例如，雪深较深的念青唐古拉山区雪深呈明显的下降趋势，变化率为–0.2～–0.1 cm/a，而祁连山、可可西里山以及喜马拉雅山北坡的积雪雪深呈现小的上升趋势，变化率小于 0.1 cm/a。

3.5.5　河湖冰变化

受全球气候变暖影响，河湖冰虽整体呈现封冻日期推迟、解冻日期提前、封冻期缩短的趋势，但空间异质性极大。与 1984～1994 年相比，2008～2018 年全球河冰覆盖范围明显下降，变幅介于 47%～75%（图 3.22），北半球中低纬度地区河冰形成范围大幅减少，最大减少区域出现在青藏高原、欧洲东部和阿拉斯加地区。对 30° N 以北区域 71 个湖泊湖冰物候研究发现，2002～2015 年 43 个（60.6%）湖泊封冻期呈现减少趋势，湖泊完全消融日期和完全冻结日期则分别呈提前和推迟趋势，除完全冻结日期外，随着纬度上升，其他两个湖冰物候特征变化趋势更加明显（图 3.23）。但是，受研究时段较短影响，这些变化趋势在统计意义上并不显著（$p \geq 0.05$）。与之类似，青藏高原湖冰物候变化也没有一致趋势。对青藏高原 32 个湖泊 2000～2015 年湖冰物候变化趋势分析，结果表明，13 个湖泊开始冻结日期和完全冻结日期呈推迟趋势，7 个湖泊则呈相反趋势，且开始冻结和完全冻结越迟的湖泊其开始消融日期和完全消融日期呈提前趋势，反之亦然，这导致湖泊封冻期减少或增多。

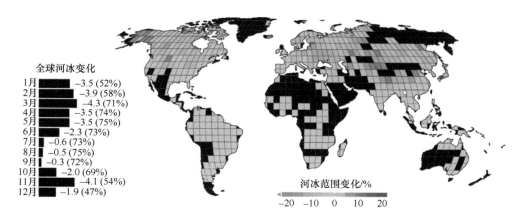

图 3.22　1984～1994 年和 2008～2018 年全球河冰范围变化（Yang et al.，2020）

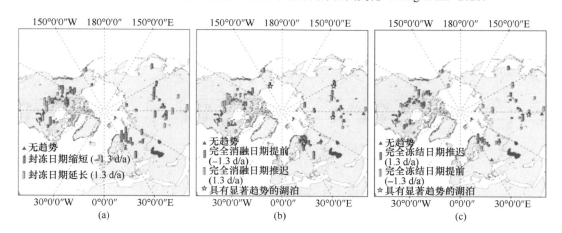

图 3.23　2002～2015 年北半球 71 个湖泊封冻日期（a）、完全消融日期（b）和完全冻结日期变化趋势

3.5.6　海冰变化

1979～2012 年，北极海冰范围以每 10 年 3.5%～4.1%（即每年 45×10^4～51×10^4 km²）

的速率缩小，夏季最低海冰范围（多年海冰）很可能每 10 年缩小 9.4%～13.6%（即每 10 年减少 73×10^4～107×10^4 km²）。1997～2014 年，北极 9 月海冰范围每年平均减少 1.3×10^5 km²，约是 1979～1996 年的 4 倍；海冰厚度也大幅减少，1975～2012 年北极中心地区冰厚减少 65%。根据资料重建，过去 30 年间北极夏季海冰范围退缩史无前例，目前的北极海表温度至少在过去 1450 年来异常偏高。而在南极，1979～2012 年年均海冰范围以每 10 年 1.2%～1.8%（即每年 13×10^4～20×10^4 km²）的速率增加，但这一速率存在很大的区域差异，如南极半岛附近的海冰范围大幅下降，而阿蒙森海的海冰范围增加。整体来看，南大洋海冰范围长期呈缓慢增大趋势，但从 2016 年 9 月开始范围有所减小。

3.5.7 冰架变化

近 20 年来，南极三大冰架呈现不同变化特征（表 3.2），上游冰川冰流注入的推进作用和冰架前端崩解是控制冰架范围增减的主要物质源和动力源。罗斯冰架在 1997～2000 年和 2000～2003 年均以退缩为主，面积分别减少了 10.82×10^3 km² 和 5.07 km²，这主要是由崩解所致；2003 年以后冰架前端一直向外增长，年均增长率约为 1.63×10^3 km²。龙尼–菲尔希纳冰架系统前端在近十多年中变化并不一致，菲尔希纳冰架前端不断向前增长，而罗尼冰架前端则是先退缩再增长。埃默里冰架前端自 1997 年以来一直处于稳定增长状态，整体往外延伸 20～25 km，增长面积达 3.03×10^3 km²，这主要是由于兰勃特冰川冰流的注入。

表 3.2　南极三大冰架前端面积变化量　　　　　　（单位：10^3 km²）

时间段	罗斯冰架	龙尼–菲尔希纳冰架	埃默里冰架
1997～2000 年	−10.82	−16.25	0.50
2000～2003/2004 年	−5.07	2.39	0.34
2003～2006 年	1.33	1.27	0.49
2006～2008/2009 年	1.33	1.44	0.56
2009～2012 年	2.18	3.16	0.53
2012～2015 年	1.67	2.12	0.61
总变化量	−9.39	−5.86	3.03

思 考 题

1. 简述冰冻圈构成，说明冰冻圈要素的现状分布。

2. 试说明冰冻圈要素分布的分异特征。

3. 根据冰冻圈历史演化过程，说明冰冻圈变化的可能发展趋势。

4. 根据积雪、海冰、季节冻土易变特性，结合其他章节知识，试说明三类冰冻圈要素变化的可能影响。

第**4**章
冰冻圈与人类活动

冰冻圈的作用范围极其广泛，但从全球气候带的角度来看，冰冻圈作用的核心区域集中分布在人口分布相对稀少的寒带冰原带、寒带苔原带以及高山高原气候区。伴随着人类社会的发展，当前人类活动几乎遍及整个冰冻圈，其中南北半球高纬度地区、亚欧大陆中部高海拔地区、美洲的科迪勒拉山系高海拔地区等为冰冻圈人类活动相对密集区。冰冻圈对人类活动产生深刻的影响，直接和间接地影响天气和气候、各种生产和生活活动，同时伴随着日益增加的冰冻圈水资源问题和灾害事件发生。冰冻圈主要通过调节气候来为人类营造适宜的地球人居环境，并且提供大量的淡水资源、丰富的水能、多样的冰冻圈旅游产品、独特的冰冻圈文化形态，以及特有的生物种群栖息地等资源。

4.1　冰冻圈人口分布概况

冰冻圈的核心作用区主要包括高纬度地区和中低纬度的高海拔地区，在气候带上为寒带苔原气候区、寒带冰原气候区、亚寒带针叶林气候区以及高山高原气候区。在冰冻圈核心作用区，人口分布一般较为稀少，主要分布在亚洲中部高海拔地区、南美洲高海拔地区，以及南北美洲、欧亚大陆等区域的高纬度地区，其中美国阿拉斯加、蒙古高原、北欧等为全球冰冻圈居民点分布密集区（秦大河等，2018）（图4.1）。据粗略统计，21世纪初全球积雪覆盖区的人口约2.5亿人，而受冰雪融水影响（如冰雪融水补给河流的下游区）的人口则达16亿人，约占全球总人口的22%。

4.1.1　亚洲中部高海拔地区

亚洲中部高海拔地区，简称高亚洲，即亚洲中部以青藏高原为中心的高海拔区域，主要包括喜马拉雅山、念青唐古拉山、昆仑山、喀喇昆仑山、天山等山系。其主要行政区包括中国、蒙古国、俄罗斯南部、哈萨克斯坦、吉尔吉斯斯坦、塔吉克斯坦、南亚不丹、尼泊尔、印度、巴基斯坦、阿富汗的部分或全部区域。其中，冰冻圈人口分布较为集中地区的主要有中国青藏高原区、尼泊尔和不丹等。

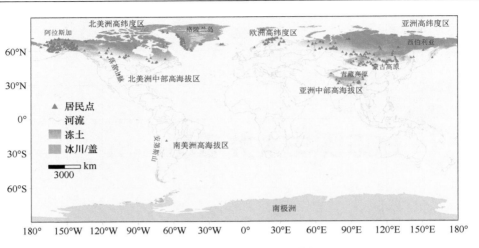

图 4.1 全球冻土区居民点分布

1. 中国青藏高原区

中国青藏高原区以西藏为主体，包括青海、四川、云南、甘肃、新疆等的部分地区。由于地形、地貌和大气环流的影响，该区域气候独特而且复杂多样，藏南谷地受印度洋暖湿气流的影响，温和多雨。我国青藏高原区（冰冻圈）范围内的人口主要分布在西藏，海拔一般超过 3000 m。截至 2018 年底，西藏常住人口总数为 343.82 万人，其中 90%以上的人口为藏族，其人口密度也是全国最低的地区之一，人口多集中于气候适宜、地形相对平缓的藏南谷地地区。

2. 不丹

不丹的地势高低悬殊，北高南低，分为北部高山区、中部河谷区和南部丘陵平原区，全国山地占总面积的 95%以上，冰川主要位于不丹北部的高山地区，占不丹总面积的10%。不丹的人口分布主要集中在海拔较低且气候适宜的中部河谷区。2018 年不丹人口总人数约为 80.44 万人，不丹族约占总人口的 50%，尼泊尔族约占 35%。不丹的民族可分为三大类：沙尔乔普人，居住在不丹东部的土著人；噶隆人，大部分都居住在不丹西部，是9 世纪藏族移民的后裔；洛沙姆帕人，或译为尼泊尔洛昌人，19 世纪末期移居不丹。

3. 尼泊尔

尼泊尔地势北高南低，境内大部分属丘陵地带。尼泊尔北部喜马拉雅山区海拔为4877~8844m；中部山区占尼泊尔国土面积的 68%；南部的特莱低地占尼泊尔国土面积的17%。尼泊尔南北地理变化巨大，地区气候差异明显。尼泊尔分北部高山、中部温带和南部亚热带三个气候区。受气候和地形条件的制约，尼泊尔的人口大多集中在中部河谷地区，北部高山区人口分布最为稀疏。尼泊尔是多民族、多宗教的国家，86%的居民信奉印度教，8%的居民信奉佛教；其中现存 10 万余人的夏尔巴族属藏缅血统，他们生活在喜马拉雅山区，以肺活量大、勇敢顽强而闻名，登山向导是他们的一种谋生手段，尤其是为攀登珠穆朗玛峰的各国登山队当向导或背夫。截至 2016 年，尼泊尔人口约 2898 万人，其中北部喜马拉雅山区占 7.4%。

4.1.2　南美洲高海拔地区

南美洲山地冰冻圈主要分布在太平洋东岸安第斯山脉及阿根廷南部的巴塔哥尼亚高原等区域，主要包括玻利维亚、秘鲁、智利、阿根廷、哥伦比亚等国家。区域内地势崎岖不平，土壤发育不良，大部分地区干旱或季节性降水量很少，高海拔的平原地区气候寒冷。其居民主要为印欧混血种，其次为印第安人克丘亚族和艾马拉族，从巴塔哥尼亚高原到玻利维亚的阿尔蒂普拉诺高原的南界，安第斯山地区人烟稀少。玻利维亚中部以高原为主，平均海拔超过 3000m，是世界平均海拔最高的国家。阿根廷南部与南极洲隔海相望，气候寒冷，年均温度在 6.3℃左右。在秘鲁和玻利维亚，生活在 3000m 以上的居民占很大的比例。在秘鲁高度超过 3500m 的地区，人们最重要的活动是采矿，但大多数安第斯山地区的居民主要从事农业活动，以及饲养绵羊、山羊、美洲驼和羊驼（阎海琴，2009）。

4.1.3　北半球高纬度地区

北半球高纬度地区主要为欧亚大陆和北美洲北部纬度较高的区域，其地理单元主要包括斯堪的纳维亚半岛、西伯利亚、阿拉斯加、格陵兰岛及北冰洋沿岸半岛、岛屿与群岛；行政区主要包括挪威、瑞典、芬兰、俄罗斯、美国、加拿大及格陵兰（丹）等。该区域是冰冻圈核心区人口分布较为集中的区域，也是全球冰冻圈经济相对较为发达的区域。

1. 北美洲高纬度地区

北美洲高纬度陆地冰冻圈区主要包括加拿大北部地区、美国阿拉斯加州和格陵兰等地。加拿大大部分地区属于大陆性温带针叶林气候，北部为寒带苔原气候，北极群岛地区则终年严寒。人口主要为英、法等欧洲后裔，越往北，人口越稀疏，其中约占总人口 3%的因纽特人、印第安人、米提人等土著居民则主要居住在北部。阿拉斯加州位于北美大陆西北端，区域东南部与中南部为温带气候，全年气温 0～15℃；内陆为大陆型气候，西部与西南部受洋流影响，寒风大；北极圈内为极地气候，气温全年处于 0℃以下。阿拉斯加总人口 72 万人（2011 年），其中白人占 67.6%，因纽特人、阿留申人、印第安人等原住民人口约占全州人口的 1/7，剩余的为拉丁裔人和亚裔人。格陵兰岛为丹麦属地，气候类型为极地冰原气候。全岛约 3/4 的地区在北极圈内，全年平均气温在 0℃以下，全年严寒，降水量极少。2018 年，全岛人口总数为 7.83 万人，人口密度约 0.037 人/km²，其中土生的格陵兰人占总人口的 80%以上，外来人口约占总人口的 1/6。人口居住圈只限于格陵兰岛东岸的昂马赫赛力克、西部海岸的图勒和中部海岸的首府戈特霍布，其他绝大部分地区人烟稀少，少数仍保留原始生活方式的因纽特人住在该岛的最北部地区。格陵兰的居民异常分散，受气候条件制约，大多局限于沿海地区的小居民点（阎海琴，2009）。目前，全球因纽特人约有 6 万人，他们身材不高，宽鼻子，头发又黑又直，居住得十分分散，日常所食的都是些高蛋白、高热量的食品，耐寒。

2. 欧洲高纬度地区

欧洲高纬度地区主要包括挪威、瑞典、芬兰、冰岛和俄罗斯欧洲部分北部，地理范围主要包括斯堪的纳维亚半岛、北冰洋沿岸及岛屿。挪威本土属亚寒带针叶林气候，大陆性气候特征显著，冬季漫长严寒，暖季短促，终年处于冷湿环境中，大部分地区不适于人类居住。挪威总人口达到 529 万人，96%为挪威人，萨米族约 3 万人，主要分布在北部。由于自然环境的限制，挪威境内离海洋较远的地区和 64°N 以北地区人烟稀少。受自然地理条件的影响，瑞典全国各地人口分布极不均匀，在高海拔和高纬度地区，人烟稀少。瑞典的人口平均密度较小，每平方千米不足 20 人（阎海琴，2009）。截至 2018年，瑞典总人口为 1011 万人，绝大多数为瑞典人。北部萨米族是唯一的少数民族，约 2万人。芬兰地势北高南低，是欧洲人口密度最低的国家之一，人口分布极不均匀。芬兰总人口 540.1 万人，全国 1/3 的土地位于北极圈内，芬兰北部地区人口稀少，在冻土带居住着少数民族萨米人，他们大多驯养驯鹿，从事渔猎。冰岛是一个碗状高地，四周为海岸山脉，中间为高原，大部分是台地。冰岛全国总人口 32.56 万人，绝大多数为冰岛人，属日耳曼族。渔业是冰岛的支柱产业，农牧业中畜牧业占较主要地位，大部分农业用地被用作饲料草场。

3. 亚洲高纬度地区

亚洲高纬度冰冻圈主要包括俄罗斯亚洲部分北部、中国内蒙古中东部及黑龙江西北部、日本北部和蒙古国，核心区为西伯利亚地区和蒙古高原。西伯利亚绝大部分地区属于温带大陆性气候中的亚寒带针叶林气候，局部地区为寒带苔原气候，北极圈以北属于寒带气候。俄罗斯的人口分布与自然带及主要农业区的分布基本一致。西部地区人口稠密，东部人口稀少。俄罗斯的人口分布极不均衡，东北部苔原带每平方千米不到 1 人。俄罗斯西伯利亚地区主要为科米人、楚科奇人、萨米族人、雅库特人、图瓦人、布里亚特人和哈卡斯人，截至 2019 年，东北部约 3789 万人，乌克兰人和白俄罗斯人约占 5%，俄罗斯处于寒带冰原气候区的地区有新地岛、新西伯利亚群岛等。新地岛为北冰洋俄罗斯西北部群岛，总面积 8.26 万 km²，人口约 2700 人；新西伯利亚群岛气候严寒，部分地区被冰层覆盖，大部分地区属北极荒漠和北极苔原带，人烟稀少，居民多以狩猎业和渔业为生（阎海琴，2009）。蒙古高原属温带大陆性气候，为冰冻圈居民点分布较为密集的区域，主要居民是蒙古族人，目前人口约 1000 万人，传统上过着"逐水草而迁徙"的游牧生活。

4.2　冰冻圈社会经济活动

冰冻圈变化对全球和区域气候、生态系统以及人类福祉都有很大的影响。全球冰冻圈地区人口分布较少、产业单一，受全球气候变化影响大。然而，近几十年来工农业生产活跃，使该地区日益成为全球社会经济活动的重要组成部分。冰冻圈与寒区重大工程、冰冻圈景观、寒区畜牧业、冰雪融水补给的干旱区绿洲农业系统、冰冻圈自然灾害、冰冻圈游憩寒区重大工程、极地航道、海岸和海岛国家安全等诸多方面的社会经济活动密切相关。

4.2.1　农业活动

冰冻圈特殊的水、热、地形条件形成了各种极具特色的冰冻圈农业类型，如在高寒条件下发展的高山高原种植业与畜牧业、以冰雪融水灌溉为主的河流流域种植业、具有丰富资源的极地海域渔业等，但冰冻圈恶劣的自然环境与灾害也为农业发展带来了极大的影响与挑战。

1. 种植业

冰雪水资源是发展高寒种植业的重要因素。高亚洲河流下游人口密集的洪泛区主要依赖山地水资源，尤其是灌溉用水，很多区域已形成了一种集约化和复杂的多作物的灌溉农业系统。积雪和冰川消融能够调节河流流动的季节性模式，并与地下水一起，在降雨稀少时供水，然而气候变化有可能会削弱这种调节效应，进而对世界粮食生产造成潜在的严重影响。研究发现，在季风前的季节，印度河流域高达 60%的灌溉用水来自高山积雪和冰川消融。印度河和恒河总计有 1.29 亿农民的生产生活主要依赖上游的冰雪融水。尽管高山区的冰雪融水滋养着中下游平原的农作物，然而，当季风带来的降水与冰雪大面积消融同时发生，可能会产生洪涝灾害，影响作物生长，破坏农业生产。

冻土的分布及其冻融循环过程也是影响农业生产的重要因素。一般在每年秋末，北半球季节性冻土区地表至地下一定深度的土壤开始冻结，春季开始融化，直到 7 月完全融化，其对农业的影响包括冻融时长对播种季节的影响和冻土水循环对农业的影响。在灌溉方面，季节性冻土农作区的耗水量明显偏小，这主要是因为灌溉初期冻土近地表层入渗量小，蒸发量小。因此，农业灌溉时要因地制宜，充分考虑冻土的影响，确定合理的灌溉定额。

青藏高原是典型的高寒种植区，种植业主要集中分布于青藏高原上水分、热量、土壤质地条件较为优越的河谷地区和局部湖盆地段，农作物以耐低温、生长期短、抗逆性强、栽培上限高的青稞、小麦、豌豆、油菜等为主，这些农作物的生长地区海拔之高（表 4.1），生长速度之快，均为世界罕见。

2. 畜牧业

冰冻圈畜牧业具有独特性，主要集中在山地高海拔区和高纬度的低海拔区。蒙古高原和大兴安岭以畜牧业为主，其中，蒙古国约 30%的人口从事游牧或半游牧。高原地区畜种以适应高寒、缺氧、低压等特殊高原环境能力强的牲畜为主，如牦牛、藏绵羊、藏山羊等。高纬度地区畜牧业，如加拿大、北欧各国等永久性放牧地大部分在北极圈以内，

表 4.1　西藏高原作物分布海拔上限与国外有关地区的比较（尼玛扎西，1997）

项目	在西藏分布的上限		其他地区分布的上限	
	海拔/m	地点	海拔/m	地点
水稻	2255	察隅县境内	3130	尼泊尔境内
茶叶	2500	林芝县境内	2700	云南省宁蒗彝族自治县
玉米	3648	拉萨市境内	3900	南美安第斯山区
冬小麦	4320	林周县境内	3650	南美安第斯山区
春小麦	4400	定日县境内	3960	南美安第斯山区
马铃薯	4650	萨迦县境内	4270	南美安第斯山区
油菜	4700	文部县境内	3430	尼泊尔境内
青稞	4750	岗巴县境内	4100	南美安第斯山区

畜牧业集约化程度高，畜牧业与种植业结合；但北冰洋沿岸一些原有居民部落仍保留着狩猎、驯鹿、游牧、畜牧最低级的生产、生活方式。高寒地带雪灾频繁发生是畜牧业发展的一大阻碍。冬春季节，由于大面积持续降雪，积雪掩盖草场，家畜因饥饿、寒冷大批冻伤或死亡而形成牧区雪灾，给人民生命财产安全和经济建设造成重大损失，严重制约畜牧业的发展。例如，2009~2010 年的 dzud（蒙古语，冬季严重雪灾）灾害中，蒙古国约有 850 万头牲畜死亡，约占全国牲畜数量的 20%，影响了 769000 人，占蒙古人口的 28%。

雪灾对畜牧业的影响程度与高寒地区自然和经济要素密切相关。降雪量大、积雪深度大、积雪日数长、气温低、灾前饲料库储备不足和应急措施缺乏等，经常造成大量人畜死亡，严重影响草地畜牧业的可持续发展。雪灾的发生不仅受雪深、积雪天数、低温、草地类型、草场高度等自然因素的控制，还与牲畜群落结构、牧草蓄积量、灾害应急资金、区域经济发展水平等社会因素密切相关。总体而言，畜牧业可持续发展风险主要由雪灾灾害环境危害指标、牲畜暴露指标和脆弱性指标、防灾减灾适应性指标来确定。积雪深度越大，积雪日数越长，牲畜超载率过大，抗灾能力越弱，雪灾危害就越严重。

3. 渔业

冰冻圈的变化与渔业的发展息息相关，全球气候变暖使得洋流活动增强，可能导致南极洲渔业资源丰富的地区增多。南极磷虾是南极大陆最主要的渔业资源，它是南大洋生态系统中的关键生物，更重要的是它是南极区域可以利用的最大蛋白质资源。在南大西洋区，大磷虾的密集区分布范围广，从季节性冰带的北沿到南沿，从南乔治亚岛近海至南设得兰群岛以北海域都是渔场。南大西洋区的渔期从 12 月至翌年 4 月，磷虾基本分布在南设得兰群岛至象岛一线的陆坡区；5~6 月则移至南乔治亚岛近海。南印度洋区因磷虾密集区范围较窄，主要分布在陆架边缘和陆坡区，海冰范围扩大时很少有渔场生成，渔期也集中在夏季的 1~3 月（王荣和孙松，1995）。

北极渔业资源的开发和合理利用也备受世界各国关注。北极周边渔业作业区主要有东北大西洋海域，包括巴伦支海、挪威海东部和南部、冰岛及东格陵兰周边水域；西北大西洋海域，包括加拿大东北水域、纽芬兰和拉布拉多周边水域；西北太平洋海域，包括俄罗斯与加拿大、美国之间的西南陆地界限沿岸水域；东北太平洋海域，主要指白令海水域。美国阿拉斯加州拥有一些世界级的渔港，如 Dutch Harbor 港和 Kodiak 港，这些渔港海产丰富，是全球为数不多的能大量供应多种深海鱼类及野生鲑鱼的产地，每年出口的海产占全美国的 56% 以上。然而，由于北极地区环境恶劣，海洋鱼类的种类和资源量相比其他地区较少，但随着北极海冰的融化，北极渔业资源的开发和利用将成为可能。

4.2.2　基础设施建设

　　人类活动不断向冰冻圈扩展，对冰冻圈地区开发利用日益频繁，相应的配套基础设施建设加快，如铁路、公路、油气管道、机场、港口及附属建设项目逐渐增多（图 4.2），冰冻圈科学和工程技术领域的研究内容不断丰富，技术手段得到大幅提高。

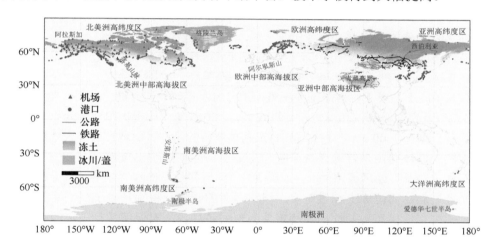

图 4.2　全球冰川、冻土及其邻近区主要基础设施（铁路、公路、机场、港口）分布

1. 交通线路

　　交通线路在全球冻土区广泛分布，自 20 世纪初以来，陆路交通经历了公路到铁路再到高速铁路的发展历程。北欧地区，在俄罗斯和挪威两国区域贸易中起着重要作用的科拉公路（Kola highway），长达 1592 km，穿过冻土带，连接挪威、芬兰和俄罗斯北部的主要港口——摩尔曼斯克、卡累利阿共和国和圣彼得堡。1970 年，加拿大政府恢复了育空的克朗代克公路和因努维克的丹普斯特高速公路（Dempster highway）的工程建设，这条高速公路在建设时曾是加拿大最北端的主要道路项目，耗时 9 年完成。20 世纪 50年代，中国开始在冻土区修建公路，青藏、青康、新藏、川藏等公路陆续通车，到 2018年，西藏通行的高速公路达 1300 km。

　　随着多年冻土区公路建设的快速发展，穿越季节冻土区的铁路数量也在不断地增加。俄罗斯早在 20 世纪初期就开始在冻土区修建铁路。西伯利亚大铁路是世界上最长的铁路，修建于 1904 年，历时 13 年完工，2002 年完成电气化。20 世纪 50 年代，俄罗斯为有效利用极北地区的丰富资源，将摩尔曼斯克及阿尔汉格尔斯克与楚科奇相连接，开始建设萨列哈尔德–伊加尔卡（Igarka）铁路线（跨极地铁路线），但由于复杂的地理条件，该工程到目前为止尚未完工。随着技术不断发展，俄罗斯政府于 2018 年开工建设一条长 707km 的铁路——"北纬通道"，它将连接北方铁路和斯维尔德洛夫斯克铁路，使得从亚马尔半岛北部新产地向外运送货物成为可能。加拿大太平洋铁路是加拿大一级铁路之一，全长 4667 km，横跨西部温哥华至东部蒙特利尔，于 1881～1885 年兴建，是加拿大首条跨洲铁路，为加拿大东西部地区整体发展带来贡献。中国在冻土区修建铁路后来居上，青藏铁路（Qinghai-Tibet railway）连接青海西宁至西藏拉萨，是通往西藏腹地的第一条铁路，也是世界上海拔最高、线路最长的高原铁路，穿越连续多年冻土区 550 km、不连续多年冻土区 82 km。青藏铁路一期工程由青海西宁至格尔木，1958 年开工建设，1984 年建成通车；二期工程，由青海格尔木至西藏拉萨，2001 年开工建设，2006 年全线通车。青藏铁路对促进青海和西藏两省（自治区）社会经济发展、增进民族团结和巩固边防都具有十分重大的意义。

随着经济的发展和技术的进步，近年来在冻土区修建高速铁路建设工程也得到了快速发展。季节冻土区高铁工程建设时间较短，哈大高铁作为中国乃至世界第一条季节冻土区高铁，克服了冻土环境下修建路基的困难，于 2012 年底正式开通。此后，哈齐、兰新、沈丹、宝兰以及京沈等高铁相继修建并投入运营。2015 年中国提出拟建从北京至莫斯科的京莫高铁，全程超 7000 km，建成后从北京到莫斯科的路程将由现在的 6 天缩短为 2 天。

冻土区交通线路由于普遍存在冻胀、融沉等工程病害问题，建设时需采取以桥代路、构建块石通风路基、通风管路基（主动降温）、碎石和片石护坡、热棒、保温板、综合防排水体系等措施，防范冻土消融对交通线路运营的影响。特别是对于高铁路基，既要为高速运行的列车提供高平顺性和高稳定性的轨面条件，又要保证具有一定的强度和耐久性，使其在运营条件下保持良好状态。为此，世界高铁建设技术较发达国家对严寒地区高铁路基结构形式、防冻层厚度和填料提出了不同的规范要求（表 4.2）。

2. 油气管道

随着世界经济的发展以及能源需求的快速增长，对冰冻圈区域内油气资源勘探、开发和利用的步伐加快，一些输油气管道也相继建成。目前，在冰冻圈运行的油气管道主要包括美国阿拉斯加 Trans-Alaska 管道、加拿大 Norman Wells 管道、俄罗斯西伯利亚 Nadym-Pur-Taz 天然气管道网、中国东北地区的中俄原油管道，这些管道都为地区和国家的经济社会发展做出了重要的贡献。中俄（漠大线）原油管道是我国从战略高度布局打造的四大能源通道之一，是我国第一条穿越高寒永冻土区域的大口径长输原油管道，其对于保障国家能源安全、优化油品供输格局、推进中蒙俄经济走廊建设及深化中俄战略合作等都具有重大意义。

冰冻圈区油气管道一方面面临着气候转暖和工程扰动引起的冻土融沉问题，另一方面也面临着冬季寒冷气温引起的冻土冻胀问题。冻胀和融沉除了主要对管道构成威胁外，对管道附属结构如泵站等构筑物也构成一定的潜在威胁。研究结果表明，俄罗斯北极地

表 4.2　世界主要国家高铁路基结构形式及其防冻胀设计（苗祺等，2019）

国家	典型线路路基结构	防冻层厚度	防冻层设计
中国	路基基床自上往下依次为 0.4 m 厚级配碎石层、1.0 m 厚非冻胀性 A、B 组填料以及 1.3 m 厚普通 A、B 组填料。地基采用 CFG 桩网结构进行加固（哈大高铁）	防冻层厚度的设计需要考虑线路等级、冻结深度和气候条件。设计冻深公式为 $Z_d = Z_0 \psi_{ZS} \psi_{ZW} \psi_{Ze}$（式中，$Z_0$ 为标准冻深（m）；ψ_{ZS} 为土的类别对冻深的影响系数；ψ_{ZW} 为土的冻胀性对冻深的影响系数；ψ_{Ze} 为周围环境对冻深的影响系数）	路基冻深范围内填筑非冻胀性填料，基床表层级配碎石层的细颗粒（粒径<0.1 mm）含量< 5%，压实度 $K \geqslant 0.97$。路基设置封闭层和隔断层
日本	路基结构分为机床表层、上部填土和下部填土三个部分。机床表层可分为碎石机床表层和水硬性炉渣基床表层。其下部填土为粗粒土填料或处理过的细粒土（新干线）	一般采用冻结指数推算冻结深度，其公式为 $X = C\sqrt{F}$（式中 F 为冻结指数）	路基表层铺设 5 cm 厚沥青混凝土，冻深范围内填筑细颗粒含量<5%、粒径4.7 mm 以下含量小于 15%的非冻胀土
德国	路基主要分为基床表层和基床底层。基床表层上部为 0.3 m 厚水泥、砂、石组成的混凝土层，下部为防冻层，基床底层厚度根据线路类别和下层刚度确定（ICE）	冻结Ⅰ区：0.5 m；冻结Ⅱ区：0.6 m；冻结Ⅲ区：0.7 m	填筑细颗粒（粒径≤0.06 mm）含量<5%的砾石
法国	路基主要分为道砟层、垫层和基床三部分。道砟层分为面砟层和底砟层，其下为垫层，垫层厚度与路基种类和路基表面应力相关（TGV）	$h=g\sqrt{I}$（式中，I 为冻结指数；g 为轨道对冻害敏感性系数）	防冻胀层主要为垫层，包括砟垫层、底基层以及防污染层（如有必要），主要填料为压实系数不小于 0.95 的级配纯砾石

区 1/3 的泛北极基础设施和 45%的油气开采区位于冻土快速退化的潜在风险区。中央石油和天然气运输路线处于高风险状态，如东西伯利亚–太平洋石油管道、Yamal-Nenets 地区主要天然气管道和阿拉斯加输油管系统所在地区近地表多年冻土可能会在 2050 年完全融化（Hjort et al.，2018）。

3. 航道港口

当前，北极海冰快速融化为北冰洋开发利用带来了机遇，其中，对海冰区的开发和利用过程中最主要的是航道开发和港口工程建设。近几年，常有北极夏季海冰范围达到历史新低的报道，北极海冰快速融化引起民众的普遍关注。随着北极海冰的逐渐消融，北极航道的商业价值受到世界各国的关注，一般来说，北极航道主要涉及三个：东北航道（northeast passage，NEP）、西北航道（northwest passage，NWP）和沿岸国管辖权之外的穿极航道（transpolar passage，TPP）。

东北航道是指西起冰岛，经巴伦支海沿欧亚大陆北方海域直到东北亚白令海峡的航道，该航道连接太平洋和大西洋北部海域，与传统远洋航道相比，具有较强的经济优势。近年来，由于气候变化的影响，东北航道无冰季出现频率和持续度都有所增加，东北航道的使用率明显提升。西北航道是穿越加拿大北极群岛水域的航道，该航道东起戴维斯海峡和巴芬岛以北至阿拉斯加北面的波弗特海，最终经过白令海峡到达太平洋，全长约 780 海里。与巴拿马运河相比，西北航道使北美洲与亚洲之间的航程缩短 3500 海里。在

2017 年第八次北极科考中，中国的"雪龙"号船首次成功穿越西北航道，以后中国对北极地区的航道利用打下了坚实的基础。穿极航道指通过白令海峡的极点穿越航道，经格陵兰岛并最终抵达冰岛。这条航道目前主要用于北极科学考察和环境治理，并非传统意义上的贸易航道。

研究认为，北极航道的商业化常态运行将改变现有国际航运格局，并带来很大的经济贸易利益。当前全球的主要经济强国多分布在远东、西欧和北美这 3 个高纬度地区，国际贸易也主要在这几个区域间展开，而北极航道恰恰是连接这 3 个区域的最短海上航道。据统计，世界发达国家大多数地处北纬 30° 以北地区，该区域生产了全世界近 80% 的工业产品，占据全球 70% 的国际贸易份额。在气候变化的影响下，如果实现北极航道的常态化通航，将产生极大的政治、经济、军事等连锁影响，如俄罗斯近年来在北极地区组建一支常规部队，制定了完善的海岸防卫体系，于 2020 年批准《2035 年前俄罗斯联邦北极国家基本政策》，这将使世界经济、贸易、航运格局以及北极原住民地区发生根本性改变。

对北极航道的开发利用将会改善世界港口的区位条件。中国长江以北的港口都位于东北亚地区，非常靠近北极航道。北极"东北航道"开通后，将给中国北方港口带来丰富的货源，其区位优势将会大大提升。俄罗斯在北极交通发展中最重视的就是北极港口的现代化。俄罗斯北方港口中的摩尔曼斯克、阿尔汉格尔斯克、维季诺和坎达拉克沙四个港口与俄罗斯国内交通网相连，北极地区 80% 以上的货物是通过这四个港口转运的。此外，俄罗斯还依托地理位置相邻的油气资源、矿产、木材加工等企业而建设港口，如依托亚马尔液化天然气项目而建设萨别塔港，其年转运装卸量达到 3000 万 t。美国阿拉斯加位于全球变暖最快的地区之一，海冰的消失促使生态系统逐渐发生变化。2008 年美国陆军工兵部队开始在阿拉斯加筛选并建立北极深水港口，服务于通过阿拉斯加和俄罗斯之间的交通枢纽点进出北极的船只。由于冰期到达时间较晚，而融化期早，航运季节正在延长。航运季节在不久的将来将扩大到 240 天，如果多年积累的冰层全部消失，剩余的冬季冰将十分稀薄，以至于只要"船只设计合理"，全年通行也是可行的。

4.2.3 资源与灾害

冰冻圈储存着巨量水、能、气资源和特有的物种资源，在全球生态系统中具有不可替代的重要地位。冰冻圈是世界高海拔地区和极地地区人口、资源、环境、社会经济可持续发展的物质基础和特色文化基础，具有独一无二的冰冻圈服务功能。另外，冰冻圈灾害种类繁多，分布广泛，如冰川泥石流、冰湖溃决、冰雪崩、牧区雪灾、冰凌灾害等，常发生在偏远的高山、高原等欠发达地区的乡村，给当地的社会经济、生态环境造成严重损失。

1. 冰冻圈资源

冰冻圈在气候、生态、资源利用、特色人文等方面可为经济社会发展提供多种服务，人类可以从冰冻圈获取各种惠益。冰冻圈为社会经济发展提供的服务主要包括供给服务（如淡水资源、冷能、冰雪材料供给）、调节服务（如调节气候、调节水文、调节生态等）、社会文化服务（如冰雪旅游休闲和体育服务、冰冻圈研究和教育服务、冰冻圈原住民文化结构、宗教与精神服务）、承载服务（如特殊交通通道服务、设施承载服务）和环境支持服务（如生境支持、资源生成、地缘政治与军事服务等）。

冰冻圈内的冰雪融水资源是全球广大寒区和旱区（如中亚、南亚高海拔地区）农业灌溉、工业和水力发电及生活用水的重要来源。冰冻圈存储着全球 75%的淡水资源，是人类重要的淡水源地。其中，冰川和积雪是冰冻圈水资源供给的主要来源，据 IPCC AR5统计，全球山地冰川储量为 $113915\sim191879km^3$。冰川融水和积雪融水供给保障全球约 1/2 人口的日常生活用水。全球淡水年补给量大约 5%来自降雪，降雪作为春季的径流主要补给来源，全球陆地每年从降雪获得的淡水补给量达到 $59.5\times10^{11}\ m^3$，其保障着全球 12 亿人口的农业发展和日常生活用水。另外，山地冰冻圈丰富的冰雪资源与极大的地形比降使得该区蕴藏丰富的水能资源。例如，我国西藏水能资源技术可开发量为 1.74 亿 kW；高山水电分别占到巴基斯坦、尼泊尔和塔吉克斯坦电力的 1/3、9/10 和 2/3，并提供了不丹国民收入的 1/4。然而，随着近年来气候变暖、人口增长、社会经济发展和需水量大幅增加，冰冻圈水资源脆弱性加剧，其中亚洲的印度河、塔里木河内流区、阿姆河等冰冻圈区水资源将变得尤其脆弱（Immerzeel et al.，2020）。

冰冻圈储藏着丰富的矿产、石油和天然气等资源。青藏高原蕴藏丰富的有色金属、盐湖、油气、太阳能资源，已发现矿产 100 余种。唐古拉山脉、冈底斯山脉和雅鲁藏布江沿线等是世界上著名的成矿带，其中亿吨级潜在储量铁矿若干个。青藏高原太阳总辐射量高达 $5400\sim8000\ MJ/m^2$，比同纬度低海拔地区高 50%～100%。蒙古高原有最丰富的煤、铜、萤石、金、铁矿石等矿产资源，矿产品覆盖面积 4650 万 hm^2，占蒙古国领土的 30%。加拿大北极地区、美国阿拉斯加北部、西伯利亚和北欧陆地及沿海大陆架蕴藏着丰富的石油和天然气资源。据估算多年冻土区天然气水合物总量为 $10^{13}\sim10^{16}\ m^3$，其主要分布在俄罗斯、美国、加拿大等国的高纬度环北冰洋冻土区，包括美国阿拉斯加北部斜坡的 Brudhoe 湾-Kuparuk 河地区，加拿大 Mackenzie 三角洲和 Sverdrup 盆地，俄罗斯的西西伯利亚盆地、LenaTun-guska 地区、Timan-Pechora 盆地、东北西伯利亚及 Kamchatka 地区，以及挪威的 Svalbard 半岛、格陵兰等地。青藏高原地区多年冻土温度、厚度条件同样具备天然气水合物的形成条件，据粗略估计，青藏高原多年冻土区天然气水合物潜在的资源量可达 $350\times10^8\ t$ 油当量，可能成为中国 21 世纪又一个具有战略意义的油气资源前景区。南极大陆存在着极为丰富的铜、铂、金、银、铬、镍、钴、铅、锌等矿产资源、天然气和世界最大的煤田，南极大陆蕴藏的煤超过 5000 亿 t，为发展南极工业提供了有利条件。

冰冻圈拥有丰富的旅游资源。冰冻圈旅游是以冰冻圈各要素（如山地冰川、冰川遗迹、冰盖、冰架、海冰、冻融、冻胀、积雪、雨凇、雾凇景观等）为主要吸引物，吸引世界各地人民去探索体验，领略冰冻圈的自然风光。冰冻圈的旅游业以冰川景区为主，冰川地貌复杂、原生自然环境恶劣，具有稀缺性、景观美感以及宗教文化特征。冰川旅游作为一种特殊的旅游形式，因其满足了旅游者追求新鲜度、差异性、惊喜性和风险性的需求而受到世界各国旅游者的青睐，而且冰川旅游能够带动生态资本的增值，为地区绿色经济发展提供可持续的动力。冰川旅游伴随着 18 世纪的朝圣、探险和登山活动而产生，随着冰川旅游人数的增加，目前已经开发了众多旅游项目，如冰川观光、休闲度假、户外探险、科普教育等。冰川旅游资源的主要利用方式是冰川观光、登山、探险与科研教育相结合。由于交通条件和旅游市场的限制，早期冰川旅游主要起源于欧洲阿尔卑斯山、比利牛斯山脉、落基山脉和新西兰南岛等中纬度地区，中国的海螺沟、玉龙雪山、天山等地冰川旅游资源也开发较早。随着基础设施的改善、人们休闲时间的增加和旅游需求的上升，冰川旅游目的地已拓展至南北极高纬地区。目前，冰川旅游目的地主要集中在美国、加拿大、挪威、冰岛、瑞士、奥地利、新西兰、智利、中国、尼泊尔等地区（周蓝月等，2019），全世界已建立了 40 多个冰川公园（图 4.3），开发冰川旅游景点 100 余处，建成滑雪场 6000 多个。

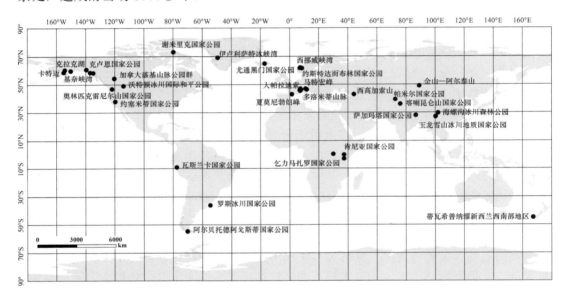

图 4.3　世界主要冰川旅游景区空间分布

2. 冰冻圈灾害

人类在从冰冻圈获取各种惠益的同时也遭受着日益增加的各类冰冻圈灾害和破坏，生命财产安全正受到威胁。常见的陆地冰冻圈灾害主要有冰/雪崩、冰湖溃决、冰川洪水/泥石流、冻融、积雪洪水、风吹雪、牧区雪灾、冰凌等突发性灾害，以及冰川退缩和水资源短缺等缓发性灾害；海洋冰冻圈灾害主要有冰山、海冰、海岸冻融侵蚀、海平面上升等灾害；大气冰冻圈灾害包括暴风雪、雨雪冰冻、冰雹、霜冻等灾害。空间上，冰冻圈灾害主要集中分布在北半球中高纬度国家、中纬度山地国家及沿海国家和低洼岛国。

不同类型冰冻圈灾害严重影响着承灾区居民的生命和财产安全，以及交通运输、基础设施、农牧业、冰雪旅游乃至国防安全，使承灾区经济社会遭到巨大破坏。冰冻圈是受气候系统变化影响最直接和最敏感的圈层,气候变化是冰冻圈灾害发生和时空变化的重要驱动力。例如,极端冰雪天气在输电线路和杆塔上会形成覆冰,引起倒塌、断线等故障;气候由暖干向暖湿转变时,冰川退缩加剧,融水量增大,冰川洪水和冰川泥石流灾害随着冰川融水径流的增加而增多,进而造成冰湖溃决等灾害;气候变化引起的冬季积雪增加和气温升高,融雪洪水、雪崩和风吹雪等灾害强度增强;气温升高引起的高山冰体崩解加剧冰崩灾害而呈增加趋势。

近年来,冰冻圈区域性极端气候事件发生强度和频率都有增加趋势。全球冰冻圈区域升温速率明显高于其他区域,气候变暖造成的冰冻圈快速变化增大了冰冻圈灾害发生的概率。例如,冰川的加速消融增加了冰川的不稳定性,进而增加了冰川相关灾害发生的概率;海平面上升一半以上的贡献来自于冰冻圈融化;北极海冰减小增加了中低纬度冬季极端冷事件发生的概率;在东亚,由于喀拉海和巴伦支海海冰的减少,西伯利亚高压增强,乌拉尔山阻塞事件增多,诱导北极冷空气南下至东亚地区,尤其在北极增暖条件下,东亚的强寒潮事件概率增大;在欧洲和北美,雪崩在 2000~2010 年的 10 年间夺去了大约 1900 人的生命;全球有 6%~11%的区域,特别是在峡湾区,冰川退缩导致生物多样性下降等(Cauvy-Frauni é et al.,2019)。

气候变暖使多年冻土退化、季节融化深度加大,寒区各类构筑物均广泛发生着冻胀和融沉灾害,在多年冻土区,各类路网、管网、线网工程设施运行期间,常出现包括路基工程冻胀、融沉、倾斜、纵(横)向裂缝、波浪和管道工程不均匀变形引起的隆起及下沉、桩基础工程的沉降、冻拔等大量灾害问题(图 4.4),严重影响到上述工程的安全运营及服役性能,同时增加了工程维护的难度及成本。此外,冻融过程还波及多年冻土区居民建筑结构变形、采矿场等安全。在泛北极地区,许多基础设施建设在潜在灾害风险为"中""高"区域内,如位于费尔班克斯的阿拉斯加输油管道、雅库茨克的东西伯利亚–太平洋的管道系统、伯朝拉地区的亚马尔–涅涅茨地区的天然气管道及奥布斯卡娅–博瓦年科沃铁路等均通过潜在灾害风险为"高"的区域(图 4.5)。总之,过去几十年来,全球变化已导致多年冻土显著退化,其退化不仅波及生态系统结构和功能变化,而且对基础设施和可持续发展带来一定影响。

(a)   (b)

图 4.4 阿拉斯加多年冻土地基上公路的沉降和裂缝(a);俄罗斯北雅库特富冰冻土区地上管网潜在风险(b)(照片来自 A.N. Fedorov)

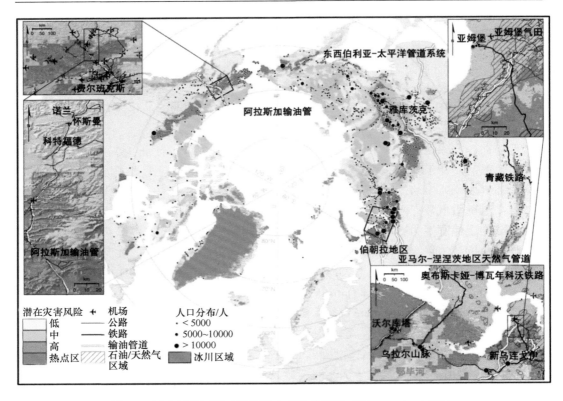

图 4.5　泛北极地区基础设施潜在危险性等级（Hjort et al.，2018）

4.3　人类活动的影响与适应

冰冻圈的分布面积大，可分为作用区和影响区。作用区即冰冻圈核心区（即冰冻圈要素冰川、积雪、冻土、海冰等覆盖的区域），影响区即冰冻圈作用可能发生的地区（如冰雪融水补给河流的下游区）。实际上，作为气候系统的一部分，冰冻圈的变化作用于全球，但本书主要介绍冰冻圈作用核心区的人类活动对冰冻圈的影响及人类对冰冻圈变化的适应对策。

4.3.1　人类活动对冰冻圈的影响

冰冻圈是一个相对脆弱的圈层，任何外在环境发生变化，冰冻圈环境及要素都会有显著响应。随着人类社会发展和经济活动不断加强，人类活动直接或间接作用于冰冻圈，对冰冻圈产生复杂的影响。当前人类活动对冰冻圈的影响主要表现为气候变暖（被认为主要由人类活动导致）引起冰冻圈的异常变化，以及人类生产和生活（如重大工程建设与运营）直接对冰冻圈的原有状态、过程等的改变或破坏。

1. 气候变暖对冰冻圈的影响

自 1750 年以来，人类活动造成全球 CO_2、CH_4、N_2O 等温室气体浓度明显增加。在人类活动排放的温室气体当中，对气候影响最大的是 CO_2，其产生的增温效应占所有温室气体总增温效应的 63%。土地利用类型变化是引起全球大气中 CO_2 浓度增加的主要人类活动之一，对碳排放的贡献仅次于化石燃料的燃烧。这种主要由人类活动导致的全球气候变暖对冰冻圈要素（冰川、冻土、积雪、海冰）的影响日益显著。

冰川作为冰冻圈的重要组成部分，其面积变化是对圈层间能量平衡的综合反映。近年来的研究表明，全球冰川物质呈现的亏损状态（赵宗慈等，2015）与全球气候变暖趋势一致，且随着气温幅度的日益加大，冰川的融化速率日益加快。格陵兰岛和南极冰盖目前在陆地上储存了大约 65m 的海平面当量，由于它们的规模巨大，任何微小扰动都会对全球海平面产生很大的影响。2003~2009 年，格陵兰冰盖和南极冰盖年冰川质量盈亏率分别为–38±7Gt 和–6±10Gt，对海平面上升的贡献速度为 0.74±0.26mm/a。当前全球变暖使得冰川发生大规模的物质亏损，1961~2016 年，全球冰川物质亏损为–322±144Gt/a，使得海平面平均上升 27±22mm；2006~2016 年，冰川对海平面上升的平均贡献达 0.92±0.39mm/a（Zemp et al.，2019）。冰川的不断消融、退缩，可影响冰缘区生物多样性（Cauvy-Fraunié and Dangles，2019），可能导致冰川水资源流失和某些自然灾害的发生；海平面加速上升可能对沿海自然社会环境产生重要影响，直接影响沿海洪泛区 2 亿多人的生产生活。

冻土对环境变化极为敏感，全球气候变暖导致不同地区的多年冻土温度普遍升高，加拿大北部、阿拉斯加等地冻土升温尤其显著（Ding et al.，2019）。自高纬度向中纬度，多年冻土埋深逐渐增加，厚度不断减小，年平均地温相应升高，由连续多年冻土带过渡为不连续多年冻土带、季节冻土带。20 世纪 80 年代初以来，多年冻土的温度上升了 2℃，活动层厚度增加了 90 cm。北半球多年冻土的南界向北推移，近 30 年来季节冻土的厚度减少了 32 cm（任贾文和明镜，2014）。随着多年冻土的不断融化，冻土中被封存的温室气体会向大气中释放，这些温室气体又会进一步加重地球上的温室效应。

积雪是冰冻圈中分布最广泛、年际变化和季节变化最显著的要素，其积累、消融过程及其覆盖范围与气候变化直接相关。地球每年有 11500 万~12600 万 km^2 的面积被雪覆盖，占地球表面积的 23%，其中 2/3 覆盖在陆地上，1/3 覆盖在海冰上。全球变暖和大气环流的变化导致了北半球许多地区积雪大幅减少，尤其是春季。20 世纪中期以来，北半球积雪面积呈现减小趋势，1967 年以来减小趋势较明显，积雪面积 3 月、4 月减小速率为 0.8%~2.4%，6 月为 8.8%~14.6%。高山积雪是天然的固体水库，是干旱半干旱地区重要的水源，高山积雪融水对河流、湿地水量和水质都至关重要。全球气候变暖导致的积雪融化既有助于在一定时段内增加水资源的释放，又会引发融雪型洪水、雪崩等灾害。

海冰主要分布在南极和北极地区。在全球气候变暖的背景下，1979~2017 年，北极海冰面积减少 2/3，冰量减少 3/4。海冰减少会通过一系列的反馈作用，诱发海洋、海冰、大气系统快速变化，如开阔水域的增多和沿岸冻土的融化会加速海岸的侵蚀，影响原住民的生存环境。海冰的减少还会对生态系统构成威胁，产生海洋酸化和冻土区污染物大范围扩散等重大环境问题，影响海洋生物可利用的光合作用总量，影响大型哺乳动物的生存环境，如北极熊可能由于海冰退缩而失去赖以生存和捕食的场所。另外，冰雪减少、冰雪融化期变长会改善通航条件，北极地区正在成为国际海运以及空运的新走廊，北极航线将对世界经贸格局产生深远影响。北极海冰若按照目前的速度减少，在未来不到 40 年里，8 月和 9 月 85°N 以南的海域将可通航，穿极航道有望全线通航。北极航道的开通和利用将成为联系东北亚与北美到东海岸，东北亚与西欧的最短航线，不仅可以节约30%～40%的运输成本，还可以成为替代巴拿马运河、苏伊士运河、马六甲海峡的新航线，从而改变世界的航运格局和贸易格局。

2. 重大工程对冰冻圈的影响

冻土区铁路、公路与石油管道、机场等重大线性工程的建设改变了原天然地表与大气之间的热量平衡条件，进而影响了下部多年冻土的生存环境和热稳定性，加速了冻土的退化进程，从而区域生态环境将产生明显的变化。铁路、公路、机场等交通工程项目建设的开展与完善，在冻土区进行土方开挖。土体开挖可能会引起局部水文地质条件的变化，极大地破坏了原地表生态环境和水文地质条件，诱发如地表积水、热融湖塘、滑坡、坍塌等次生自然灾害（林战举等，2009）。在多年冻土区埋设原油管道后，地层剖面原有的热状态将受到扰动。当管线内的原油温度高于管线附近的地面温度时，原油会将热量传递给管线下的多年冻土，往往会引起解冻沉降。相反，石油则会从周围土壤吸收一些热量，可能导致解冻土壤冻胀（Li et al.，2010）。在冻土区进行石油的开采、炼制、集储、运输和使用等过程中，原油及其制品会抛洒或者泄漏在地面或地下，被石油污染的岩土体，其物理化学及热学力学特性均会发生显著的变化，进而引起一系列严重的岩土和环境问题。

采矿工业对冻土层也有很严重的负面影响。采矿后森林面积减少，地面土层破坏，局部气温、地表温度、地中温度升高，导致土层含水量减少，季节融化深度加厚，冻土退化，沼泽地消失，干旱化加剧（王银学，1993）。采矿对冻土环境的影响通常包括：①森林、草被、苔藓层被剥去后，地表出现大量水流，冻土层含水量减少；腐殖土、泥炭层含水量减少，砂质亚黏土减少。②天然覆盖层剥离后，冻土的融化深度增大。研究发现，若剥去天然覆盖层 1 年后，裸露地的融化深度是天然场地的 2～3 倍。③植被演替缓慢，由于在采矿过程中，天然植被和土壤覆盖层被破坏，环境变化使植被遭到永久的破坏或逆向演替。例如，位于大兴安岭西北坡的多年冻土区的乌玛矿区，在采矿两年后，主采区几乎没有新的森林成活，也没有幼苗生出，只是在主采区两侧的苔藓变绿，有些稀疏小草成活。

高纬度带的港口和机场是交通的枢纽，是各种交通工具转换的中心，其建设与运营对中心及附近区域的大气环境、地表水热过程等产生扰动和破坏。例如，广泛分布在高纬度沿海区港口的经营运输，会对港口区大气环境、沿岸冻土及附近海冰产生影响。高纬度沿海区港口往往会有大量的船只、货轮通行，而交通工具的使用往往会带来大量燃油的使用。柴油和生物质燃烧都是黑碳和 PM$_{2.5}$ 排放的重要来源。黑碳是一种强效污染物，其促使全球变暖的潜力是二氧化碳（以 100 年为基准）的 680 倍，由于黑碳影响雪的反照率和云的形成，进而影响港口冻土、海冰、积雪等的变化。此外，交通工具通行所产生的热量也影响了港口的冻融期，使港口运行时间延长。

4.3.2 人类对冰冻圈变化的适应

人类对冰冻圈变化的适应是系统应对冰冻圈变化所表现出来的调整，这种调整的空间、水平、程度可用适应能力表示。居住在冰冻圈地区的人们一般经济水平不高，预防、应对冰冻圈灾害的能力有限，适应是人类应对冰冻圈变化的主要途径，适应能力的提升可消减冰冻圈居民应对气候变化的脆弱性，可降低冰冻圈变化所引起的不可避免的经济损失和社会风险。总体而言，准确辨识和分析冰冻圈变化对人类生产和生活的影响程度、时空范围，是人类适应冰冻圈快速变化的基础，而适应冰冻圈快速变化又是减少冰冻圈快速变化预期不利影响的关键和前提，其对冰冻圈核心区及影响区的可持续发展具有重要的现实指导作用。

1. 冰雪水资源与水安全

冰雪水资源在夏季向下游提供相对较为稳定的融水而被学者们称为"水塔"，是陆地水资源的重要组成部分。对于冰冻圈水资源，特别是"水塔"脆弱区（如亚洲的印度河流域），可以从保护冰雪水资源和提高融水的使用效率两方面来减缓水资源的脆弱性。尽管某些破坏冰雪调节、稳定水资源能力的现象依然存在，但是当前全球范围的减排措施的实施，能在一定程度上减缓冰冻圈的退缩，从而阻止冰雪调节、稳定水资源能力的下降。从区域角度，不同区域应平衡区域内部的水资源体系，加强跨区域/国家合作。此外，在冰冻圈设立和增加自然保护区、新建水利工程，加大投入不断提高融水利用效率，以降低冰冻圈水资源的脆弱性。

另外，尽管冰川作为固体水库对径流起到年际调节作用，使得干旱区河川年径流量较为稳定，但是冰川自身无法对径流进行季节调节。印度利用人造冰川灌溉干旱区农田，就是一个减缓冰川融水季节分配不均的成功案例（Holden，1998）。在高寒干旱的山地，印度人 Norphel 等秋季将冰川融水补给的河流引至山地阴坡，在那里水沿坡向下流，融水下流过程中被连续筑构的堤坝所拦截，随着天气转冷，被拦截的融水很快冻结成冰，在山坡上形成厚厚的冰层。由于人造冰川低于自然冰川的海拔，当春季来临时这些人造冰川就开始融化，及时满足了农作物生长的需水。20 世纪末，Norphel 等已在 Ladakh 地区的 5 个村庄建成 60～300m 不等的 5 条人造冰川，最大的一个存水量达 17000m^3，可满足 700 人村庄的灌溉需求。

2. 海平面上升的适应措施

海平面上升被认为是人类社会面临的最重要的风险之一，海平面上升导致海岸带社区、城市和低洼小岛屿面临严峻挑战，尤其是对沿海地区的重大工程项目有着巨大影响，需要综合考虑极端情景和中间情景，采用适应对策路径和稳健决策等方法，进行长周期关键项目决策、规划和风险管理，以管理海平面上升的潜在影响和风险。风险决策过程的关键在于明确相对海平面上升量，以及可能对新建或现有基础设施造成的影响。之后系统地评估当前海平面上升及其风险演化，进而选择适应性管理策略。

海平面上升的应对措施可分为 4 种不同类型：①海平面上升的保护措施旨在减少或防止致灾事件对海岸的影响。首先，建立硬工程结构，如堤防、海堤、防波堤和挡潮闸等，用于防洪和减缓海岸侵蚀速度，或作为防止盐水入侵的屏障。其次，开展以增加海岸带沉积物为基础的措施，如增加海滩和海岸物质来源、堆建沙丘（也称为软结构）和抬升土地。最后，采用生态措施，利用生态系统，如珊瑚礁和海岸植被作为适应措施。②防止因海平面上升引起的岸线前移措施。开展大规模填海造陆，通过抽沙填充或其他填充材料、种植植被来支持土地的自然增长，并在低洼土地周围修建堤坝。③应对海平面上升的适应措施其目的是降低海岸带承灾体的脆弱性。这涵盖了采用物理的手段（如抬高小岛屿上建筑物的楼层高度）、实施多样化的措施（如耐盐作物的种植、旅游目的地景观恢复）以及促进善治和完善制度等（如地方政府决策的社区参与、建立海岸带公园和保护区、沿海综合管理计划）。物理适应可通过制定法规和规范来实现。咸水入侵的适应措施包括选用耐盐作物品种和改变土地用途，如将稻田改为用于半咸水或咸水的虾养殖。④应对海平面上升的后退措施。该类措施的目的在于将人口、基础设施和人类活动迁出沿海易灾区，或引导未来的发展远离海平面上升和海岸灾害影响。后退措施常常表现为被迫或有计划地永久或半永久迁移人口。

3. 冰雪灾害减缓

当前人类社会无法直接减缓冰雪的变化，适应是当下上策。冰雪灾害的适应是一个既具有全球共性又具有区域个性的问题，应根据不同时空尺度、不同类型的冰雪灾害的发生、发展及其对人类社会经济的破坏程度的不同，在冰雪灾害的适应资金、适应技术方法、适应政策、适应机制、适应成本效益、国际合作等方面开展探索性研究，提出针对不同区域、不同类型冰雪灾害风险的适应方案与恢复技术途径。

减缓冰湖溃决风险的措施包括：被动避灾和主动排灾。被动避灾主要有建立冰湖溃决预警系统和风险区潜在灾民转移安置等。冰湖溃决灾害预警系统一般由三部分组成：水位监测传感器、信号收发站、信号预警系统，如在冰湖溃决风险区安装冰碛湖溃决预警系统。总结目前国内外的主动排灾的工程措施，主要有：①开挖坝堤泄洪；②挖洞泄洪；③加固坝堤；④在冰湖下游新修水库蓄洪；⑤虹吸或水泵排水；⑥多种方法结合。以上方法分别在喜马拉雅山、安第斯山及阿尔卑斯山等的冰碛湖排险中得到应用（王欣等，2016）。

对于冰雪洪水/泥石流灾害，在长期的科学研究与建设部门密切结合的过程中，已形成了一套治理和预防原则与方法，主要包括：加大冰雪洪水的时空监测、加强冰雪洪水科学研究、完善冰雪洪水预警报发布机制。当前，为了更加有效地预防冰雪洪水/泥石流灾害，应当从高海拔山区冰雪洪水/泥石流的演化规律出发，合理规划，因地制宜，因害设防，兼顾经济效益，工程措施与生物措施相结合。因害设防首先以"避"为主，通过选线来规避灾害，其次在有居民点和有公路通过的冰川洪水/泥石流分布地区以工程治理来预防灾害。

此外，在进行雪崩灾害风险管理时需要对其进行风险区划，通过区划实施相应风险区的防控措施。风险级别可分为高、中、低三级，也可分为极高、高、中、低、极低五级。雪崩风险区划地图中预警颜色从极高风险至极低风险可用红/黑色、红色、橘色、黄色、绿色表示。风险级别程度主要按雪崩冲击力与重现期进行度量。当然，雪崩灾害风险区划还要参照雪崩历史、地形参数、雪崩潜动态变化、专家知识和判断等因素。雪崩灾害风险区划地图对于城市土地利用规划和雪崩灾害预警与人员疏散方案实施意义重大。一般而言，雪崩灾害高危区雪崩灾害重现期小于 300 年，影响压力在 30kPa 及以上，这类区域政府明令禁止一些建筑活动。当前雪崩风险区划研究结果已广泛应用于奥地利、法国、挪威、意大利和美国、日本雪崩灾害管理工作之中。

4. 多年冻土退化适应

气候变暖使多年冻土退化、季节融化深度加大。冻土灾害广泛分布于全球高纬度和高海拔地区，并影响着这些地区的各类构筑物。通过加强潜在灾害发育区域的监测，建立灾害评估的科学标准，加强基于遥感、GIS 平台和数值模拟评估方法的研究，重视科学研究和政府之间的信息沟通，以减缓或避免热融性地质灾害的危害。例如，美国和加拿大通过多年冻土热状态监测网络来了解气候变化下多年冻土退化和升温对重大工程稳定性的影响。

冻土灾害风险管理主要集中在改善路基土质、保温措施、改善路基水分状况、改进路基路面结构等方面。近年来，青藏铁路修建促使我国科学家和工程技术人员系统地研究了多年冻土与工程、多年冻土与气候、环境之间的相互作用关系，提出了冷却路基的设计新思路和行之有效的冷却路基筑路技术体系，采取调控热导工程、调控辐射工程、调控对流工程、综合调控措施后，有效地适应了多年冻土的变化。块石结构工程措施具有冷却路基、降低多年冻土温度的作用，解决了青藏铁路多年冻土区筑路的技术难题，使我国的冻土工程研究处于国际领先地位。2005～2008 年，路基下部 1.5 m 深度以上土体年平均温度降低了 1℃左右，路基下部 5 m 深度冻土年平均温度降低了约 0.5℃，10 m 深度处多年冻土处于显著降温状态。

5. 冰冻圈科学考察

对冰冻圈进行科学考察与观测，是人类适应冰冻圈变化的基础和前提，有利于冰冻圈资源的有效开发利用和环境保护，也有利于冰冻圈可持续发展。在当今全球气候变暖的大时代背景下，冰冻圈面积逐渐减少，对冰冻圈进行科学考察，能让我们监测冰冻圈的变化状态，研究全球气候变暖的主要原因与影响，从而有利于人类的可持续发展。目前，冰冻圈科学考察几乎遍布了核心区的每一个角落，每年也有成千上万的研究者对冰冻圈要素进行考察和观测，各国政府对山地冰冻圈、南北极地区的科学考察与观测也越来越重视。世界范围内对冰冻圈的科学研究，除借助遥感卫星影像外，还有对冰川、冻土、积雪等要素的实际测量，各国科研学者陆续在本国的冰冻圈内设立科研站点，广泛开展冰川、冻土、积雪、河湖海冰等冰冻圈要素的考察和定位观测，如 1986 年瑞士苏黎世大学建立的世界冰川监测服务机构（World Glacier Monitoring Service，WGMS）组织、协调的冰川监测网络，涵盖了全球 6000 多条冰川；20 世纪 90 年代国际冻土协会（International Permafrost Association，IPA）组织绘制的北美和环北极地区多年冻土分布图等冰冻圈要素调查工作，不仅为全球范围的冰冻圈要素监测系统、冰冻圈要素本底数据库系统建设奠定了坚实基础，更为重要的是为寒区重大工程建设、寒区社会经济可持续发展提供了有力保障数据和信息。

作为冰冻圈核心区的典型代表——南极大陆，自从 1820 年被发现至今，吸引了越来越多的科学家们去探索白色大陆的奥秘，开展科学考察活动。截至 2018 年，全球共有 30 多个国家在南极洲建立了 50 多个常年科学考察站、100 多个夏季科学考察站。我国在 1985 年建成第一个科学考察站——长城站，目前在南极建立了（含在建）5 个科学考察站，其中常年科学考察站有长城站、中山站、罗斯海新站（在建中），夏季科学考察站有昆仑站和泰山站。南极科学考察的蓬勃发展，对多学科领域科学研究、综合利用和保护南极丰富资源、实现南极地区乃至全球可持续发展等具有重要意义。

思 考 题

1. 简述冰冻圈人口分布的主要特征。

2. 冻土区的重大工程建设对环境可能产生那些负面效应？

3. 影响高寒区农业活动的主要因素有哪些？

第5章
极地地区

5.1 区 域 概 况

极地（包括南北极）是指地球上 66.3°N 以北和 66.3°S 以南的地区，北极和南极地区各自约占地球表面积的 4%。极地地区终年寒冷的气候条件，形成了大范围的持续积雪、陆地冰川、多年冻土和海冰等各类冰冻圈要素。过去 50 年间，全球变暖的极地"放大效应"使得极地环境发生了快速变化，两极部分地区温度升高了 2～4℃，升温速率达到全球其他区域的 2～4 倍。由于地理位置、地表差异、洋流条件以及冰冻圈分布的不同，南极和北极地理环境也存在显著差异。

北极地区通常是指以北极点为中心、66.3°N 以北的区域，位于地球的最北端，包括北冰洋、北美和欧亚大陆的北部边缘海、边缘陆地及其岛屿、北极苔原带和最外侧的泰加林带，总面积约 $21×10^6 km^2$，约占地球总面积的 1/25。其中，陆地和岛屿面积约为 $8×10^6 km^2$，北冰洋水域面积约为 $13×10^6 km^2$。磨蚀海岸、低平海岸、三角洲、岩岸及峡湾型海岸、潟湖型海岸和复合型海岸构成了北冰洋主要的海岸类型。欧亚大陆、北美大陆和格陵兰岛是北冰洋周边陆地的主要组成部分。格陵兰岛也是地球上最大的岛屿，其 85%的区域被冰雪覆盖。北极圈以北的地区被亚、欧、北美三大地区所环抱，近于半封闭的状态。北极海域包括北冰洋主体区域及其附属边缘海，主要有格陵兰海、挪威海、巴伦支海、喀拉海、拉普捷夫海、东西伯利亚海、楚科奇海、波弗特海和白令海等，其绝大部分水域都在北极圈以北。北极特殊的地理位置使得其孕育了丰富的资源，并发育了独特的自然环境。当前，北极地区的气候和环境正经历快速的变化，北极地区冰冻圈呈现持续萎缩的趋势（图 5.1）。

南极指 66.3°S 以南的区域，包括南极大陆及其周围岛屿，总面积约 $14×10^6 km^2$，占地球陆地总面积的 1/10，其中大陆面积为 $12.39×10^6 km^2$，岛屿面积约 $0.076×10^6 km^2$，另有约 $1.582×10^6 km^2$ 的冰架，海岸线长达 18000 km。南极大陆分布有广阔的山脉和沿海平原。横贯南极山脉（Trans-Antarctic Mountains）是南极大陆的主要山脉，南北延伸4500 km，平均海拔 4500 m，将南极大陆分为东南极和西南极（图 5.2）。

图 5.1　北极地区图③

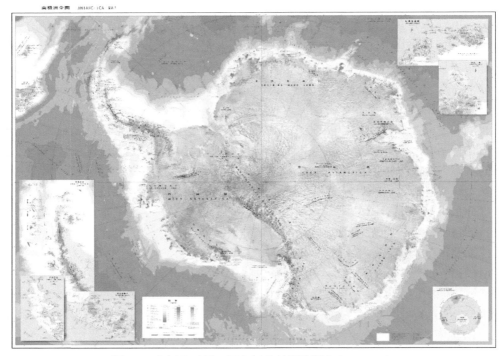

图 5.2　南极地区图（国家极地科学数据中心，2013）

---

③ 刘健. 2013. 1∶5000000 北极地区图. 国家极地科学数据中心. https://www.chinare.org.cn/.

南极大陆 98%以上的区域被巨厚的冰雪所覆盖，地表平均海拔 2350m，最高点位于文森山（Vinson Massif），海拔 5140m。东南极冰盖底部基岩大部分高于海平面，其底部分布有大量的冰下湖和冰下水系。冰穹 A（dome Argus，Dome A）是东南极地区的最高点，其特殊的气候和环境条件使其成为研究南极科学的理想场地。南极冰盖平均厚度约 2000m，最大厚度达 4850m。南极冰体的总体积为 $24×10^6$ km³，占全球总冰量的 95%，被喻为"地球冰库"（颜其德，2005）。若把覆盖在南极大陆上的冰盖剥离，基岩平均海拔仅有 410m。南极大陆边缘零星分布着无冰覆盖的"南极绿洲"平原，总面积约 $0.33×10^6$ km²。南极周边岛屿众多，由于具有相对充沛的降水和冷储，多数岛屿都发育有现代冰川，冰川总面积达 $2.55×10^4$ km²。乔治王岛是南极地区南设得兰群岛中最大的岛屿，面积 1338 km²，其南端距南极半岛顶端约 140 km。乔治王岛的中北部是厚度为 200～300m 的柯林斯冰帽，南部菲尔德斯海峡与纳尔逊冰帽相望，西边是德雷克海峡和近海岸的大片礁石区，东南部依次分布着三个大海湾，即乔治王湾、海军上将湾和麦克斯韦尔湾。

5.1.1　气候条件

北极和南极均属于高纬度地区，是地球上的两大冷源，也是全球气候变化的驱动器、放大器和敏感器，被科学家们称为全球气候变化响应和反馈最敏感的地区之一，在地球系统科学研究和制约全球变化中扮演着不可替代的重要角色。

北极大部分地区终年被冰雪覆盖，气候异常寒冷（图 5.3）。冬季始于 11 月至翌年 4 月，长达 6 个月，最冷月平均气温低至–40～–20℃；5 月、6 月和 9 月、10 月分别为春季和秋季，而夏季仅有 7 月和 8 月，气温仍多在 8℃以下。在西伯利亚观测到的历史最低气温为–71℃，格陵兰岛也曾观测到–70℃的低温，加拿大育空地区最低气温可达–68℃，北极点的历史最低气温为–59℃。极端低温条件为冰盖的形成创造了条件。IPCC AR5 统计资料显示，全球山地冰储量 $0.0149×10^8$ km³，北极格陵兰冰盖冰储量达到 $0.2668×10^8$ km³。

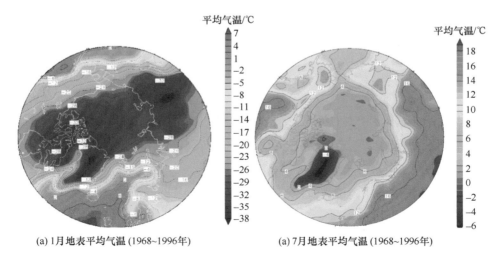

(a) 1月地表平均气温 (1968~1996年)　　　　　　(a) 7月地表平均气温 (1968~1996年)

图 5.3　北极地区 1 月和 7 月地表平均气温［改绘自维基百科，基于欧洲中尺度天气预报中心（ECMWF）数据］

　　南极地区由于高纬度的地理位置，太阳入射角小，地表 95%被冰雪所覆盖（冰雪对日照的反射率为 80%～84%，到达地面的太阳辐射不足 20%）。此外，南极较高的海拔和相对稀薄的空气使得热量不容易保存，太阳辐射收支呈负平衡，从而其成为地球上最冷的大陆。南极洲每年分寒、暖两季，4～10 月是寒季，11 月至翌年 3 月是暖季。南极大陆的年平均气温为–25℃，沿海地区的年平均气温为–20～–17℃；而内陆地区年平均气温则为–50～–40℃；东南极高原地区最为寒冷，年平均气温低达–57℃（图 5.4）。地球上有史以来最冷的温度（–89.2℃）是在 1983 年 7 月 21 日由南极内陆的俄罗斯东方站监测到的。南极洲的年平均降水量约 50mm，是地球上最干旱的地区，称为"白色沙漠""地球旱极"，其中，大陆中部地区年平均降水量仅有 3～5mm，沿海地区降水较多（王光宇，2010）。南极洲最干旱的地区之一的麦克默多干旱谷，在万达湖附近的谷底每年平均降水量仅有 13mm，在附近的山地山区则为每年 100mm。在南极东部周围，降水量要高得多，如莫洛德兹纳亚地区每年的降水量为 650mm。从 9 月中旬到翌年 3 月中旬，南极洲的日照持续不断，在此期间，南极大陆接收的太阳辐射甚至高于同时段的赤道地区，3月中旬到 9 月中旬一直处于黑暗状态。从夏至日（6 月 22 日）到秋分日（9 月 23 日），南极的极夜范围逐渐从整个南极圈向内缩小至南极点，所以南极点的极夜时间是半年，南极圈的极夜时间是一天，南极圈内极夜时间不等，纬度越高、极夜时间越长。由于地球的公转运动，南极点的极夜天数（186 天）比北极点的极夜天数（179 天）长 7 天（刘龙华，2019）。

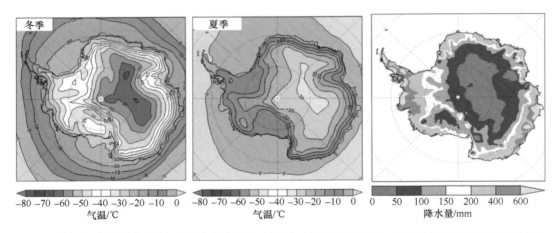

图 5.4　南极地区冬夏季平均气温和年降水量分布图［改绘自维基百科，基于欧洲中尺度天气预报中心（ECMWF）数据］

　　南极又被称为"风极"。南极大陆是风暴最频繁、风力最大的大陆，100km/h 以上的大风在南极频繁出现。南极大陆沿海地带的风力最大，平均风速为 17～18m/s，而东南极大陆沿海一带风力最强，风速可达 40～50m/s。在法国南极观测站迪尔维尔曾测到100m/s 的大风（360km/h），相当于蒲福氏风级 17 级下限的 1.8 倍，是迄今为止世界上记录到的最大的风。

　　1880～2012 年，全球平均地表温度升高了 0.85℃（0.65～1.06℃），但不同区域的升温幅度存在很大的差异，其中，北极和青藏高原等高纬度和高海拔地区的增温尤为显著。当前，北极地区近地表温度的升温速率超过全球平均升温速率的两倍以上，在冬季甚至能达到 4 倍以上，这一现象被称为"北极放大效应"。2015 年 12 月～2016 年 2 月，北极地区的地表温度比 2011～2013 年冬季最暖记录高出 0.7℃（Cullather et al.，2016），这一记录在 2016～2017 年的冬季和 2017～2018 年的冬季又被连续打破。北极地区的快速增温过程一方面与北极独特的地理环境、大气环境影响形成的多种辐射反馈机制有关，另一方面也可能与地球大气和洋流异常引起的极向物质与能量传输增强有关（曹云锋和梁顺林，2018）。海冰–反照率的正反馈机制、云和水汽增加导致的向下长波辐射增强，较低的背景温度和相对稳定的大气层结的温度反馈在北极为正，这些是"北极放大效应"的重要原因，大气环流和洋流的输送作用也有贡献（武丰民等，2019）。

随着北极的冬季逐渐变暖，降水的相态也发生了相应的改变，即更多的降雨事件出现在冬季（Peeters et al.，2019），对 1961～2010 年北极地区 253 个站点降水相态的长期变化结果分析发现，大部分地区的液态降水占总降水的比重呈增加趋势，在春、夏交替时期，阿拉斯加、中西伯利亚和北欧部分地区存在显著的固态降水向液态降水转变的趋势，这一变化将会对北极地区的地-气相互作用产生显著影响（韩微等，2018）。基于 CMIP5 模式模拟发现，北极地区降水的增加与全球变化密切相关，更多的降水会增加河流的入海径流量；冬季的蒸散发强度逐渐增大，增加的大气水汽、减少的海冰和积雪有助于进一步加速北极变暖；至 21 世纪末，暖湿化的趋势会更加显著（Vihma et al.，2016）。"北极放大效应"影响下的北极冰冻圈呈现快速退缩的趋势，对水资源和水循环过程、生物地球化学循环、寒区工程的稳定性、居民生命财产安全和地缘政治等方面都造成了显著影响，这些变化和影响已引起了学者们的广泛关注。

5.1.2　自然资源

相比其他正被开发与抢夺的大洋，两极地区由于独特的自然环境、长期被冰雪覆盖，各种类型的资源储量极大，且暂未展开大规模的开发和利用。2009 年已探明的北极地区石油储量约为 8.4×10^{10} t、天然气储量为 3.21×10^{13} m^3，总油气当量为 3.598×10^{11} t，占世界已探明石油储量的 25%（卢景美等，2010）。北极地区累计石油产量为 2.436×10^9 t，天然气产量为 3.85×10^{11} m^3，油当量为 1.134×10^{10} t（麻伟娇等，2016）。据 2008 年美国地质调查局（USGS）评估，环北极地区待发现天然气 4.72×10^{13} m^3，占全世界的 30%，待发现石油 1.26×10^{10} t，占全世界的 13%。按照油气当量计算，待发现天然气是石油量的 3 倍，其中最大的待发现天然气藏是油藏的近 8 倍。据俄罗斯能源部推算，仅在俄领海范围内的北冰洋地区蕴藏的矿物价值就高达 2 万亿美元，其中天然气储量巨大，西伯利亚西北部可开采的天然气至少有 0.01 万亿 m^3。挪威国家石油公司（Statoil）最新资料也表明，北极地区待发现剩余油气资源约占世界总量的 1/4。北极地区潜在油气资源主要集中在俄罗斯南喀拉海——亚马尔盆地、美国阿拉斯加北坡盆地、丹麦东格陵兰裂谷盆地、挪威和俄罗斯东巴伦支海盆地。近海大陆架是世界上最大的勘探潜力区之一，而且半数以上的大陆架区水域深度不超过 50m，在开发上有巨大便利（图 5.5）。

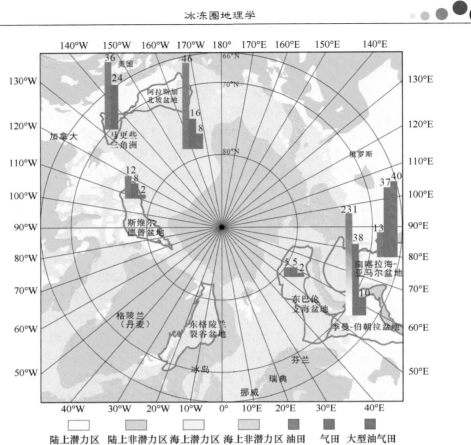

图 5.5　北极地区资源潜力及主要盆地大油气田平面分布（麻伟娇等，2016）

图例：陆上潜力区　陆上非潜力区　海上潜力区　海上非潜力区　油田　气田　大型油气田

　　除了油气资源外，北极地区还有丰富的煤炭资源，美国阿拉斯加北部煤炭资源达到4000亿 t，约占世界煤炭资源总量的9%，且属于尚未开发的地区之一。北极地区的煤炭资源不仅在数量上丰富，质量也较为优良。其中，拥有世界上最洁净煤的北极西部煤田储量达到 3×10^9 t，其经过一亿年古老的地质过程而形成，是一种平均热值超过 12000J/kg的高挥发烟煤，具有低硫、低灰和低湿的特性，而且其极高的蒸汽和炼焦质量可以直接用作能源和工业原料。另外，北极地区还分布有铁矿、铜矿、铅矿、锌矿、石棉矿、钨矿、金矿、金刚石矿、磷矿和其他贵金属矿以及大量的未开发的水电资源。加拿大已经开始在北极圈内的岛屿上开采钻石，其产量达到世界天然钻石产量的 10%～15%，从而使加拿大一跃成为世界上第三大钻石生产国。在日益紧张的世界能源供应中，北冰洋地区巨大的油气资源储量，无疑对能源产量增长大于探明储量增长的形势起到一定的缓解作用。气候加速变暖将使得北极资源的进一步开发和利用成为可能。

　　南极地区的矿产资源也极为丰富，蕴藏的矿物有 220 余种，主要有煤、石油、天然气、铂、铀、铁、锰、铜、镍、钴、铬、铅、锡、锌、金、铝、锑、石墨、银、金刚石等，它们分布在东南极、南极半岛和沿海岛屿地区。已探明的南极煤资源主要存在于南极横断山脉，为二叠纪煤，储相较浅，煤块呈凹凸状，西南极洲的埃尔斯沃思山区也有煤田出露。据统计，南极大陆冰盖下蕴藏的煤储量超过 5000 亿 t（朱建钢等，2005）。

根据南极洲存在大煤田的事实，可推测南极大陆曾一度位于温暖的低纬度地带，只有这样才能有茂密森林经地质作用而形成煤田，后来经过漂移，到达现今的位置。南极整个西部大陆架的石油和天然气资源都很丰富，主要分布在南极大陆架和西南极大陆。据调查，罗斯海、威德尔海、别林斯高晋海陆架区和普里兹湾海区是石油和天然气资源潜力最大的区域。南极地区的石油储量为 500 亿～1000 亿桶，天然气储量为 30000 亿～50000 亿 m^3（朱建钢等，2005）。查尔斯王子山发现巨大铁矿带，乔治五世海岸蕴藏有锡、铅、锑、钼、锌、铜等，南极半岛中央部分有锰和铜矿，沿海的阿斯普兰岛有镍、钴、铬等矿，桑威奇岛和埃里伯斯火山储有硫黄。铁矿储存于东南极的恩德比地到威尔克斯地之间的地区，但最大的铁矿在查尔斯王子山脉，其范围绵延数十千米。

在生物资源方面，北极海域地处寒、暖流交汇处，其海洋生物相当丰富，靠近陆地的地区较多，越深入北冰洋则越少。邻近大西洋边缘地区有范围辽阔的渔区、遍布繁茂的藻类（绿藻、褐藻和红藻）。巴伦支海、挪威海和格陵兰海都属世界著名的渔场。由于全球变暖，冰盖随着温度的上升和气候的变化可能发生融化，北极海域可能会出现新的渔场。海洋里有白熊、海象、海豹、鲸、鲱和鳕等。苔原中多皮毛贵重的雪兔和北极狐，此外还有驯鹿、极犬和麝牛等。而在气候严寒的南极洲地区，植物难于生长，偶尔能见到一些苔藓和地衣等植物。但南极洲是一个野生大陆，野生动物保持了很好的多样性。大部分南极野生动物主要生活在周边海洋，它们大多以海洋生物为食。小螨虫和跳虫是唯一真正生活在南极洲周围绿洲上的动物。南极鸟类众多，在南极洲分布广泛，主要包括信天翁、燕鸥、海鸥、司库斯鸟和海燕等。企鹅是南极洲的特有物种，共有 7 种：阿德利企鹅、下颚带企鹅、帝王企鹅、巴布亚企鹅、国王企鹅、帝凤冠企鹅。南极周围温暖的上升气流使它成为海洋动物的避风港，因此，南极鲸鱼和海豹数量众多，并存在（无耳）海豹和海狗。鲸鱼在南极洲很常见，由于过去几十年来一直被捕猎，几乎濒临灭绝。南极洲腹地几乎是一片不毛之地，尽管《南极条约》使得一些物种得以恢复，但部分物种仍然十分脆弱。

5.1.3　旅游资源

在北极圈内外生活着约 700 万的土著民族——因纽特人，他们属黄色人种。北极地区地广人稀，因纽特人居住地较为分散，其地区文化差异显著。独有的民族特性为冰冻圈旅游开发奠定了坚实的文化基础。在北极点附近，每年有近 6 个月是无昼的黑夜（10月至翌年 3 月），这时高空有光彩夺目的极光出现，一般呈带状、弧状、幕状或放射状，在 70°N 附近常见，其余半年是无夜的白昼，这是北极独特的旅游资源。

随着现代交通工具和通信技术的发达与完善，南大洋风暴与海冰的险恶不再成为人们不可逾越的障碍。自 1957 年首度记载南极商业旅游至今，全世界已有 94000 多名旅游者登临南极，除了国家支持的考察活动之外，越来越多的非政府组织的团体甚至私人组队赴南极地区进行各类探险旅游活动，其中以商业旅游开发最为活跃、规模也最大。据近 30 年的数据统计，南极旅游业呈快速增长趋势。1980～1981 年旅游人数为 780 人，1986～1987 年猛增 1 倍，人数约 1500 人；1990～1991 年跳跃式上升至 4840 人。1991

年 8 月，美国、英国、新西兰和澳大利亚等 7 个全球旅游经营团体成立了国际南极旅游组织协会（IAATO），并获得了经营许可证。在过去的十几年中，IAATO 每年将大量游客运送到南极，为海、空及陆地游览提供一系列的导游服务。南极旅游业模式也从各国经营者的各自为战，逐步走向多国合作，并形成了一定的国际规模。据 IAATO 官方网站的数据统计，1994～2017 年南极旅游人数如图 5.6 所示。

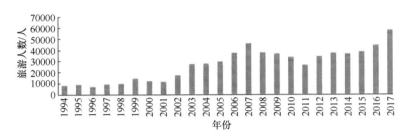

图 5.6   南极旅游人数增长图（张振振等，2019）

5.2   北极冰冻圈与气候环境变化

5.2.1   北极冰冻圈要素

北极基本上是一个被欧亚大陆、北美大陆和格陵兰包围的冰雪覆盖的海洋和陆地，冰冻圈要素广泛分布（图 5.7）。北极冰冻圈总面积 $21.44\times10^6\sim49.54\times10^6$ km²，各要素具体面积见表 5.1。其中，多年冻土面积约 13.1×10^6 km²，约占北极冰冻圈的一半；积雪和海冰面积的季节和年际变化较大，是北极冰冻圈的重要组成部分；北极发育了全球 62.5% 的冰川。极地冰冻圈是受气候变化影响最严重和最快的地区之一，被称为"全球气候变化的晴雨表"。随着全球变暖及北极在高纬度地区的放大效应，极地正在经历前所未有的变化。北极的海冰正在以前所未有的速度减少和变薄，多年冻土正在融化，冰川和极地冰原的面积和物质量正在加速减少，海洋温度正在上升。这些变化正开始对北极的陆地环境、生态系统和人类社会产生巨大影响。

北极海冰存在显著的季节和年际变化。在冬季，北极海冰最大范围达到 15×10^6 km²，而在夏季最小只有 6×10^6 km² 左右。北极海冰从 6 月开始逐渐融化，8 月底、9 月初达到最小覆盖率，为 70% 左右。随着夜间的延长，海冰迅速封冻，其覆盖率急剧增大，至 10 月达到 90% 以上，进入冬季之后，海冰覆盖率趋于稳定，海冰厚度迅速增大，在翌年 3 月底、4 月初，海冰达到最大厚度。近 30 年间，全球变暖，使北极海冰覆盖范围逐年递减，厚度变薄。北冰洋中心地带的多年海冰在近 20 年内，厚度由 3.1m 减小至 1.8m。积雪厚度随季节和纬度的变化而变化，每年 9 月至翌年 4 月为主要积累期，5～8 月消融由南向北递推。7 月中旬至 8 月中旬积雪消融殆尽，相对于降雪的缓慢积累，消融显得快速。在接近北极的高纬度区域（如西伯利亚、加拿大北部和阿

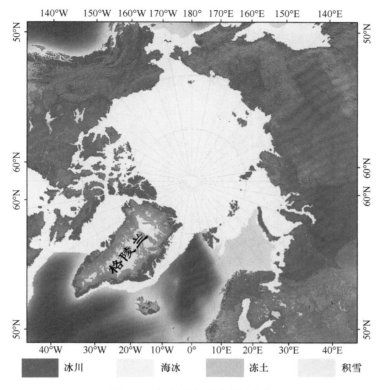

图 5.7　全球冰冻圈要素的分布

表 5.1　北极地区各冰冻圈要素面积占全球的比例

冰冻圈要素	全球总面积/10^6 km^2	北极地区的冰冻圈要素面积/10^6 km^2	北极地区冰冻圈要素占比/%
冰川	0.71	0.44	62.5
多年冻土	22.8	13.1	57.5
积雪	3.9~46.5	1.9~21	45~49
海冰	9~33	6~15	45~67

拉斯加等），积雪时间达 26 周以上。平均雪深在北冰洋中心海域 5 月达到最大，在 25cm 以下。

　　冰川和冰盖是极地景观的主要组成部分。美国雪冰数据中心（NSIDC，http：//glims. colorado.edu/glacierdata）最新的全球陆地冰测量（GLIMS）数据库列出了大约 20 万条冰川，总面积约为 0.75×10^6 km^2。北极冰川和冰盖约 0.425×10^6 km^2，主要分布在加拿大北极群岛（约 0.15×10^6 km^2）、格陵兰冰原周围（约 0.089×10^6 km^2）、斯瓦尔巴群岛、新地岛和法兰士约瑟夫地群岛（约 0.085×10^6 km^2）和美国阿拉斯加（约 0.087×10^6 km^2）。北冰洋冰山的来源包括格陵兰冰盖、加拿大北极地区、挪威斯瓦尔巴群岛和俄罗斯北极地区的冰架崩解。冰架崩解在阿拉斯加地区频繁出现。北冰洋的冰山分布中最突出的是大西洋西北部，因为这一区域是全球冰山分布与跨洋运输线的唯一相交地带。

　　北极地区还发育有大量的多年冻土，其主要分布在欧亚大陆北部、加拿大北部、阿拉斯加以及格陵兰岛等。与青藏高原多年冻土不同的是，北极地区多年冻土多为富冰冻土或饱冰冻土，冻土温度低，活动层厚度浅。这里的多年冻土区储存了大量的有机碳，包括富冰黄土区和河流三角洲的深层土壤在内，环北极地区碳储量为1330～1580Pg，约为大气中碳储量（770Pg）的两倍。

5.2.2　北极冰冻圈变化及其影响

1. 冰川快速消融

　　物质平衡是冰川观测研究中的重要指标，指单位时间内冰川上以固态降水形式为主的物质收入和以冰川消融为主的物质支出的代数和。对北极地区观测序列较长的23条山地冰川物质平衡进行分析发现（图5.8），1960～2016年，多年平均物质平衡为-278mm，累积物质平衡为-12.72mm，年物质平衡整体呈下降趋势，约为-4.79mm/10a。就不同地区的冰川物质平衡来看，阿拉斯加地区的冰川年物质平衡达到-453mm，斯瓦尔巴群岛的年物质平衡为-343mm，而加拿大北极和斯堪的纳维亚北部的年物质平衡分别为-250mm和-264mm。艾松涛等（2013）使用中国科考队2009年在Pedersenbreen冰川的考察数据，并结合地形图，分析了Pedersenbreen冰川自1936年、1990～2009年的变化，结果表明，该冰川自20世纪初小冰期结束以后经历了一个明显的退缩，冰舌退缩幅度达到0.6km，体积减小了近13%，且近20年呈现加速消融的趋势（何海迪，2018）。

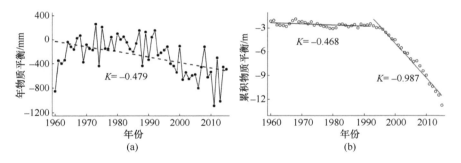

图5.8　北极地区冰川物质平衡与累积物质平衡变化（何海迪，2018）

　　平衡线高度呈升高趋势，秋季和冬季的增温是北极地区冰川物质亏损的主要原因。北大西洋暖流对北极圈地区的增温作用尤为显著，1月平均气温比同纬度的亚洲海岸地区高出15～20℃，导致斯瓦尔巴地区的冰川在冬季的积累对年物质平衡的影响较小，而夏季强烈的消融使得冰川物质向负平衡发展（何海迪等，2017）。冰川的快速消融对区域水资源和水循环过程有着显著的影响。值得注意的是，在冰川消融过程中，原冰层中黑碳和粉尘等杂质会存留在冰川表面并富集，导致冰面反照率降低，冰川将吸收更多的太阳辐射，进一步加强冰川的消融过程（王宁练等，2015）。

2. 多年冻土退化，碳循环过程改变

北半球现存多年冻土面积为 13.9×10^6 km^2（图 5.9）（Obu et al., 2019）。近年来，多年冻土退化逐渐加剧，主要表现在活动层厚度呈现逐渐增大趋势，多年冻土面积缩减和厚度减薄，多年冻土区的地温不断增加（Yi et al., 2019）。多年冻土地温一般是指年变化深度处的温度（zero annual amplitude），即多年冻土层中一年内温度保持相对不变，而在这个深度以上的地温则随时间变化而明显增加。2007～2016 年，连续多年冻土区地温增加了 0.39±0.15℃，不连续多年冻土区地温增加了 0.20±0.10℃。山地多年冻土区地温增加了 0.19±0.05℃，南极多年冻土区地温增加了 0.37±0.10℃，全球多年冻土区平均地温增加了 0.29±0.12℃。除了陆地多年冻土出现退化外，海岸和海底多年冻土也表现出退化迹象。夏季气温的升高引起大量的海岸带富冰多年冻土融化，海岸呈现退缩的趋势，2010～2013 年 Muostakh 岛的平均退缩速率达到–3.4±2.7m/a；在过去 62 年，这种热侵蚀导致岛屿面积减小了 0.9km^2（Günther et al., 2015）。海底多年冻土的温度较其他类型的冻土高，并且也呈退化趋势，其主要分布于阿拉斯加、西伯利亚和加拿大北极的大陆架中，特别是在喀拉海、拉普捷夫海和阿拉斯加的波弗特海广泛分布，未来海底多年冻土的退化可能会更加显著（Osterkamp, 2001; Shakhova et al., 2010）。在降水增加和地下冰融化的双重影响下，北极多年冻土区的池塘和湖泊扩张显著，据统计，当前整个北极多年冻土区池塘和湖泊的水域面积达到 1.4×10^6 km^2（Muster et al., 2017）。

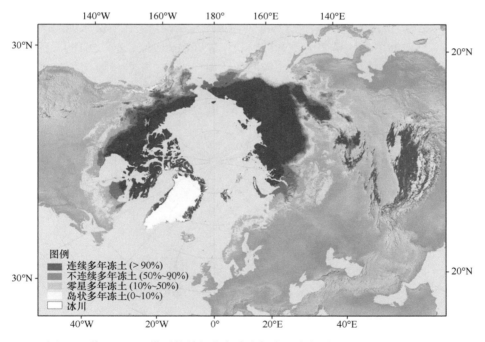

图 5.9　基于 TTOP 模型的最新北半球多年冻土分布图（Obu et al., 2019）

多年冻土中的碳储量接近当前大气碳储量的两倍。研究表明，北极多年冻土区地表至地下 1m 深度范围内的碳储量为 472±27 Pg C，地表至 3m 深度区间的碳储量为 1035±150

Pg C（Hugelius et al.，2014）。伴随着全年变暖，北极多年冻土退化导致储存在冻土内部的大量碳被分解和释放。气候变化带来的环境效应很可能形成"冻土碳—气候变暖"的正反馈效应，即变暖促进多年冻土碳的分解释放，多年冻土碳释放形成温室气体又加速全球变暖。

冻土内部的微生物群落在土壤碳循环过程中发挥着重要作用，研究发现，北极多年冻土活动层土壤的呼吸速率显著高于下部的多年冻土，并且土壤微生物组分存在显著的空间差异，随着多年冻土的退化，功能微生物可能会经历定向演替，并进一步促进北极多年冻土的碳源效应（张慧敏等，2017）。此外，北极周边海岸带的侵蚀也会使大量土壤有机碳进入水体，并分解释放大量温室气体。

3. 海冰缩减，航道通行条件改善

自 20 世纪 70 年代开始有卫星遥感资料起，记录到的北极海冰呈现逐年减少的趋势，并且这种变化程度明显强于其他冰冻圈要素的变化，主要表现在厚度减薄、多年冰减少、冰速增加、季节冰区增加和冰强度减弱等方面。与以季节性变化为主导的南极海冰不同，北极海冰的变化更为复杂。

近几十年北极海冰减小的速率和幅度刷新了过去 1450 年的历史水平（Kinnard et al.，2011）。自 2000 年以来，北极地区夏季海冰的范围缩减已超过 $2\times10^6\,km^2$，拉普捷夫海和喀拉海等部分海域的无冰状态时间逐渐增加（Polyakov et al.，2017）。自 1979 年以来，北极地区冬季海冰的缩减速率为 2.7%/10a，夏季海冰的缩减速率达到了 12%/10a（Walsh et al.，2016）。在过去的 30 年，北极地区冬季海冰厚度至少减薄了 1.75m（Kwok and Rothrock，2009），更多稳定的多年冰转变成季节性的一年冰（Bushuk et al.，2016）（图 5.10）。海冰的反照率最高能达到 0.9，而开阔海域的反照率仅为 0.1 左右，因此当海冰消失之后，夏季海洋将会吸收更多的热量，并在秋、冬季节释放到大气中，使得气温升高，气温升高又会加速海冰的消融，从而形成海冰–反照率正反馈机制，这一机制被认为是"北极放大效应"的关键驱动因子（武丰民等，2019）。

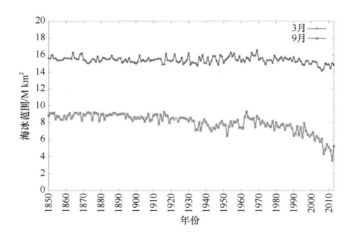

图 5.10　基于观测值重建的 1850～2013 年泛北极海冰范围长期变化（Walsh et al.，2016）

除气温上升促使海冰融化之外，吸光性物质也会加速北极海冰的消融。当生物质和化石燃料不充分燃烧时，会产生吸光性很强的黑碳等产物，它们进入大气中之后，会通过以湿沉降为主、干沉降为辅的方式附着在地表，从而改变冰面原有的反照率，吸收更多的太阳辐射，加速冰雪的消融（Dou and Xiao，2016）。观测到的北极地区海冰中黑碳浓度整体较同期中低纬度地区的低，其中，俄罗斯>阿拉斯加和加拿大>北冰洋>斯瓦尔巴群岛>格陵兰；在春季，北极海冰黑碳浓度随纬度增加而降低。此外，北极的快速变暖使得降水相态出现了变化，液态降水的比重逐渐增加。降落在海冰表面的液态雨水会挟带更多的能量，促进海冰的消融（Dou et al.，2019）。当出现降雨事件时，海冰表面积雪的消融时间仅为 1～2 周，若无降雨事件，消融时间可达 2 月左右。降雨事件发生的时间和强度可影响海冰消融的初始时间、消融速率和程度。

海运是目前世界上最为便捷和廉价的国际贸易运输方式，具有占地少、污染轻、能耗低、运量大和成本低等优势。北极地区具有很高的航运价值：北冰洋以北极为中心，被欧亚大陆和北美大陆环抱，是亚洲、欧洲、北美洲三大洲的顶点，有联系三大洲的最短航线，这使得北极地区还有着十分重要的航运价值（图 5.11）。北极航道是指穿过北冰洋、连接大西洋和太平洋的海上航道。截至 2012 年，北极有两条航道，分别是大部分航段位于俄罗斯北部沿海的"东北航道"，以及大部分航段位于加拿大北极群岛水域的"西北航道"。西北航道和东北航道的具体情况见表 5.2。

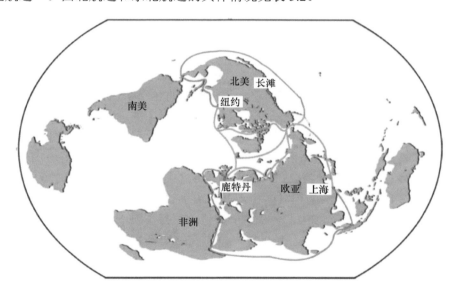

图 5.11　传统航线与北极航道所构成的北美和欧亚大陆海上交通路线（张侠等，2016）

表 5.2　西北航道和东北航道基本情况比较

基本情况	西北航道	东北航道
自然条件	地形复杂，大部分时间处于封冻状态	环境简单，通航期为 2～3 个月
航道长度	6400 海里	5620 海里
沿途所经国家	丹麦（格陵兰岛）、加拿大、美国	俄罗斯、芬兰、挪威、冰岛、瑞典
安全保障	缺乏安全保障	一些重要航段具有较高的安全保障
主要连通地区	北美东部沿海港口	北欧到东北亚和北美大陆西北部

　　北极航道特殊的地理位置、多变的沿岸冰情环境、复杂的气象和水文条件，使得当前仅在夏季才具备通航条件（庞小平等，2017）。当前，北极地区每年可通航的时间为3～4个月。然而，北极海冰的快速消融（范围减小、厚度减薄）将显著改变北极航道的通行状况，可通航区域逐步扩大。据 IPCC 预测，2070 年北极地区夏季将开始进入无冰时代，然而北极海冰的实际变化速率远快于这一预测数值，相关研究预测表明，随着全球气候变暖，在 RCP8.5 排放情景下，北极海冰在 2040 年夏天有可能完全融化，到时在北极将常年通航。一旦这两条北极航道常年开通，将成为联系东北亚和西欧、联系北美洲东西海岸的最短航线，可以节约大约 40%的海上运输成本，带来巨大的经济效益。与巴拿马运河航线相比，走西北航道能使北美西海岸与亚洲之间的航程缩短 6500km。例如，日本的集装箱从横滨到荷兰的鹿特丹港，经非洲的好望角需要航行 29 天，若经新加坡的马六甲海峡、经苏伊士运河需要 22 天，但如果同样的船舶采用北极航道，则仅需 15 天就可以到达。届时，北极航道可能成为苏伊士运河和巴拿马运河的替代选择，可减轻日益严重的拥堵、摆脱吨位限制、避开日益猖獗的索马里海盗的威胁。北极航道的开通将形成一个囊括俄罗斯、北美、欧洲和东亚的环北极经济圈，这将深刻影响世界经济、贸易和地缘政治格局。开辟和利用北极航道不仅对我国建设海洋强国、推进"冰上丝绸之路"建设会产生重大而深远的影响，而且也是当今经济全球化、政治多极化和气候变化趋势下出现的重大机遇，具备很好的战略价值（张侠等，2016）。

4. 积雪消融加快，相关灾害与环境挑战加剧

　　当前，北极地区积雪的初始日期在逐渐推迟，而融化日期在逐渐提前，使得积雪期以每十年 3～5 天的速率逐渐缩短（Derksen et al.，2015）。更暖的北极使得在冬季逐渐出现更多的积雪消融事件，研究发现，整个北极地区的冬季平均积雪消融时间不足一周，冬季积雪消融事件频发的地区主要分布在加拿大魁北克中部、阿拉斯加南部和斯堪的纳维亚等相对温暖的地区（Wang et al.，2016a，2016b）。北极地区雪崩事件的发生频率也在逐渐增加，其直接威胁到当地居民的生命财产安全。研究发现，积雪内部会吸收一定量的污染物，永久积雪的消融将会对流域及下游水生生态系统造成一定的污染（Douglas et al.，2012），阿拉斯加北部的积雪区相当于一个小的 Hg 库，一部分 Hg 会随积雪融水进入径流系统（Agnan et al.，2018）。积雪的变化会直接影响淡水的冻结和融化，引起冬眠结束的生物体生存状况与实际环境的不匹配，与冰雪消融相关的生物物候也会遭受显著的影响。北极地区陆地积雪的显著减少会进一步增强"北极放大效应"（Matsumura et al.，2014）。北极变暖增强了非季节融化的潜力，使积雪消融提前和雪上降雨（rain on snow，ROS）等极端事件显著增多（图 5.12），这些变化将会显著影响北极的生态系统和社会生产、生活活动（Meltofte，2013；Cooper，2014；Hansen et al.，2014）。然而，受严酷的环境、极夜和风吹雪的影响，对北极地区的积雪范围、厚度和相关要素的监测仍存在很大挑战，使用有限的积雪监测点对于认识整个北极地区的积雪变化机制存在一定的局限性。

(a)　　　　　　　　　　　　　　　(b)

图 5.12　ROS 事件造成亚马尔半岛地面植物被冰层冻结（a）及加拿大南安普敦岛的灰斑鸻捕食和繁殖
受到影响（b）（Bokhorst et al.，2016）

5.2.3　北极冰冻圈变化与人类活动和可持续发展

1. 对资源开发和社会经济发展的影响

1）资源开发利用

北极地区资源储备极为丰富。在矿产资源方面，北极地区煤炭和铁矿资源储量丰富、质地优良。以煤炭资源为例，阿拉斯加煤炭储量占全球的 9%，而西伯利亚煤炭储量甚至超过阿拉斯加。在生物资源方面，北极地区拥有相对丰富的海洋渔业资源，区域内年均海洋捕捞量约占全球的 25%。在绿色能源方面，北极地区拥有开发潜力达 1000 亿 kW 的风能资源以及丰富的可燃冰，其对于推动全球绿色能源发展具有重要的战略意义。此外，北极地区是全球重要的油气资源储地，其内陆和周缘陆架上发育有 20 多个含油气盆地。在过去 75 年间，北极圈地区已发现约 450 个油气田，已探明的常规石油和天然气储量分别占到全球的 2.5% 和 15.5%。

北极变暖和冰冻圈萎缩可显著推动北极资源的开发进程。一方面，北极变暖能大幅降低北极资源开发成本和难度，从而有利于矿产资源的开发和经济活动的展开。另一方面，北极海冰的大范围缩减将有利于北极航道的顺利通航，有助于缩短亚洲到欧洲、亚洲到美洲以及美洲到欧洲的航运距离。一旦货运距离大幅缩减，北极地区矿产资源的运输量将显著增长。此外，北极变暖可对渔业资源产生一定的积极影响。气候变暖将改变鱼类的活动范围、种类和数量，部分鱼类向高纬度地区迁移将使北极地区的渔业资源更加丰富。

北极变暖也可加剧资源开发的负效应。一方面，北极地区属于典型生态脆弱型地区，过度的资源开发极易对环境造成直接或间接的污染和破坏，包括水土流失、环境污染、噪声污染和生物多样性丧失等问题。当地资源在运输过程中也极易发生原油泄漏，甚至带来物种入侵威胁，进而导致北极地区生态安全面临挑战。另一方面，气候变暖将影响北极地区生态系统稳定性并破坏原有的生态链与食物链，当地冷水鱼类将面临种类种群数量下降、栖息范围缩小等风险。因此，在上述负面形势的影响下，维持甚至加大捕捞力度将导致北极地区渔业资源受损加剧。

　　同时,北极变暖有可能进一步改变全球能源供需格局。根据美国地质调查局的评估,北极地区是可与中东相媲美的世界级油气资源战略储备仓库,其中俄罗斯和挪威等国家均为世界重要的原油、天然气和煤炭等基础能源出口大国。若北极变暖导致冰川融化,将使该地区油气、矿产资源的开发利用成为可能。

　　2)经济发展

　　北极地区人均经济发展水平位居全球前列。根据联合国开发计划署(UNDP)发布的《2010 年人类发展报告》可知,北极八国中有 7 个国家(含格陵兰所属的丹麦)被列入人类极高发展水平国家。与此同时,美国、加拿大和俄罗斯均为八国集团(G8)成员国。北极八国(地区)人均 GDP 较高且保持了良好的增长势头。除俄罗斯外,其他国家(地区)人均 GDP 均远超全球平均水平,特别是挪威凭借丰富的石油资源,其人均 GDP 曾一度超过 10 万美元。另外,得益于稀少的人口和丰富的油矿资源,美国、加拿大和俄罗斯各北极行政区域人均 GDP 普遍超过各自国家的平均水平。

　　由于近 150 年来北极地区温度上升幅度达到全球平均升温幅度的 2～3 倍,北极航道有望全面开通,进而对经济发展产生积极影响。这对重塑全球海运格局、推动全球海运重心北移具有重要意义。由于北半球国际海运规模处于快速增长阶段,北极航道一旦开通,将分散一部分原有航道的贸易货物,降低原有全球航运线路的分量和地位,航线所在国的影响力和地位也将随之降低。倘若全球中部航运地位下降,而北极地区航运地位提升,将导致世界贸易重心北移。对于全球经济而言,北极变暖不仅会降低国际贸易的海运成本,还将导致国际分工和产业布局发生变化。目前,欧洲、美洲和亚洲东部沿海地区聚集着规模庞大的加工贸易型经济和能源消费市场,但部分地区资源和能源保障极为脆弱,导致经济发展和转型受到制约。北极航道开通将使上述地区更加靠近原材料产地和能源供应地,从而有望改变既有国际分工格局。与此同时,北极航道开通也将对中国沿海地区的经济格局产生影响,特别是对东北地区的意义尤为直接和深远。

　　3)产业结构

　　北极地区第一产业比重偏高,主要包括矿业、油气开采和提炼业等资源型产业。其中,俄罗斯资源依赖特征极为显著,13 个北极行政区均以石油、天然气能源开采、采矿和木材加工业为主导产业,并有 12 个北极行政区的第一产业占 GDP 的比重达到 30%～72%。此外,加拿大北极地区和美国阿拉斯加州也以石油、天然气开采和提炼、采矿为支柱产业,但由于公共服务业占有相当比重,故第一产业仅占 GDP 的 15%～30%。仅挪威、丹麦和瑞典等北欧国家部分行政区和加拿大育空地区公共服务业占比较高,这主要源于中央政府的财政转移支付。另外,北欧北极地区也分布有部分油气资源,其中挪威海已有多处海上油田得到开采。综合来看,以资源型产业为主导的畸形产业结构,导致北极地区产业系统脆弱性显著。

　　气候变暖有利于新兴产业的进入,进而可以优化北极地区的产业结构。具体而言,气候变暖将促进北极地区通航条件改善和区域发展,为贸易、金融、信息等第三产业和新兴产业的发展创造良好条件。此外，随着北极地区与世界市场的融合，旅游业与电子信息产业等也有望兴起和发展。届时，北极地区第一产业比重将会下降，而第二、第三产业比重则会增加，进而实现产业多元化发展。另外，气候变暖将改变海陆的原有水热状况，进而影响北极地区的产业发展环境。在渔业方面，气候变暖会导致部分鱼类种群丧失栖息地，但某些鱼类种群则会获得更好的生存条件，甚至某些次北极鱼类种群可能迁移至此栖居。气候变暖对于渔业的影响需要从不同行为体、不同区域的角度进行具体分析，如有观点认为融冰对于新渔区开发起着促进作用；也有观点认为，由于潜在的渔业捕捞只限于深海区，与现有的渔业需求不符，因而不应对渔业发展存有较高期望。由此可知，气候变化下，生态系统内部复杂微妙的互动性导致北极地区渔业发展具有不确定性。在交通等基础设施方面，气候变暖会导致冻土融化，从而影响现有的基础设施和未来的设计规划，进而影响产业空间布局。

气候变暖给北极地区产业结构转型带来了机遇，北极各国亟须把握新技术、新要素输入的契机，实现产业结构的绿色转型。由于产业发展带来的环境问题具有溢出性和跨国性的特征，北极各国亟须将产业与环境作为一个整体来实现区域共同治理。为此，北极各国必须建立新型全球伙伴关系，构建北极地区绿色经济共同体。这种新型伙伴关系包含产业发展与生态保护两个方面，即不仅要推动各国在产业方面的合作，还要推动各国在维护、恢复地球生态环境方面的合作。构建绿色经济共同体，强调的是从整体优化，协调共同体内部各成员之间的产业发展差距，形成区域产业有机体，并进一步提升各成员的劳动生产力和经济效益，进而促进本国产业与市场的协调以及新产业的涌现等。

4）旅游业发展

北极地区具有丰富、独特的极地旅游资源，即北极旅游业的核心竞争要素，这促使其与南极地区并列为全球两大极地旅游中心。近年来，北极地区旅游业正迎来快速发展时期，旅游热度持续不减，并逐步成为国际重要的旅游目的地。以北欧五国为例，1995年入境旅游人数约为928万人，而2015年入境旅游人数是1995年的4.8倍。恶劣的自然环境和滞后的交通设施增加了北极地区的旅游成本，导致游客花费较大。与消费高昂相对应的是，北极旅游客源呈现高端化，并以高收入阶层为主。乘船旅游是北极旅游的一大特色，北极旅游以海上旅游为主、陆路游和空中游为补充，呈现多元化态势。

北极气候和环境变化可为旅游业创造良好的政治和经济效益。在经济效益方面，一是削弱极端气候限制，扩大全年旅游时长。随着北极气候逐渐变暖，北极地区全年旅游时长有望延长，旅游成本也将降至更低水平，从而推动北极地区跃居为国际重要旅游目的地之一，摆脱小众化对未来旅游业壮大的制约。二是吸引更多旅游投资，增强旅游盈利能力。气候变暖为北极地区投资热潮的出现提供了重要机遇，北极旅游业将迎来更广阔的发展前景。目前，已有部分国家提高了对北极地区旅游业投资强度，并动工了一批涉及旅游服务设施等的基建项目，如俄罗斯计划将摩尔曼斯克打造成为北极旅游中心。在政治效益方面，扩大北极与非北极国家交流，推动旅游外交进程。旅游是实现跨国交往的一个有力平台，北极地区可以通过跨国旅游活动，推动北极国家与非北极国家间的民间交往乃至政治交流。

2. 对自然环境和原住民生产、生活方式的影响

北极地区的冰冻圈变化对自然环境直接和潜在的影响有以下几方面：随着气候变暖，大片多年冻土将会融化，依赖于湿地的主要物种将会变动；植物群落北移，增加植被碳汇功能，而湿地变暖和多年冻土融化又会增加甲烷等温室气体的排放；海冰不断融化，海平面高度将进一步上升，由于逐渐增加的海浪作用以及缺少冰山对海浪的缓冲作用，沿海岸线地区文化遗迹将面临严重的海水侵蚀危机。目前，只适应北极气候的原始森林中的物种正处于危险之中，依赖海冰生存的某些海洋生物可能减少，或者面临灭绝；紫外线辐射水平提高，对动植物以及人类活动都会造成影响。

北极地区土著居民世代生活在冰雪世界里，由此发展成世界上独特的极地文化，他们独特的衣、食、住和行为人类适应寒冷恶劣的自然环境提供了宝贵的经验和依据。因此，北极地区冰冻圈的变化会对原住民的社会生活方式产生影响，最突出的是人类的健康、食品安全以及某些文化的传承将面临严峻挑战。对许多依靠猎杀北极熊、海象、海豹和驯鹿、打鱼过着群居生活的土著居民来说，食品安全受到严重威胁，海冰减少使他们赖以生存的动物减少甚至灭绝，虽然一些主要的海洋鱼类包括鲱鱼和鳕鱼产量会增多，但适应北极的淡水鱼类会大量减少和灭亡，而它们却是当地居民的主食，因此会严重影响当地的食物来源；土著居民面临传统食物短缺，进而严重影响当地的食物质量和经济来源，特别是冲击他们平均分配的文化传统。当前，北极当地居民可捕获的传统食物显著减少，使得他们不得不转向病鱼和干涸鱼卵等食用价值较为低劣的食物；而西方等外来食品的不断增加可能会增加患糖尿病、肥胖和心血管疾病的风险。多年冻土的融化将导致公共基础设施，特别是生活卫生设施被破坏，也会因地下水排放引发健康问题。海冰变薄还可能引发冰上安全通行事故。

受北极地区气候和环境变化的影响，近年来，北极原住民的生活方式发生了相应的变化。第一，狩猎活动是因纽特人生活的重要组成部分，商业性的狩猎为许多家庭提供了不菲的经济收入，而对于偏远地区的因纽特人而言，生存性的狩猎则是他们的衣食之源。一方面是环境变化导致北极野生动物在健康、习性、数量和分布上发生具体改变，另一方面是因纽特人现代化过程中不断更新器械装备。如今的因纽特青少年在接受了现代化教育后，已经较少从事传统经济行业，导致传统经济活动——狩猎只能在夹缝中求生存。第二，环境变化为北极地区丰富的矿产资源开发提供了便利，使得他们拥有了支配自己土地等自然资源的权力。矿业资源开发的主要优势在于显著促进 GDP 增长、直接和间接地增加税收、带动就业，深远的影响则包括提高居民劳动素质、推动基础设施建设、促进服务业等第三产业的发展。然而，气候和环境变化给经济活动带来的边际效益将随着资源的开发殆尽而对因纽特人造成无法估量的影响。第三，旅游业是因纽特民族的第二大产业，大量观光游客的涌入刺激了当地旅游业的发展，带来了丰厚的经济效益，显著提高了因纽特人的收入。

3. 对基础设施建设的影响

多年冻土退化会对北极工程设施造成较大危害，使工程风险逐渐增大。冻胀和融沉可以显著影响各类工程建筑物的性能。在许多情况下，为避免结构物遭受破坏，需要采取补救措施，新建筑物需要考虑气候变暖造成的影响，采取更深的桩基和更厚的保温层，这些措施都将大幅增加工程造价。部分重大工程设施正面临一定的风险，如俄罗斯北部许多重载、多层建筑物遭受结构破坏。交通运输和工业建筑物的结构破坏在俄罗斯北部也越发频繁，许多公路和铁路结构变形，许多机场跑道也面临工程稳定性问题。在过去30年来，受气候变暖的影响，每年冬季苔原地区的运输和旅行活动已由原来200天以上缩减至100天左右，这直接导致油气开发和提取设备的利用减少了近50%。诺曼韦尔斯输油管道在高含冰量冻土区出现了较大的沉降，沉降量可达50~100 cm，大幅度的沉降有可能造成管道破裂，而管道破裂还会引起石油对周边土地的污染，因此，对于输油管道工程来说，需要持续开展多年冻土温度和地表变形的监测和研究。

通往北极圈的美国道尔顿公路和加拿大戴姆斯特公路，由于修建时采用了砂砾路面，尽管来自工程的热影响相对较弱，但气候变化导致的冻土融化对公路稳定性也产生了一定的影响，大幅度增加了公路的维护费用。然而，由于多年冻土的融化，道尔顿公路出现了大量的冻融灾害事件，如大规模、慢速移动的热融滑塌，会导致潜在的工程风险。气候变暖情况下，热融滑塌事件发生的频率在过去七年增加了近40%，因此，亟待考虑采取补救措施以确保公路安全运行。在阿拉斯加的 Red Dog 矿区，多年冻土融化对矿渣边坡稳定性产生了较大影响，不得不修建尾矿坝和支挡结构物以提升边坡的稳定性。在加拿大的纳尼西维克铅锌矿，当时矿渣直接堆积在 West Twin 湖区，使得矿渣下部的多年冻土融化，并呈现一个大型的融区，而且影响临近矿渣的防护堤坝稳定性。为避免受矿渣污染的湖水渗漏，不得不修建防渗结构物，同时需要针对融区的快速发展、矿渣边坡稳定以及地表水质进行监测和评价。

在俄罗斯北极地区，很多城市的地基基础已经形成了 8~20m 的多年冻土融区，如雅库茨克被称为"正在融化的城市"，当地的机场正面临严重的融沉风险；与此同时，在众多油气田和苔原区，出现了大量的巨型天坑、落水洞和边坡失稳等冻土现象。很多工程设施乃至整个城镇基础设施沉降和失稳的现象已对正常的生产、环保等产生了重要影响。在欧洲和俄罗斯以及美国和加拿大北极地区，日益严重的热侵蚀和水土流失也引起了学者们的广泛关注。

除了内陆工程以外，北极冰冻圈变化还会对沿海基础设施建设产生重要影响。当前，北极海洋工程环境条件逐渐趋向优越，但海岸工程的形势依旧严峻，如俄罗斯北极航道上的航线标识、气象观测站、港口的设置明显滞后。虽然沿线 41 个港口对航运公司开放，但 40%的港口不具备完整功能，补给能力有限，沿岸的事故救援体系也处于起步阶段。为了迎接北极冰上丝绸之路，俄罗斯还开放了西伯利亚地区的杜丁卡港；俄罗斯、法国和中国联合在西伯利亚西北部的亚马尔半岛开发油气、兴建港口，将来还会吸引中国参与更多北极资源开发。

如果多年冻土活动层同水面接近，海洋波浪将给予外作用力，这时就会促成和加快活动层土壤的崩塌。另外，海平面的升高以及多年冻土升温、活动层加深的共同作用，缩短了海平面同多年冻土和活动层之间的距离。这些更容易引发海岸带波浪作用在软弱的活动层位置的破坏作用，海岸带掏蚀就会加剧。因此，在北极海洋工程和交通环境条件改善的同时，北极海岸过程的环境条件却变得不利。其中，最为严重的是海岸无冰期延长引发的波浪增加与海岸多年冻土退化引起的土壤强度降低之间的矛盾，这一矛盾增加了海岸工程的难度，最为明显的是北冰洋多年冻土海岸带在波浪作用下的岸边遭受侵蚀崩塌。

4. 对民俗宗教和语言的影响

北极地区的大部分居民加入了不同形式的基督教，并且根据基督教传入北极不同地区的时间差异性，不同地区居民信仰的教式也有所差异。其中，新教会占据着芬兰、挪威、瑞典、丹麦、冰岛、法罗群岛、格陵兰、阿拉斯加以及部分加拿大北部地区；东正教在俄属北极地区盛行不衰，并且在阿拉斯加和芬兰部分地区也有一定影响；天主教则在加拿大和阿拉斯加的部分地区较为盛行。少数宗教分布地大多抗气候影响能力低，一旦气候环境发生变化，将导致经济社会发展受阻，进一步推动居民向大城市迁移。而大城市由于受基督教与天主教等主流教派影响，对于外来宗教的接纳程度较低，这将对少数宗教永续发展造成更大的不利影响。

北极地区多元化语言特征明显，地区间文化差异较大。多元化语言是人类文化中重要的组成部分之一，也是文化得以流传的重要因素。语言不仅意味着传递信息，还会记录不同历史时期的专有词汇、传统文化以及表达出本土居民的世界观。北极地区拥有多元的语言文化，包括殖民主义和同化主义主导下引入的外来语言，也有大范围使用的土著语言以及拥有小规模人口的土著部落创造的小众语言，每一种语言都有自己独特的表达形式，这种独特的形式很大程度上反映了地区间的文化差异。

气候变暖加速了土著语言多样性的流失速度。随着 18 世纪、19 世纪欧美殖民扩张以及如今大量外来人口迁入，具有多元化特征的土著语言多样性大大下降。目前，40 多种原有土著语言的保存现状具有较大差异，其中部分语言使用人数大幅下降，如 Yukaghir、阿留申语以及部分阿萨巴斯卡语。部分语言的使用频率依然较高，如北萨米语、Tundra Nnets、Sakha、楚科奇语、Yupik、Slavey 等，其中冰岛语和法罗群岛语在当地的使用频率达到了 100%。尽管如此，根据相关统计资料，北极地区已经成为全球语言损失最严重的区域之一。从阿拉斯加本土语言使用人数比例研究报告可以看出，2007 年本土语言使用人数比例相比 1997 年均呈现下降趋势，甚至阿拉斯加本土语言中使用最广的 Siberian Yupik 和 Central Yup'ik 语也出现了下降趋势。

5.3 南极冰冻圈与气候环境变化

5.3.1 南极冰冻圈要素

南极冰川由大陆冰盖、冰架和周边岛屿的冰川构成，总面积约 13.6×10^6 km²，占全球冰川总面积的 85.3%；冰体总储量约 27.5×10^6 km³，占全球冰川总储量的 90.7%。据估算，南极冰川如果全部融化，对海平面上升的贡献量接近 60m。

南极冰盖是覆盖在南极大陆地表的巨厚冰体，占南极大陆冰川总面积的 88%，占南极大陆冰储量的 97%。一般将南极冰盖划分为东南极冰盖、西南极冰盖和南极半岛冰盖3 个部分。东南极冰盖面积最大（占 85.4%），冰体最厚可达 4776m。南极冰架是指与冰盖相连但底部脱离大陆支撑并延伸到海上的大面积冰体部分。据统计，南极冰架总面积约 1.54×10^6 km^2，占南极冰川总面积的 11.3%。图 5.13 展示了主要冰架的分布及其面积，最大的冰架为罗斯冰架（472960 km^2）。此外，南极周边岛屿由于具有相对充沛的降水和冷储，多数发育有现代冰川，冰川总面积达 25500 km^2。南极岛屿冰川以冰帽、溢出型山谷冰川为主，其中普尔古阿帕岛、阿德莱德岛、巴利米尔群岛、南设得兰群岛、杰姆罗斯岛和南乔治亚岛冰川最为发育。冰帽是呈放射状向四周流动的穹形冰川，通常面积小于5000 km^2。溢出型山谷冰川是从大陆冰盖或冰帽流出的冰川，其流域轮廓不甚清晰。

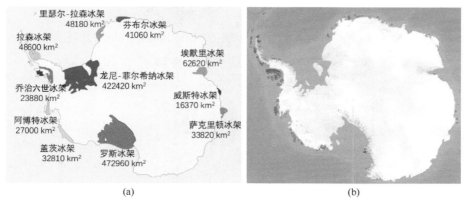

图 5.13　南极大陆冰盖、冰架（a）（改绘自维基百科）及周边冰川（据 RGI-6.0）分布图（b）

　　南极冰川的物质平衡过程与山地冰川不同，甚至和北极地区的格陵兰冰盖也存在显著差异。南极地区异常干旱，年平均降水量不足 50mm，导致冰川积累率非常低。然而，南极大陆自身的极寒气候特征以及受周边寒冷洋流的影响，导致即使在夏季，冰川表面消融过程也异常缓慢，四周沿海地区的冰川消融速率也较低。相对而言，底部消融、冰盖边缘的冰流输送以及冰架崩解成为南极冰川物质亏损的主要过程。冰流在冰川物质平衡中扮演重要角色，90%以上的冰量物质损失是通过这些快速的冰流传输到海洋并最终崩解或融化的。南极冰流速度的空间分布如图 5.14 所示，冰盖边缘的冰流速度非常快，平均流速为 500～1000m/a。虽然这些冰流的位置和动态过程无明显的空间分布规律，但研究发现大部分冰流上浮于较软的冰床之上，底碛形变对冰流运动具有重要的促进作用。大部分冰流运动速度较快，但也发现有冰流停滞的现象，如位于西南极的 Kamb 冰流就在 150 年前，其速度迅速减缓并转为静止状态。

　　南极冰盖面积庞大，基于冰川学方法直接监测其物质平衡变化几乎不可能，遥感手段成为研究南极冰川物质平衡的首要方法。利用激光测高和重力卫星反演的南极冰盖物质平衡结果显示，南极冰盖物质平衡总体上呈较弱的负平衡状态，近年来负平衡过程有缓慢加剧趋势，尤其是 2005 年左右以来，西南极地区冰川物质平衡表现出相对显著的物质亏损速率（图 5.15）。

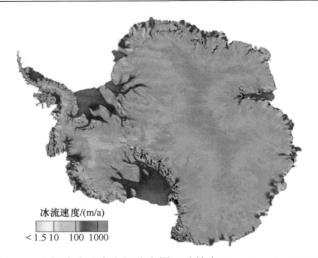

图 5.14 南极冰流速度空间分布图（改绘自 Rignot et al.，2011）

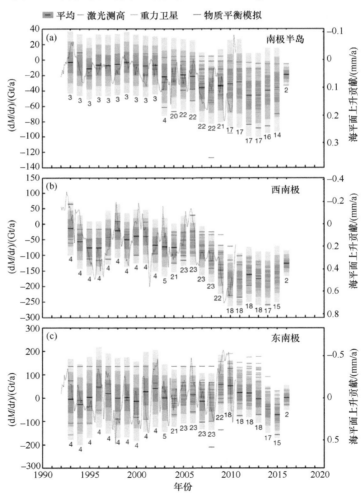

图 5.15 不同手段获取的南极各区冰盖物质平衡变化时间序列（改绘自 Shepherd et al.，2018）

　　尽管针对南极地区的冰川积累、冰川流速、冰面和冰下融化以及冰流通量开展了大量的遥感定量研究，但是对冰盖整体物质平衡进行估算仍然存在较大的不确定性（20%）。但最近几十年来，观测到一些南极冰流的输送速率发生了明显变化，这在某种程度上反映了南极冰盖物质平衡的改变。冰盖对气候变化的响应过程远慢于山地冰川，冰盖减薄后的地壳均衡反弹以及温度对深层冰体的影响，均导致冰盖对气候变化的响应时间变慢。估计当前的冰盖规模变化在一定程度上仍归咎于冰期–间冰期的气候波动。南极冰盖的覆盖范围和冰量在地质历史时期远大于当前水平，在 2 万年前的末次冰盛期，模拟当时的冰盖冰量约高出当前水平 2.702×10^6 km³（约 10%），相当于 6.67m 的海平面变化量。

　　海冰是海水在低于 0℃ 的水温中冻结形成的。由于海水中含有盐分，实际的冻结温度与海水的盐度有关。在海水盐度为 34‰ 时，海冰形成的温度约为 −1.83℃。海冰的形成在海洋上部和大气下部之间构成了新的交界面，改变了大洋表面的辐射平衡和能量平衡，隔离了海洋与大气之间的热交换和水汽交换；海冰冻融过程影响着大洋温、盐流的形成和强度；海冰对南大洋与南极大陆气象和气候变化有重要的影响，其在气候环境系统中起着重要作用。

　　南极洲四面环海，周边海冰分布广泛，海冰作用区占南半球雪冰作用区范围的 58%，约占地球表面积的 3.58%。其中，一年生海冰约占南极海冰区分布范围的 83%；其分布范围从夏末 2 月最小时的 3×10^6 km² 左右到 9 月冬末最大时的 18×10^6 km² 左右，一年中季节变化幅度可达 15×10^6 km²，季节变化率 >500%（图 5.16 和图 5.17）。南极海冰的厚度通常为 1～2m（北极的大部分地区则为 2～3m），最大海冰分布模式以极点为中心大致对称。南极海冰往往被较厚的积雪覆盖，累积到一定重量的积雪将冰推到海平面以下，导致积雪被咸海水淹没。开放的海洋使海冰更自由地运动，从而提高了海冰漂流速度。由于北部没有陆地边界，海冰可以自由向北漂浮到较温暖的水域中，并最终融化。

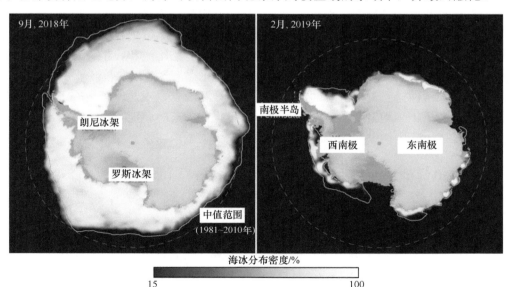

图 5.16　南极冬、夏季海冰分布范围对比图（改绘自美国国家冰雪数据中心 https：//www.climate.gov）

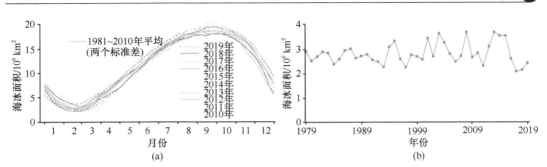

图 5.17　南极海冰季节和 1979~2019 年的年际变化过程（改绘自 NASA: https://www.climate.gov/news-features/understanding-climate/understanding-climate-antarctic-sea-ice-extent）

南极海冰除随季节变化而波动之外，其最小和最大范围也存在年际差异（图 5.17）。陆地卫星监测显示，1979~2017 年，南极范围内的海冰范围总体上呈现出小幅度的上升，但年际波动幅度呈现增加趋势。近年来，南极半岛周围的海冰范围下降相对明显。半岛北端附近的威德尔海，直到 2006 年海冰数量都出现了大幅下降，但是该地区的冰川近年来有所反弹。自 20 世纪 10 年代中期以来，尽管存在极大的年际波动变化，但略微上升的趋势仍然存在。2013 年、2014 年和 2015 年，南极海冰的年度最小范围（发生在 2 月或 3 月）低于 1981~2010 年的平均值；2012 年、2013 年和 2014 年，冬季（9 月）最大海冰分布范围连续出现最高纪录。

南极洲虽然是世界上最大的陆地冰冻圈范围，但多年冻土裸露的地面仅 $4.9 \times 10^4 \, \text{km}^2$，仅占整个大陆的 0.35%，在南极半岛和横贯南极山脉中，裸露的地面仅限于在冰原变薄或消退的大陆边缘周围（图 5.18）。南极最大的无冰区横贯南极山脉（约 $2.3 \times 10^4 \, \text{km}^2$），其中 McMurdo 干旱谷地区（裸露的最大连续区域）约 $0.7 \times 10^4 \, \text{km}^2$。南极地区的土壤和多年冻土发育于极度干冷的气候背景条件。由于普遍的低温和地形差异，多年冻土活动层厚度在南极北部为一米到几米，而横贯南极山脉内陆边缘的多年冻土活动层厚度不超过 1cm。多年冻土通常是冻结的，但在较年轻且较干燥的土壤中孔隙度相对较大。由于极度干旱，土壤会积聚来自降水和空气中的盐分，盐分的组成和数量与土壤年龄、母体组成和距海岸距离相关。在夏季，多年冻土活动层通常包含盐水，在低于 0℃ 的温度下，土壤呈现出可溶性盐且大量泛酸的特征。在小洼地和咸空洞中发现了盐冻土，相关土壤的盐分高。由于年平均温度非常低，有效降水量极低，苔藓和地衣很少生长，南极的土壤大部分是在没有生物过程的情况下形成的，土壤类型以寒漠土壤为主。

5.3.2　南极冰冻圈变化及其影响

1. 温度快速升高

研究表明，近 50 年来南半球变暖有加强的迹象，地面平均气温增暖幅度高于北半球和全球平均水平，近 30 年来的增暖趋势和强度也更显著，这一现象在南极地区也有所反映。根据再分析气候资料统计结果，南极地区除夏季平均气温有下降趋势外（–0.47℃/10a），

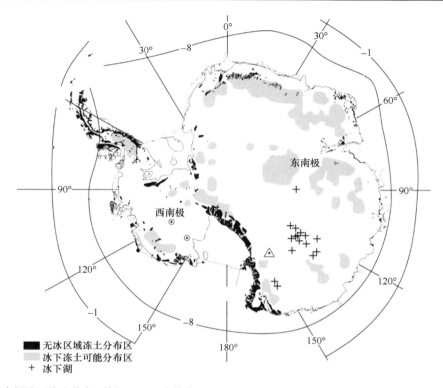

图 5.18 南极地区冻土分布（单位：℃）（改绘自 USGS: https://pubs.usgs.gov/pp/p1386a/gallery5-fig04a.html）

其余季节（3 月至翌年 11 月）均呈现显著的上升趋势。冬季气温增幅最大，为 1.19℃/10a，其次是春季（0.41℃/10a）和秋季（0.24℃/10a）。降水的变化率全年均有增加的趋势，夏季和冬季的增加幅度较大，分别为 5.9 mm/10a 和 5.7 mm/10a，而春季和秋季的增加幅度较小。从全年平均来看，平均气温的上升和年降水量的增加都非常突出。

南极气候变化存在明显的空间差异。从图 5.19 可以看出，升温趋势最显著的区域为南极半岛周围以及南极西部的大部分区域。南极内陆偏东区域升温不显著，部分地区甚至呈现变冷趋势。南极半岛周围的温度大约以全球平均水平的 6 倍变暖。1950~2000 年，平均气温上升了约 2.5℃。南奥克尼群岛的气候记录表明，真正的变暖始于 20 世纪 30 年代。年平均气温–9℃等温线向南移动，导致该区域的大多数冰架坍塌和冰川衰退。詹姆斯罗斯岛（James Ross Island）最近的冰芯显示，该地区的变暖在 600 年前开始，20 世纪以来变暖加速。南极涛动加剧了南极半岛的变暖，这是南极周围对流层西风的周期性加强和减弱、压力模式的变化导致流量异常，从而出现南极东部地区冷却、南极半岛地区变暖的现象。

南极地区的变暖与环绕南极大陆（绕极涡）的高层大气带的变化有关。极涡（即极地涡旋）是一种持续的、大规模气旋，且只发生于地球的极地，介于对流层和平流层的中部和上部。这种涡旋在极夜的时候最为强大，因此此时的温度梯度也最大，而后持续缩减，到夏季甚至会消失。涡流犹如大气屏障，可防止温暖的沿海空气进入南极内陆。南极上空的臭氧损失可能使平流层冷却并增强极涡，促进南极内陆的冷却趋势。绕极

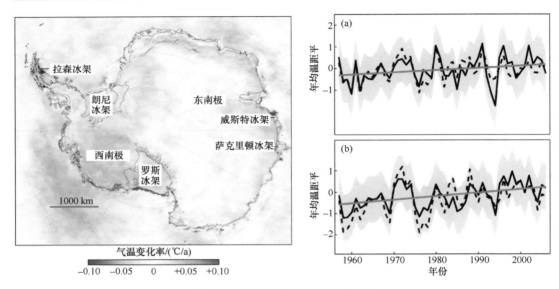

图 5.19　南极地区的气温变化趋势

左图据 NASA：https://earthobservatory.nasa.gov/images/8239/two-decades-of-temperature-change-in-antarctica；右图据 Steig 等，（2009），（a）东南极，（b）西南极，黑实线为遥感反演，虚线为站点插值，灰色代表 95%的置信区间，红线为升温趋势

涡周期性的振荡同时会导致南极地区风场的周期性增强和减弱，该模式会导致冷暖气流向北流动异常，进而导致南极东部地区冷却，南极半岛地区变暖。南极半岛近期快速变暖还与贝灵斯豪森海的海冰减少有关。自 20 世纪 50 年代以来，南极绕极洋流的温度升高了 0.2℃，南极半岛以西的水域也迅速升温。

相对于南极内陆，南极半岛周围的冰川对气温和降水变化的响应更快。南极半岛周围 87%的冰川正处于退缩状态，其余冰川处于稳定或前进状态，并发现退缩冰川与前进冰川存在明显的南北界限，该界限有南移趋势。南极半岛周围的 12 个冰川显示冰面高程下降，南极西北部的冰川减薄速率更高。所有冰川表面高程降低约在海拔 400m 处停止，这可能是由高海拔积累增加所致。入海冰川受到海洋和大气变暖的影响。南极半岛周围的大多数冰川可能已经变薄了数十年，但是表面变化的模式并不简单。下降不是由减少的物质输入引起的，因为在较高的海拔上没有观察到降低，实际上，降低可能由于较高的降水造成。

2. 冰架崩解和冰盖消融

冰盖的物质输出包括表面与冰下消融、快速冰流及外流冰川、冰架消融及崩解等。受其自身重力的作用，冰盖从海拔较高的内陆地区向海拔较低的沿海滑动。在内陆地区，冰流速每年仅有几米。越接近沿岸，冰的流速越快，进而形成冰流或者外流冰川。快速冰流和外流冰川汇入冰架后，通过冰架融化和崩解等方式从冰盖分离。

过去几十年来，南极周边的冰架非常迅速地崩解，冰架的物质损耗主要通过崩解形成冰山完成。一般情况下，冰架前缘持续向前运动数年至数十年后发生大的崩解事件。冰架的快速崩解不仅造成南极冰盖冰量的直接损失，而且会破坏其上游冰流及内陆冰盖的稳定性。冰流在失去了具有支撑作用的冰架之后，上游将迅速变薄并加速向下游输送，导致整个冰盖的物质亏损加速。自 20 世纪 90 年代以来，累计约有 28000 km² 的冰架消失。此外，冰架由于底部直接与相对温暖的海洋接触，会发生快速的消融过程，如派恩岛冰架的迅速变薄，就是由深海中温暖的海水沿着大陆架侵入冰架底部引起其消融的加剧。因此，冰架崩解和冰架下部消融成为南极冰盖最主要的物质亏损过程。

据估算，南极冰架的崩解及冰架消融对于整个冰盖的物质亏损贡献约 34%。进一步对冰架崩解和冰架消融量的相对贡献进行估算发现，冰架的底部融化（1325 ± 235 Gt/a）略高于冰架的直接崩解冰量（1089 ± 139 Gt/a），其可能是南极冰盖物质亏损的最主要分量。如果充分考虑冰架的厚度变化和规模变化（表 5.3），冰架底部的融化贡献更高，几乎是冰川直接崩解的两倍。

表 5.3　南极冰架概况及其物质平衡状态统计

组成/要素	冰架物质平衡状态			
	负平衡	接近零平衡	正平衡	净物质平衡
冰架隶属流域	33	17	43	93
冰架面积/km²	284292	98552	1159293	1542108
冰架物质平衡/（Gt/a）	−614±34	4±6	655±37	46±41
冰量变化要素/（Gt/a）				
厚度变化归因	−312±14	−20±5	107±25	−226±25
规模变化归因	−302±27	24±3	549±27	271±21
物质平衡要素/（Gt/a）				
触地线冰通量	929±60	203±10	838±41	1970±75
冰面物质平衡	116±9	30±2	200±9	346±37
底部融化	1018±90	200±12	298±58	1516±106
直接崩解	641±24	29±3	84±7	755±25

当陆地均衡回升以后，地面仍在海平面以下，这部分冰盖称为海洋冰盖（marine ice sheet）。发源于西南极地区的冰盖大部分是海洋冰盖，由于冰床远低于海平面，冰下水系的分布及其热状况的微小变化会对冰流速产生很大的影响，导致其在气候变暖背景下更不稳定。温暖的海水可以进入冰川的底部，冰川底部的快速融化会进一步加剧冰川变薄，导致其上游冰川加速向低海拔区输送，同时经历一定程度的减薄，这一过程被称为"冰川动态减薄"。物质负平衡引起的冰盖边缘变薄使冰川有效应力减小，加速滑动，从而进一步导致冰盖的变薄和退缩。退缩速度在很大程度上受到峡湾深度和几何形状的控制，当冰流退缩至深水区时冰川崩解更为迅速。

西南极冰盖的很大一部分冰川触地线低于海平面，且冰床向内陆倾斜变低，这种条件下的冰架极不稳定。近年来的观测发现，西南极地区阿蒙森海域（Amundsen sea）的冰架是南极冰盖物质亏损最为显著的区域。据估计，上述不稳定冰架一旦崩解，会引起约 3.3m 的全球海平面上升幅度。对并行冰盖模型（parallel ice sheet model）的分析发现，冰架不稳定性的启动具有不可逆性，南极冰盖会发生不可逆转的物质亏损，并在未来百年或千年尺度引起海平面至少上升 3m。分析还表明，阿蒙森海域的冰川亏损还会引起冰流分水岭向 Filchner-Ronne 和 Ross 冰架移动，导致它们的补给区缩小，冰川触地线后退。基于遥感雷达数据（ERS-1/2），分析了西南极阿蒙森海域几条入海冰川触地线 1992～2011 年的变化，发现该海域的 4 条典型冰川（Pine Island，Thwaites，Smith and Kohler Glacier）的触地线在 1992～2011 年累计后退了 10～35km，由于目前并未发现能减缓触地线后退的冰下地形，预计未来一段时间触地线将会持续快速后退。东南极 Mertz 冰川崩解后导致该区域海冰产出密度相对于正常估计量约降低 50%，指出极地海冰模拟研究应该考虑冰川前缘变化（如崩解）的影响，同时由于存在类似系统结构改变产生的短期扰动，因此基于海冰观测评估相应气候变化的不确定性增加。

　　冰盖表面物质平衡可以定量反映冰盖变化的重要信息。南极冰盖表面物质平衡是南极冰盖表面的净平衡，主要受降雪、升华/凝华、风吹雪搬运等过程影响。相对于其他 6 个大陆，南极大陆及周边自然环境较为简单，因此南极冰盖不同地区的气候差异性较弱，其天气过程主要受南极绕极流、南极高压、阿蒙森低压等几个系统的控制，其地区差异主要受南极横断山脉、距海岸距离、海拔等几个因素的影响。当前，在南极地区已有多项与冰盖物质平衡相关的大型国际研究计划和项目，如国际横穿南极科学考察计划（International Trans-Antarctic Scientific Expedition，ITASE）、冰盖物质平衡和海平面计划（Ice Sheet Mass Balance and Sea Level，ISMASS）、南极甘伯采夫地区探测计划（Antarctica's Gamburtsev Province Project）、国际气候与环境变化评估项目（ICECAP）及冰桥（IceBridge）计划等。这些项目和计划有效推动了南极冰盖及物质平衡的研究进程，获取了南极冰盖积累速率序列，评价了南极冰盖的物质平衡状态，为南极冰盖主要流域大量表面物质平衡研究积累了宝贵的实测资料。再分析资料是全面客观认识南极冰盖表面物质平衡时空变化的重要资料，但受同化观测资料的种类和数量的影响，观测系统的改变也会引入非真实的变化趋势，研究人员发现 ERA-Interim 有效地再现了 1979 年以来的南极冰盖表面物质平衡年际变化（图 5.20）（Bromwich et al.，2011；Wang et al.，2016a，2016b）。通过对再分析数据、遥感资料和监测数据的对比和分析发现，尽管过去 50 年南极冰盖表面物质平衡的年际变化较大，但整体变化趋势并不显著。通过花杆及重建的南极冰盖物质平衡数据发现，1850～2010 年南极冰盖表面物质平衡呈显著增加趋势（图 5.21）（Wang et al.，2016a，2016b）。卫星测高作为高精度长时段估算冰盖高程的唯一手段，可

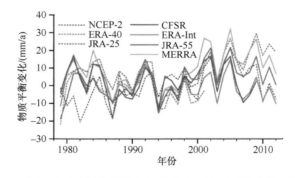

图 5.20　1979～2012 年基于再分析数据的南极冰盖表面物质平衡变化（效存德等，2019）

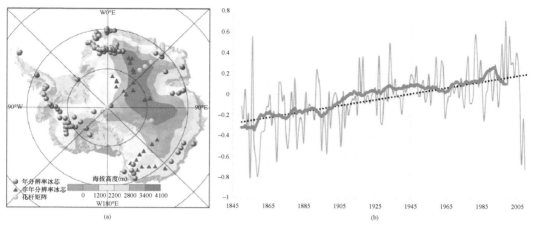

图 5.21 冰芯钻取点及花杆矩阵测量点空间分布（a）和重建的 1850～2010 年南极冰盖表面物质平衡变化（b）（效存德等，2019）

选用不同卫星测高的相同有效数据，消除不同卫星之间的系统偏差，南极冰盖在 1992～1996 年、1997～2003 年和 2004～2012 年的体积变化率为–300km³/a、140km³/a 和 –94km³/a，而 1992～2012 年的体积变化率为 22.1km³/a，假定南极冰盖的体积变化主要由冰的变化引起，则总物质均衡为–20.3Gt/a。

3. 海水温度和海冰变化

海洋变暖可能是南极半岛西部冰川消融的主要原因之一。南极半岛西海岸退缩的冰川与海洋温度模式存在显著的空间相关性，南极半岛南部的冰川快速消融，而北部的冰川几乎没有变化。根据南极半岛周围的海洋温度测量数据以及 674 处冰川变化之前的相关性，南极半岛从北至南，冰川消融加剧与海洋温度模式存在显著相关性（图 5.22）。南极半岛西北部海水温度较低，100 m 深度以下的水域温度较高。南部区域中等深度（100～300 m 深处）的暖水域自 20 世纪 90 年代开始变暖，这与大量冰川开始加速消融时间吻合。海洋对于维持南极半岛西部冰川的稳定性具有重要作用，来自深海区域的中等深度海水入侵大陆架、向海岸扩张，其带来的热量可导致冰川崩塌融化。近几十年来，中等深度水域的海水不断变暖，并向浅层水域移动，导致冰川消融加速。

基于 ICESat 卫星测高数据，Pritchard 对南极冰盖周边的冰流物质平衡（减薄量）进行了全面调查，认为海水作用下的冰下消融为主要亏损方式（54 个冰架中 20 个经历了强烈亏损，–7 m/a），如西南极的 Pine Island Glacier，冰流底部的年消融量超过 40 m。调查发现，南极一些区域积累区冰川实际上是增厚的，冰流位置变化不明显反而有前进现象，说明气候条件是有利于冰川物质正平衡发展的，但冰流却发生显著的减薄，主要原因来自于与海水接触的冰体底部消融强烈。

自 20 世纪 70 年代起，南北极海冰呈现不同的变化趋势，北极地区冬季海冰范围持续缩小，夏季海冰在 2012 年达到有遥感卫星监测资料以来的最小值；但南极地区同期的海冰范围是增大的。冰芯记录中的甲基磺酸（methane sulphonic acid，MSA）是研究海

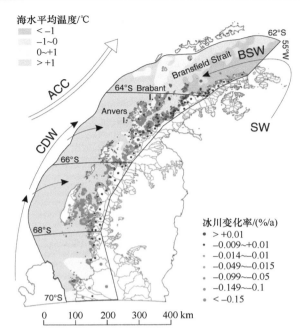

图 5.22　南极半岛海域海水平均温度分布和冰川变化（1945～2009 年）对比图（改绘自 Cook et al.，2016）

冰变化的有效代用指标。研究指出，1979～1998 年，南极海冰范围以（11.2×10^3）±（4.2×10^3）km 或者 $0.98\pm0.37\%/10a$ 的速率呈增加趋势（Zwally et al.，2002）。其中，在 Weddell 海、Ross 海和太平洋的增加趋势更为显著，但在 Amundsen/Bellingshausen 海和印度洋的变化趋势则是减小的。然而，近年来已有很多研究证实南极海冰整体呈现增加趋势，但区域差异极其显著（Yuan and Martinson，2000；Comiso and Nishio，2008）。

　　当前对于南极海冰变化机制并没有很好的认识。一些学者认为，区域海平面气压场的差异通过改变风的强度会形成南极海冰的跷跷板变化。监测和模拟数据表明，秋季 Ross 海海冰增加主要受增强的 Amundsen 海低压（Amundsen sea low，ASL）的影响，ASL 强度的变化是南半球大气大尺度环流的主要模态，即近几十年的南半球环状模态（Southern annular mode，SAM）呈现正位相的转变（Turner et al.，2009）。研究发现，当 SAM 指数变高时，Ross 海的海冰会偏多，反之则会偏少。当 SAM 呈现正位相时，东南太平洋极其强烈的气旋风暴会在 Ross 海/Amundsen 海（Bellingshausen 海/Weddell 海）表面引起流向赤道（向极）的热通量，从而有助于（限制）海冰增长。在 Ross 海/Amundsen 海，西风的增强会引发向北的 Ekman 流，向北部输送冷水，削弱了海洋向极地的热量输送，并在冷季增强了向北的冰流。向北的海冰辐散可减小海冰的厚度，Ross 海的无冰水面为新的海冰形成提供了有利条件。新形成的海冰会在 Ekman 流的驱动下向北流动，最终促使海冰范围和厚度的增大。

　　然而，南极海冰增加的这种趋势很可能不会一直持续下去。预测发现，未来随着海洋和大气温度的不断升高，水循环加速会引起降水的增加，最终导致海冰的缩减（图 5.23）。

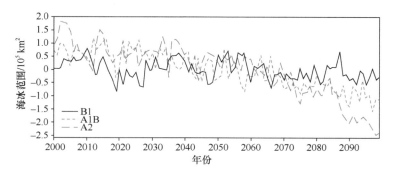

图 5.23　不同排放情景下南极海冰面积的变化（Liu and Curry，2010）

B1、A1B 和 A2 分别代表低排放、中间排放和高排放情景

4. 南极冰冻圈变化对洋流循环的影响

在南半球西风带作用下，高纬度存在西风漂流带，西风漂流受到德雷克海峡海冰的阻挡。当海冰减少时，西风漂流就会增强，导致西风漂流的分支——秘鲁寒流相应减弱，这会造成赤道中东太平洋地区海温偏高，从而有利于厄尔尼诺事件的发生。厄尔尼诺事件指赤道中东太平洋海水大范围偏暖 0.5℃ 以上、持续时间一般为 6 个月到 1 年半的现象。从 20 世纪 70 年代开始，厄尔尼诺现象变得越来越频繁。厄尔尼诺事件的爆发和持续将造成区域性的洪水泛滥、干旱等极端天气频发。由此可见，海流变化的最终结局是会导致气候发生变化。

南极绕极流（the Antarctic circumpolar current，ACC），也称"南极环极流"，是极地自西向东横贯太平洋、大西洋和印度洋的全球性环流。ACC 是地球上最大的风力驱动洋流，也是环绕地球并连接大西洋、太平洋和印度洋的唯一大洋环流（图 5.24）。南极绕极流主要是由强西风驱动的，它是由英国天文学家埃德蒙·哈雷（Edmund Halley）在 1699～1700 年进行的 HMS Paramore 探险期间发现的。后来，詹姆斯·库克在 1772～1775 年和詹姆斯·克拉克·罗斯在 1839～1843 年都对 ACC 做了进一步探究。ACC 作用范围相当广泛，它将南部海洋与更多北部海洋分隔开。水流从海面延伸到 4000 m（超过 2.5mile④）的深度，宽度可能超过 120mile。ACC 属寒冷洋流，其温度取决于一年中的时间，介于−1～5℃，洋流速度最高为 2 节（3.7 km/h）。

全球大洋经向翻转环流的流函数如图 5.25 所示，流函数 0 值在赤道从表层向下至 2000m 处，从赤道到 60°N，流函数零线基本上是从 1500m 深度往北逐渐下沉至海底附近。北半球的流函数相对较弱。对应流函数正值的两个高值中心，分别出现在 20°N 的 100～150m 深处和 50°N 的 1000m 深处。在南半球，经向环流影响的范围和深度都要大得多，因为 ACC 存在于表层至底层，且连接着南大洋的所有水交换通道。最强的逆时针环流（南方下沉）发生在 60°S，几乎达海底，并向北半球扩展形成大洋的底层水（朱耀华等，2014）。目前，对海洋环流的模拟尚无清晰的预估结果，但是已有一些研究认为，随着温室气体排放的增加，ACC 强度可能增大，涡旋强度可能增强，向极地的热量输送

---

④　1mile = 1.609344 km。

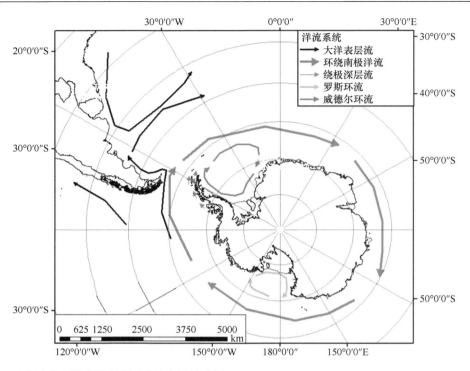

图 5.24 南极大陆周边洋流循环（改绘自网站素材 http：//www.antarcticglaciers.org/antarctica-2/antarctica/）

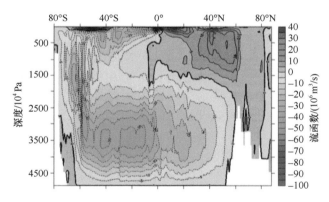

图 5.25 全球大洋经向翻转环流的流函数（朱耀华等，2014）

实线代表正的流函数值（顺时针），虚线代表负的流函数值（逆时针）

可能增加，ACC 的位置也将发生摆动，南大洋经向翻转流可能会得到加强（效存德，2008）。

5. 南极冰冻圈变化对近海环境和生态的影响

南极陆地具有可观的生物多样性，但其分布仅局限在覆盖不到该大陆 1%的无冰地区（图 5.26）。气候变化会改变无冰地区的范围和结构，进而影响南极地区的生物多样性。由于气候变暖，预计到 21 世纪末，无冰地区的面积可能会增加 17000 km²，增幅接近 25%，从而可能会大大改变生物多样性栖息地的可利用性和连通性。一些孤立的无冰地区将合并，虽然其对生物多样性的影响尚不确定，但推测最终可能导致区域规模的生物同质化加剧，增加竞争性较低的物种灭绝和入侵物种的扩散等生态风险。

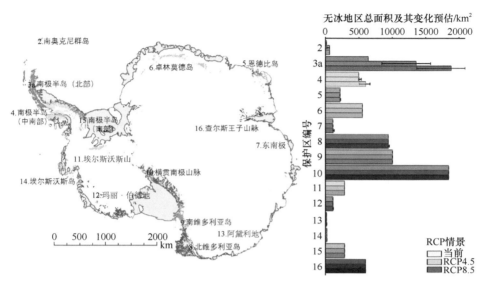

图 5.26　南极地区无冰区域的分布和未来变化（改绘自 Lee et al.，2017）

尽管南极洲周围大部分海域的冰雪覆盖达半年之久，并且全年都接近冰点，但这里的海洋生物种类繁多，生存有从微小的藻类到较大的磷虾再到依赖它们的大型捕食者。南极海洋生态系统的高生产力仅限于海冰和其他一些地区的边缘，其生产周期与季节变化息息相关。每年冬天，随着日照的减少和温度的下降，冰在海上形成并从大陆向外延伸，覆盖了大片海域。冰对生态系统非常重要，因为微小的单细胞藻类（与浮游植物在浮游水中漂浮的种类相同）会在形成时被捕集在冰中，并在冰的下方生长。冬季，幼小磷虾主要聚集在冰下，他们依赖开阔水域藻类繁殖提供养分，因此冬季冰雪让磷虾得以生存直到春天。春季海冰融化，将捕获的藻类释放到水中。藻类在开放水域大量生长，并通过风和海洋循环抵达深水区，成为动物尤其是磷虾的主要食物源，因此磷虾在春季大量繁殖。磷虾富含蛋白质和脂肪，是食物链顶端许多动物的食物，包括企鹅、海豹和鲸鱼。随着南极气候变暖以及海冰越来越少，其高生产率可能正在发生变化。

5.4　极地冰冻圈变化与海平面上升

受全球变暖的影响，1901～2010 年，全球海平面上升了 0.17～0.21m。2019 年 9 月25 日，IPCC 发布了《气候变化中的海洋和冰冻圈特别报告》（*Special Report on the Ocean and Cryosphere in a Changing Climate*，SROCC）。该报告指出，近几十年来，全球海平面上升明显加速，上升速率从 1901～1990 年的 1.38 mm/a，增加至 1970～2015 年的 2.06 mm/a，再到 1993～2015 年的 3.16 mm/a，并进一步增加至 2006～2015 年的 3.58 mm/a。在 RCP2.6

和 RCP8.5 情景下，到 21 世纪末，全球海平面相对于 1986～2005 年平均值分别约上升 0.43 m（0.29～0.59 m）和 0.84 m（0.61～1.10 m）（中等信度），海平面上升速率预计将分别增加至 4～9 mm/a 和 10～20 mm/a。引起海平面上升的因素主要包括海水热膨胀、陆地冰川和极地冰盖的消融以及陆地储水的变化（丁永建和张世强，2015）。1993～2003 年，热膨胀对海平面上升的贡献量约为 50%。2006 年以来，陆地冰川和冰盖融化对海平面上升速率的贡献已超过海水热膨胀效应。

基于重力卫星测量、现场 GPS 监测和物质平衡估算等多种手段的证据表明，格陵兰和南极冰盖总体处于物质损失状态，且消融速率在加快（温家洪等，2018）。观测表明，2006～2015 年格陵兰和南极两大冰盖对海平面上升的贡献分别为 0.77 mm/a（0.72～0.82 mm/a）和 0.43 mm/a（0.34～0.52 mm/a），贡献总量为 1.2 mm/a（1.06～1.34 mm/a）。但二者对海平面变化的贡献途径略有不同。格陵兰冰盖物质平衡由其表面物质平衡和流出损失量组成，而南极物质平衡主要由积累量和以崩解和冰架冰流损失的形式构成。

在表面径流注入冰盖底部和海洋变暖作用下，格陵兰冰盖正在发生冰动力的重要变化，这可能使 Jakobshavn Isbrae 和 Kangerdlugssuaq 冰川，以及东北格陵兰冰流因海洋冰盖的不稳定性变得更为脆弱（温家洪等，2018）。观测表明，2006～2015 年，格陵兰冰盖对海平面上升的贡献量高于南极冰盖。1992～2018 年，格陵兰冰盖损失了近 4 万亿 t 冰，融化的水已经让全球海平面上升了约 10.6mm（Shepherd et al.，2018）。如果格陵兰冰盖全部融化，将会导致全球海平面约上升 7.3 m（效存德和武柄义，2019）。

由于南极周围海洋环流的变化，南极冰盖加速融化，冰盖某些部分崩解不可避免（廖琴，2014）。虽然目前南极洲对全球海平面上升的贡献率约为 10%，但众多研究通过对冰芯记录、深海地球化学记录的分析以及对过去海平面状态的模拟，反映出冰盖物质平衡在过去对海平面变化的作用极大（图 5.27）。更重要的是，南极地区的冰储量约占地球总冰量的 88%，其巨大的冰盖预计是未来长期海平面上升的主要贡献者。如果其全部融化将会使海平面上升 56.6m。以目前南极冰盖的物质平衡状态为基准，如果冰盖物质量偏离平衡状态 5%，将会使海平面变化 0.3mm。即使在限制全球变暖不超过 2℃的严格气候政策情景下，南极洲对全球海平面上升的贡献范围也为 0～0.23 m（Levermann et al.，

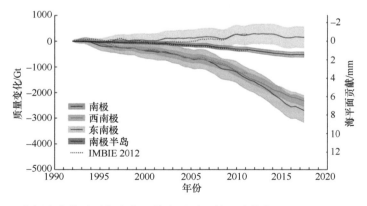

图 5.27　南极冰盖物质平衡变化及其海平面贡献（改绘自 Shepherd et al.，2018）

2014）。在高排放情景下，到 2100 年南极冰盖对海平面的贡献可能高达 1.14 m（0.78～1.50 m）（温家洪等，2018）。

海平面上升已成为人类面临的突出环境问题之一，越来越受到国际社会的关注。海平面上升引起的环境变化，增加了沿海地区社会-生态系统的暴露度和脆弱性，对海岸农业、沿海渔业和水产养殖、滨海旅游休闲、在地居民福祉，正在并将产生重大影响（蔡榕硕和谭红建，2020；高超等，2019）。这些影响具体表现如下：①淹没沿海低洼地；②洪涝灾害频发；③海岸侵蚀加剧；④海岸生境损失和生态系统的变化；⑤土壤、表层和地下水的盐碱化；⑥影响沿海地区防洪排涝系统。据估计，到 21 世纪末，在海平面上升 25～123 cm 的情景下，全球每年有 0.2%～4.6%的人口将会受到海水淹没的影响，预期年度损失占全球 GDP 的 0.3%～9.3%；21 世纪，将有 6000～17000km^2 的土地因海岸侵蚀加剧而消失；随着海平面的上升，预计咸水入侵沿海含水层、地表水和土壤的频率将更高，并进入更远的陆地；海岸湿地、珊瑚礁、海草等典型海岸带生态系统面临的风险将会进一步加剧，对生态系统服务功能及人类社会的可持续发展将会造成不利的影响。

5.5　极地冰冻圈与地缘政治

气温升高和环境变化已引起国际社会对北极事务的高度重视和积极参与，使得北极迅速演变为国际政治的一个热点地区，这一切正在改变北极地区的地缘战略形势。2001年，俄罗斯政府声称，包括北极在内的半个北冰洋都是西伯利亚的地理延伸。此后，美国、加拿大和丹麦等国家围绕着北极地区权益的归属展开了争夺。

北极安全是俄罗斯未来国家安全的首要方向，确保北极安全是俄罗斯北极战略和国家安全的重心。俄罗斯凭借地缘优势和军事优势在北极地区实施了以军事硬实力建设为先导的威慑战略，强化了俄罗斯在北极地区的力量，增加了同美国在北极地区乃至全球博弈的筹码，同时也改变了北极地区的地缘政治格局，加剧了北极地区的"军事化"。2010 年，美国海军制定了《北极路线图》，用来指导北极地区战略政策的展开。2011 年，加拿大和美国在北极圣约翰地区开展代号为"纳努克 2011"的联合军事行动，丹麦海军也进行了巡逻和监视活动。包括印度、澳大利亚在内的越来越多的国家开始主动参与北极事务，美国针对欧亚大陆主要战略大国的导弹防御系统也在北极地区布防。北极的地缘政治空间空前扩展，呈现出全球化的特征。北极国家和利益攸关方展开激烈博弈，"冷战"可能再次重现北极地区。不过整体来看，俄罗斯、美国和欧洲三方都有保持北极区域和平与稳定的利益诉求，也都有意切割区域政治与域外政治事件的联系，这在很大程度上阻隔了激烈的地缘政治竞争在北极区域重演。

北极将通过军事、能源和航线等多种途径主导和影响未来世界的地缘政治格局，人类的科技发展、气候和环境变化的应对、旅游开发和文化等活动都将围绕北极展开。北极将引导并决定着未来世界的地缘政治，将引发世界各国在北极地区展开全方面、多层次和深远的角逐。北极问题已超出北极国家间问题和区域问题的范畴，涉及北极域外国家的利益和国际社会的整体利益，攸关人类生存与发展的共同命运。

南极地区是一个既受世界各国密切关注，又有国际条约严格限定与保护的特殊地区。根据《南极条约》总则："承认为了全人类的利益，南极应该继续并永远专用于和平目的，……"《南极条约》于 1959 年 12 月 1 日签订，1961 年 6 月起生效。这是国际社会共同管理南极地区的最基本的法律文件。迄今，世界上已经有 42 个国家在《南极条约》文本上签字，并承担其法律义务。在《南极条约》签署后的 30 年中，关注和投入南极考察的国家如雨后春笋，它们推动了国际南极事业的长足发展，也包括南极旅游业的形成。但同时，大量人员经不同途径进入南极，也对南极的环境与生态系统形成前所未有的影响。为了确保南极这块人类最后的相对纯净的大陆的环境与生态安全，1991 年 10 月《南极条约》协商国在马德里签署了《关于环境保护的南极条约议定书》及其 5 个附件（简称《议定书》）。至 1998 年 4 月，《议定书》获得所有签字国议会或国会审批通过并正式生效。这是《南极条约》体系第一个以保护南极环境与生态系统为主要宗旨的详尽的法律文本。《议定书》规定："各缔约国承诺全面保护南极环境及依附于它的和与其相关的生态系统，特兹将南极指定为自然保护区，仅用于和平与科学。"对南极环境及依附于它和与其相关的生态系统的保护，以及内在价值，包括其荒野形态的价值、美学价值和南极作为从事科学研究，特别是从事认识全球环境所必需的研究的一个地区的价值，应成为规划和从事南极条约地区一切活动时基本的考虑因素。显然，《南极条约》体系的基本法律文件明确了：①南极作为国际自然保护区对人类的全面价值；②旅游作为一种和平目的的南极活动的被包容性与合法性；③旅游经营者和游客，作为行为主体应对南极环境保护承担相应的法律义务和责任；④国家对南极旅游活动的监管责任。由此，南极旅游从资源的国际共有性和行业的合法性，到管理以及实施中的环保责任等重要问题，在国际法律层面上已基本解决。

南极地区从来不缺乏主权国家的身影，从最开始的南极七国对于南极领土的主张到美国、俄罗斯、新兴国家对于南极的主张，南极事务的国际化已经成为不可逆转的趋势。有学者将南极地缘政治格局演变划分为领土驱动阶段、科考资源驱动阶段和环保驱动阶段（陈玉刚，2013）。2016 年 4 月 28 日，澳大利亚政府发布了《澳大利亚南极战略及 20 年行动计划》，详细阐述了澳大利亚在南极地区所追求的目标、南极战略的总体框架以及实现路径。这份战略可以视为澳大利亚政府对澳大利亚前南极局主任托尼·普莱斯提交的《澳大利亚南极战略 20 年规划》做出的官方回应，同时也彰显了澳大利亚对于更广泛、更深入地参与南极地区事务，增强在南极地区事务中领导力的雄心（张亮，2018）。随着经济实力增强，南非对南极政策不断进行调整和优化，包括强化南极活动保障能力建设、谋划制定南极科研战略、开展南极外交、推动南极环境保护等。但是，面对英国、澳大利亚等国家进一步强化南极事务主导地位的政治现实，南非的南极政策能否顺利实施面临着很大的不确定性。中国作为南极治理利益攸关方，在南极事务中与南非拥有相似的利益诉求，在南极事务中与南非保持密切沟通有助于丰富中国与南非全面战略伙伴关系的政治内涵。挪威作为"南极领土"主权声索国，是世界上唯一的"两极"国家，近年来积极参与南极事务，结合本国对南极地区国家利益的认知、自身综合实力以及自身南极事务参与历程，有针对性地选择南极政策工具和参与路径，有效提升了挪威在南极治理中的国际话语权，并于 2015 年 6 月 12 日颁布《挪威在南极地区的利益和政策白皮书》

（王文和姚乐，2018；赵宁宁，2018）。

　　随着人类在南极活动的增加以及全球生态影响，南极自身也面临着一些亟须解决的环境问题。过度的南极旅游等人类活动对南极的生态环境造成了破坏。例如，南极游轮漏油造成大面积油污并导致邻近海鸟繁殖力下降的事件；交通运载器具的污染物排放对南极海洋环境的污染，并对相依附的生态系统产生潜在的影响；旅游者产生的大量废弃物的处置；密集人流对本地动植物和所依附的生态系统的直接干扰；部分人员随意进出保护区鸟类栖息地，惊扰动物的正常繁殖活动，或肆无忌惮掇取动植物和岩石样品的违规行为；等等。因而，人们担忧旅游业给南极生态环境造成危害不无理由。环境问题也是长期以来国际社会对南极旅游业持赞同和否定态度争论的焦点。因此，所谓南极旅游的管理，除了正常的组织经营管理之外，应当着重于环境生态保护方面。这也是由南极地区不同于地球其他地区的自然生态与环境的异质性和脆弱性，以及政治地理的特殊性等情况所决定的。《南极条约》的签订实现了南极地缘政治的"去安全化"，其主要路径是冻结南极的领土主权问题。但是，伴随着人类南极活动的增加，不但来自于非领土主权性质的安全威胁已在积累并不断增多，而且被冻结的领土问题也重新冒出，甚至可能有激化的危险。南极地缘政治从安全困境、"去安全化"、新的安全威胁形成，进入了一个再安全化的新阶段。以《南极条约》为基础构建发展起来的南极治理体系不具备安全功能，无法有效应对新形势下的各种安全威胁，因此南极地缘政治有必要进行再安全化构建，以应对南极地缘政治发展和治理构建中的各种安全挑战，为地区和世界的安全建设做出贡献（陈玉刚等，2012）。

思　考　题

1. 简述南北极地区地理位置及其气候特征的差异。

2. 什么是"北极放大效应"？它是如何产生的？

3. "北极航道"的开通对于我国的发展有什么重要意义？

4. 讨论极地冰冻圈的萎缩是否与近年来较为热门的极地旅游有关？如果是，那么你对极地旅游有何看法？

第6章
高原与高山地区

根据 IPCC《气候变化中的海洋和冰冻圈特别报告》（SROCC）体例，即按区域（极地地区和高山区）介绍冰冻圈，本章重点讨论两极地区之外的陆地冰冻圈——高原与高山地区的冰冻圈，包括阿尔卑斯山脉、高加索山脉、帕米尔高原、青藏高原、天山、蒙古和西伯利亚高原南部、堪察加半岛、北美阿拉斯加南部、落基山脉、南美的安第斯山、非洲乞力马扎罗山，以及大洋洲的南阿尔卑斯山，这些地区均发育了现代冰川和多年冻土，除了这些高原与高山地区之外，在一定海拔和纬度地区，仍有季节性冰冻圈要素出现，如积雪、季节冻土等，本章以这些高原与高山地区为主，介绍冰冻圈及其相关问题，在必要情况下，涉及积雪、季节冻土问题。不包括极地地区，全球中低纬度高原与高山地区冰冻圈要素分布见表 6.1。

表 6.1　全球中低纬度高原与高山地区冰冻圈概况

纬度带	山地冰川		多年冻土 3*/10⁶ km²	积雪面积 4*/10⁶ km²	
	面积 1*/km²	体积 2*/km³		最小值	最大值
35°～50°	66202.341	5029.491	2.544	0.008	7.029
26°～35°	36789.089	2265.216	1.588	0.001	0.412
0°～26°	90.182	4.39	0	0	0
−25°～0°	2250.854	93.973	0.05	0.004	0.01
−62°～−25°	35483.333	6105.967	0.118	0.009	0.147
合计	140815.8	13499.037	4.3	0.022	7.598

注：第一列，正值表示北纬，负值表示南纬。

资料来源：1* RGI 6.0；RGI Consortium，2017。2* Farinotti et al.，2019。3* Gruber et al.，2012；PZI > 0.1。4* Snow Cover：Hall et al.，2015；Reference period，2019。

全球高原与高山地区冰冻圈分布广泛，在亚洲、北美洲、南美洲、欧洲、大洋洲和非洲均有分布。其中，多年冻土的面积主要分布在东亚地区和北美洲，即俄罗斯西伯利亚地区、蒙古国和青藏高原地区、阿拉斯加地区。在这些山地冰冻圈地区中，与青藏高原紧密相邻的帕米尔高原并不是一个平坦的高原，而是由几组山脉与山脉之间宽阔的盆地和谷地构成的。帕米尔高原平均海拔超过 4500m，冰冻圈要素主要是冰川，现代冰川数量有 1085 条，总面积达 8041km²。相对于青藏高原，帕米尔高原的面积较小，仅有

10 万 km²；蒙古高原东起大兴安岭、西至阿尔泰山、南至戈壁沙漠、北达萨彦区，包括了我国内蒙古和新疆的部分地区及蒙古国全部，蒙古高原总面积约 200 万 km²。蒙古国北部有大量的多年冻土分布，但是这些地区本身纬度较高，有时候被划分在高纬度地区进行研究，此外，蒙古国的多年冻土研究资料还很少，其分布特征还不清楚。中西伯利亚高原位于西伯利亚中部，总面积约 359 万 km²，纬度高，大部分位于北极圈内，属于环北极大片多年冻土区。总之，这些地区冰冻圈分布面积较大，部分属于高纬度地区或者研究资料较少，故本章不做专门介绍。

　　高原与高山地区冰冻圈的重要性与其所在位置有关。例如，新西兰有 3000 多条冰川，总面积为 1000km² 左右，且这些冰川受气候影响正在快速变化，但新西兰水资源较为充沛，冰川退缩影响的可能主要是旅游业，而引起水资源短缺的可能性不大。非洲的乞力马扎罗山，尽管冰川面积较小，但其变化对该区域旅游、水资源供给的影响却很大。因此，本书主要介绍青藏高原、天山、阿尔泰山、阿尔卑斯山、高加索山脉、落基山脉、安第斯山脉、赤道的乞力马扎罗山。这些地区的分布如图 6.1 所示。

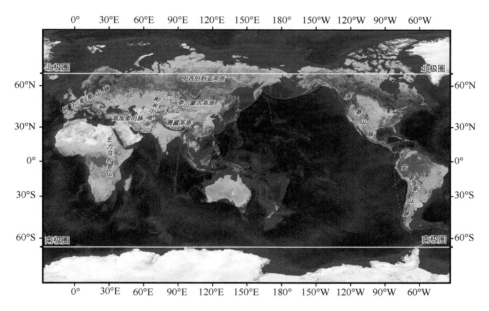

图 6.1　高纬度之外的主要山地冰冻圈地理位置分布图

6.1　冰冻圈概况

　　高原与高山地区冰冻圈概况重点介绍自然地理概况、冰冻圈分布特征和人类经济概况 3 个方面。

6.1.1　自然地理概况

　　高原与高山地区冰冻圈整体上以高寒生态系统为主，同时其冰川、积雪和多年冻土对水文过程都有着重要的调节作用。生态具有明显的海拔和纬度地带性，生态特征如植被、土壤特征复杂，其冰冻圈要素如冰川和积雪也呈不连续或沿山脉呈线状分布。海拔较高是高原与高山地区最显著和最基本的特征，大气密度、压力和温度随着对流层高度的增加而降低。山脉经常作为高温热源，因此其白天的温度比同层的自由大气的温度高。地形特征在决定当地气候方面起着关键作用，特别是坡度、坡向和地表类型等因素，这些因素决定了下垫面受到的太阳辐射强度并影响到降水分布。

1. 青藏高原

青藏高原是亚洲内陆高原，也是世界上海拔最高的高原，是由印度洋板块向北推进的造山运动形成的。受高海拔影响，青藏高原是世界上面积最大的中低纬度多年冻土区，也是全球冰冻圈核心区的重要组成部分。青藏高原位于 26°N～39°N、73°E～104°E，南起喜马拉雅山脉南缘，北至昆仑山、阿尔金山和祁连山北缘，西部为帕米尔高原和喀喇昆仑山脉，东及东北部与秦岭山脉西段和黄土高原相接。其东西长约 2800km，南北宽为 300～1500km，除西南边缘部分分属印度、巴基斯坦、尼泊尔、不丹及缅甸等国外，绝大部分位于中国境内（图 6.2）。中国境内的青藏高原包括青海、西藏和四川甘孜、阿坝，云南迪庆及甘肃甘南 4 个藏族自治州，面积约 2.57×10^{6}km^2，约占中国陆地总面积的 1/4。青藏高原平均海拔 4000m 以上，是世界海拔最高的高原，被称为"世界屋脊""第三极"，气温随高度和纬度的升高而降低。相比同纬度地区，青藏高原的辐射强烈、日照多、气温低、积温少。在一天之内，气温、气压、湿度等气象要素最大值与最小值之差（日较差）大。青藏高原的四季不明，大部分地区的最暖月均温在 15℃以下，1 月和 7 月平均气温都比同纬度我国东部平原低 15～20℃。

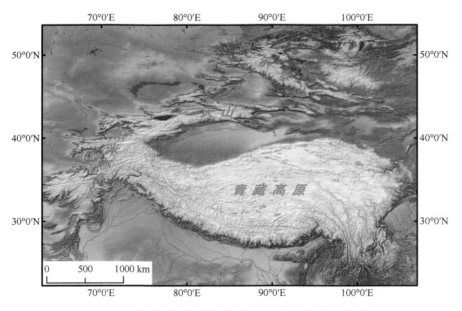

图 6.2 青藏高原、帕米尔高原、天山和阿尔泰山位置图

青藏高原地域辽阔，高山纵横，生态环境十分复杂，生物种类非常丰富。受其独特的冰缘地貌和气候条件影响，其植被演替和土壤发育均偏离所处纬度的地带性特征，自然植被一般都比较矮小稀疏，整体上以高寒荒漠、高寒荒漠草原、高寒草原、高寒草甸、高寒沼泽草甸为主。需要注意的是，这其中除了草原和草甸可以根据植被优势种进行明显区分以外，高寒荒漠、高寒荒漠草原和高寒草原之间的分类标准还很缺乏，目前地面实测通常是根据植被覆盖度、遥感则是通过归一化植被指数（NDVI）等指标进行区分。此外，在野外实际调查中，还有人采用退化草甸或者草原草甸等高山草甸草地来命名一些退化严重或者同时兼有草原种和草甸种的样地。青藏高原冰冻圈地区一些海拔较低和/或纬度较低的地方也有一些森林或稀疏灌丛分布。

青藏高原的土壤发育较差，总体上呈质地粗、土层薄的特点。青藏高原早期的土壤分类一般用原苏联的土壤分类方法，可划分为高山漠土、灰棕漠土、亚高山漠土等，但是其土壤分类缺乏定量指标，与国际上通用的系统分类不匹配，因此现在已经很少使用。近年来，通过对青藏高原的土壤进行大范围的调查，已经在土纲水平取得了一定的进展，发现青藏高原冰冻圈地区以寒冻土、干旱土、雏形土和均腐土为主，但是土壤系统分类有土纲、亚纲、土类、亚类、土属、土种、变种共七级，其中土类是基本的分类单元，因此还需要青藏高原冰冻圈地区的土壤进行进一步研究。

青藏高原是欧亚大陆上最多产的江河之源，如长江、黄河、怒江、澜沧江、雅鲁藏布江、恒河、印度河等，被称为"亚洲水塔"，这些河流为近 30 亿人提供用水。1960～2017 年，青藏高原河流源区的年径流量分别为：长江源，$132.1 \times 10^8 m^3$；黄河源，$201.5 \times 10^8 m^3$；怒江源，$540.9 \times 10^8 m^3$；澜沧江源，$44.8 \times 10^8 m^3$；雅鲁藏布江源，$174.3 \times 10^8 m^3$。青藏高原的水资源以河流、湖泊、冰川、地下水等多种水体形式存在，并以河川径流为主体，河流分布主要受到气候和自身地形地势的影响。按河流的归宿可分为 3 个水系，即太平洋水系、印度洋水系、内流水系，其中外流水系流域面积占青藏高原总面积的 53.56%。除东南部降水量较大外，内陆区的河流补给主要依靠冰川或积雪的融化。青藏高原也是湖泊分布最密集的地区，拥有世界上湖泊数量最多、面积最大的高原湖泊群，其中面积大于 $1km^2$ 的湖泊共 1055 个，合计面积 $41831.7km^2$，分别占我国湖泊总数量和总面积的 39.2% 和 51.4%，大于 $10\ km^2$ 的湖泊有 346 个，总面积为 $42816.10km^2$，约占全国湖泊总面积的 49.5%，湖泊以咸水湖和盐湖为主，较著名的湖泊有纳木错、青海湖、察尔汗盐湖、鄂陵湖等。

2. 天山

天山横跨中国、哈萨克斯坦、吉尔吉斯斯坦和乌兹别克斯坦四国，位于塔克拉玛干沙漠的北部和西部，南部与帕米尔山脉相连，北部和东部与阿尔泰山相接。天山全长 2500km，南北平均宽 250～350km，最宽处达 800km 以上，多数山脊海拔达 4000m 以上，天山最高的山峰是中国境内的托木尔峰，海拔 7443m。

天山深居内陆，地处中温带，紧靠西伯利亚–蒙古高压中心，属于大陆性山地气候，具有明显的垂直地带性，这里海拔高，气候寒冷，为多年冻土的形成和发育创造了有利的气候条件。天山南部与气候干燥的塔里木盆地、塔克拉玛干沙漠相邻，但由于天山海拔高，可以截获来自北方的水汽，故在海拔较高的地区，年降水量可达 400～800mm，而在海拔较低的地区，年降水量一般为 100~200mm。

天山植被呈明显的海拔梯度格局。从大约 1000m 的山脚到 3300~4200m 的雪线附近，出现了多个不同的草甸和草原生态系统。植被类型主要由海拔和降水决定。一般而言，森林（主要是云杉）仅限于亚高山带（2000~2600 m）内，特别是在阴坡上更容易生长，树林有时候在以莎草科为主的高寒草甸中生长。除了森林之外，草甸是主要的植被类型。调查表明，在 800~1100m 处以蒿草类的草原为主，这种植被在天山潮湿的西部地区比干燥的东部地区更加丰富。在阳坡 1100~1500m，荒漠草原被干旱的稀疏草原所取代。到海拔 2700m 以上的地区，草甸优势种以矮蒿草为主。而在天山东部，除了莎草小蒿草和薹草之外，还有委陵菜、紫菀、龙胆、虎耳草等植物。从物种组成来看，天山高海拔地区与青藏高原非常相似。

天山地区的主要河流有楚河、锡尔河、伊犁河等。楚河是流经吉尔吉斯斯坦和哈萨克斯坦的一条内流河，全长 1067km，流域面积 62500 km²。锡尔河是中亚最长的河流，全长 3019km，流域面积 21.9 万 km²。锡尔河由纳伦河和卡拉达里亚河组成，流经吉尔吉斯斯坦、乌兹别克斯坦、塔吉克斯坦、哈萨克斯坦四国，河口多年平均流量 1060m³/s，年均径流量 336 亿 m³。伊犁河是中国水量最大的内陆河，也是新疆水量最丰富的河流。伊犁河主源特克斯河发源于汗腾格里峰北侧，穿过喀德明山脉与巩乃斯河汇合，又折向西流，在伊宁和喀什河汇合，穿越国境，进入哈萨克斯坦，最终进入巴尔喀什湖。塔里木河是中国境内天山南坡的重要河流，由发源于天山的阿克苏河、发源于喀喇昆仑山的叶尔羌河以及和田河汇流而成。

3. 阿尔泰山

阿尔泰山位于中国新疆北部和蒙古国西部，其西北延伸至俄罗斯境内，呈西北-东南走向，斜跨中国、哈萨克斯坦、俄罗斯、蒙古国境，全长约 2000km。其地质构造上属阿尔泰地槽褶皱带。山体最早出现于古生代早期和晚古生代地壳运动，其中在晚古生代石炭二叠纪的地壳运动（华立西运动，又称海西运动）末期形成基本轮廓，此后山体被基本夷为准平原。在新生代，喜马拉雅运动使得山体沿袭北西向断裂发生断块位移上升，形成了眼下的阿尔泰山面貌。

阿尔泰山的北部地区主要在俄罗斯境内，这部分雪线较低，北侧为 2000m、南侧为 2400m。阿尔泰山东部和东南部的两侧主要位于蒙古高原，过渡带是一些海拔为 2000m 左右的小型高原。阿尔泰山的最高峰为俄罗斯境内的别卢哈山，东峰海拔 4506m、西峰海拔 4435m。在中国境内，阿尔泰山的主峰是位于新疆北部阿勒泰地区布尔津县的友谊峰，友谊峰冰川是中国海拔最低的山地冰川。

阿尔泰山的气候与天山一样，属于大陆性气候，年平均温度为 0℃。受亚洲高压区的影响，阿尔泰山地区冬季寒冷漫长，1 月气温在俄罗斯境内可低至-60℃，7 月高山雪线以下的地区平均温度为 15~17℃，日最高温度为 24℃，有时在较低的山坡上最高可达40℃，但在大多数较高的海拔地区，夏季短暂凉爽。阿尔泰山降水较为丰富，其随海拔递增和由西向东递减，其中降雪多于降雨。在西部，尤其是海拔在 1500~2000m 的地区，降水量较大，全年降水量有 500~1000mm，最多可达 2000mm。自西向东，降水量逐渐减少至西部的 1/3，东部有些地方甚至不会下雪。在中国境内，阿尔泰山雪线是中国境内最低的雪线，雪线可低至 2800m。

阿尔泰山地区有 4 种生态类型：山下沙漠、高山草原、高山森林和高寒生态系统。沙漠位于蒙古国戈壁阿尔泰的低平地区；植被类型：稀疏的旱生植物（耐旱）和盐生植物（耐盐）明显反映了夏季的高温和少雨特征。高山草原的海拔受纬度影响。在阿尔泰山的向北走向，高山草原约出现在海拔 600m 处，但是在阿尔泰山东部南部，海拔上升到 2000m 左右才出现高山草原，高山草原的优势种主要有草甸种、草原种和一些草原灌木。在阿尔泰山地区，高山森林是覆盖最广的植被类型，约占整个地区的 70%，高山森林主要分布在中低山区，但是在阿尔泰山中部和东部较干燥的山坡上，高山森林可出现在海拔 2000m 处，最大可攀升至大约 2400m 处。高山森林中最普遍的是针叶树种，如落叶松、冷杉和松树（包括西伯利亚的石松），但也有大片的桦木和白杨林。蒙古国戈壁阿尔泰几乎没有森林，但河谷中生长着有一些针叶树丛。随着海拔的进一步升高，高山森林逐渐变成高寒草甸、苔藓、裸岩和冰川，其中高寒草甸在夏季广泛用于放牧。

阿尔泰山发育有额尔齐斯河水系、科布多河水系、乌伦古河水系、卡通河水系，流域的分布各有特点，流域分界线与中国、蒙古国、俄罗斯和哈萨克斯坦的国界线走向基本一致。阿尔泰山中国部分和哈萨克斯坦部分有额尔齐斯河、科布多河、乌伦古河，俄罗斯部分有卡通河，蒙古国部分有科布多河。阿尔泰山的河流主要依靠融雪和夏季降雨补给，春季和夏季洪水泛滥。在阿尔泰山的戈壁地区，河流短浅，冬天常常结冰，夏天经常干涸。阿尔泰山地区有 3500 多个湖泊，大部分是构造湖或冰川湖，戈壁阿尔泰地区的湖泊通常都是咸水湖。我国境内阿尔泰山地区发育有额尔齐斯河和乌伦古河，其中额尔齐斯河是新疆境内唯一的外流河，该河水补给来源主要为降水、积雪和冰川融水等，多年平均径流量 $100 \times 10^8 m^3$，占我国阿尔泰山地区总径流量 89%。

4. 阿尔卑斯山

阿尔卑斯山位于欧洲中南部，山脉整体呈弧形，长 1200km，宽 130～260km，平均海拔约 3000m，总面积约 22 万 km^2（图 6.3）。其中，有 82 座山峰的海拔超过 4000m，最高峰是勃朗峰（图 6.4），海拔 4810m。阿尔卑斯山是由阿尔卑斯造山运动形成的，始于中生代将近结束的 7000 万年前，由中生代期间形成的石灰岩、黏土、页岩和砂岩构成。在古近纪中期约 4000 万年前，非洲板块向北移动，与欧亚板块碰撞，特提斯海的深层岩层受到挤压抬升，形成了阿尔卑斯山的大概轮廓，在第四纪受到冰川作用，逐渐形成如今的形态。

阿尔卑斯山地处温带和亚热带之间，是中欧温带大陆性湿润气候和南欧亚热带夏干气候的分界线。高峰全年寒冷，在海拔 2000m 处年平均气温为 0℃。山区的降水量较为丰富，平均年降水量为 1200～2000mm，且表现出随高度升高而增加的趋势，海拔 3000m 左右是降水集中带，1500m 以上区域以降雪为主，低海拔谷底也表现出干热河谷的特征。该区域气候主要受海拔、地形、大陆度和纬度控制。阿尔卑斯山受四大气候系统的影响，包括来自大西洋的温和潮湿气团、从北欧南下的凉爽或寒冷的极地气团、南侧来自地中海的温暖潮湿气团以及控制着东部的大陆性气团。

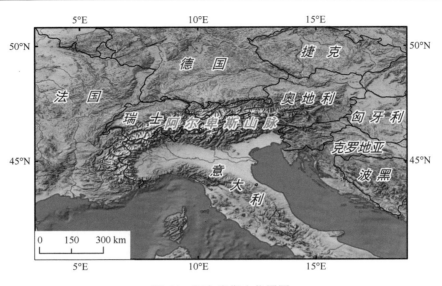

图6.3 阿尔卑斯山位置图

图6.4 阿尔卑斯山主峰——勃朗峰

阿尔卑斯山横跨八个国家，从法国南部的地中海沿岸到斯洛文尼亚，其是中欧最重要的山脉。受气候差异影响，阿尔卑斯山拥有大量不同的自然和半自然栖息地，拥有约3万种动物和13000种植物，有些物种是阿尔卑斯山特有的。栖息地和动植物物种的多样性使阿尔卑斯山成为欧洲保护生物多样性最重要的地区之一。阿尔卑斯山植被呈明显的垂直变化，可分为亚热带常绿硬叶林带（山脉南坡800m以下）；森林带（800～1800m），下部是混交林，上部是针叶林；森林带以上为高山草甸带；再上则多为裸露的岩石和终年积雪的山峰。

阿尔卑斯山是欧洲众多河流的发源地，发挥着欧洲饮水供应、灌溉、水力发电等功能。阿尔卑斯山面积仅占欧洲的 11%，但供水涉及欧洲 90% 以上的地区，尤其是干旱地区与夏季，来自阿尔卑斯山的水源更为重要。在意大利米兰，城市的 80% 用水都依赖于阿尔卑斯山。阿尔卑斯山的冰冻圈变化可直接影响莱茵河、罗纳河、提挈诺河、多瑙河等的水源供给，也会间接影响区域的农业、能源和工业用水，如春季和夏季的温度影响冰雪融水径流，从而影响人口稠密的城市居民用水。阿尔卑斯山还是冰雪运动的圣地、探险者的乐园。在法国、意大利、瑞士和奥地利阿尔卑斯山的许多地方，雪与以冬季运动为基础的旅游业密切相关，许多山区度假胜地的收入很大一部分依赖于冬季运动，这些也都会因为冰冻圈的变化而受到影响。

5. 高加索山脉

高加索山脉自西北向东南蜿蜒（图 6.5），在黑海与里海之间，由亚欧板块和印度洋板块挤压而成，也是俄罗斯和格鲁吉亚、阿塞拜疆等国的国界线。高加索山脉属阿尔卑斯运动形成的褶皱山系，山脉自西北向东南延伸，形成大高加索和小高加索两列主山脉，中间以苏拉姆山相连，包括山麓带在内占地 44 万 km²。高加索山脉地区包括俄罗斯西南部和格鲁吉亚与阿塞拜疆、亚美尼亚的北部地带，具体有克拉斯诺达尔边疆区和斯塔夫罗波尔边疆区及俄罗斯的几个少数民族自治共和国：车臣共和国、印古什共和国、达吉斯坦共和国、卡巴尔达–巴尔卡尔共和国、北奥塞梯共和国等。外高加索（又称南高加索）是格鲁吉亚、阿塞拜疆和亚美尼亚三国所在的地理区域。

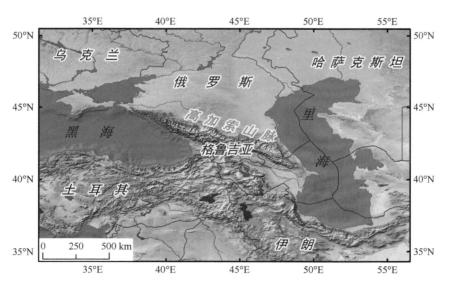

图 6.5　高加索山脉位置

大高加索山脉是亚洲和欧洲的地理分界线，从黑海东北岸，即俄罗斯塔曼半岛至索契附近开始往东南偏东延伸，直达里海附近的巴库为止。大高加索山脉全长 1200km，可分为东、中、西三段。东、西两段山势较低，海拔一般在 4000m 以下，山体宽度为

200km 左右；中部为大高加索山脉，山体较窄，山势高峻，许多山峰海拔在 5000m 以上，最高峰为厄尔布鲁士峰，海拔 5642m，山上气候寒冷，终年积雪，是欧洲第一高峰（图 6.6）。

图 6.6　厄尔布鲁士峰

　　小高加索山脉则几乎与大高加索山脉平行排列，小高加索山脉和亚美尼亚高原构成了外高加索高地。高加索山脉北侧称北高加索或前高加索，属温带；山脉南侧称南高加索或外高加索，属亚热带。小高加索山脉与大高加索山脉在苏拉姆山脉相连后平行伸延，两者平均相距 100km。小高加索山脉全长约 600km，是亚美尼亚高原的北部和东北部边缘，也成为格鲁吉亚、亚美尼亚、阿塞拜疆和伊朗的边界，最高峰是海拔 4090m 的阿拉加茨山。

　　高加索山脉的气候随海拔而垂直变化，同时也受到纬度的影响。气温普遍随着海拔的上升而下降。几乎与海平面相当的阿布哈兹苏呼米地区，1 月平均气温 5～6℃，7 月24℃，年平均气温为 15℃，年降水量 1400mm，因此其是黑海沿岸旅游、疗养胜地。位于海拔 3700m 的卡兹别克山山坡，年平均气温低至–6.1℃。大高加索山脉北坡的年均气温比南坡低 3℃。由于接近大陆性气候，小高加索山脉高地的夏季和冬季的气温有着明显的差别。在高加索山脉地区，降水量总体上由东往西增加，西部降水量为 1000～4000mm，而山脉北部和东部地区，即车臣共和国、印古什共和国、卡巴尔达–巴尔卡尔共和国、奥塞提亚和格鲁吉亚卡赫季州一带的年降水量则为 600～1800mm。

　　大高加索山脉以厄尔布鲁士峰和卡兹别克山为界，分为西高加索、中央高加索和东高加索地区。大高加索山脉自然景观的垂直变化十分明显：1200m 以下为阔叶林；1200～2200m 为针叶林；2200～3000m 为亚高山和高山草甸；2600～3500m 为高山苔原；3000～3500m 及以上为高山冰雪带。西高加索山从山麓到山顶依次生长着落叶林、冷杉、白桦树、高加索杜鹃和灌木丛等。高加索地区野生动物丰富，包括棕熊、高加索鹿、狍、欧洲野牛、岩羚羊、水獭、黑鹳、金鹰、短趾鹰等。西高加索记录有 2500 种昆虫，实际数目比这两倍还多。

来自地中海的水汽受到高加索山脉南部（又称外高加索）的阻挡，使外高加索降水丰富，湖泊和河流众多。位于亚美尼亚境内的塞凡湖为高加索地区最大的湖泊。高加索山脉是很多河流的发源地，冰雪融水起着重要的水源补给作用，径流量在夏季最大，但是各条河流在下游也有雨水补给。高加索山脉地区的河流一般都是短小急湍，水力丰富。大高加索山脉冰川也是重要的旅游景区，格鲁吉亚地区的一些冰川每年能吸引成千上万的游客前来观光，但这一地区的冰川灾害也较为常见，并可以导致重大的生命财产损失。

6. 落基山脉

落基山脉是美洲科迪勒拉山系在北美的主干，被称为北美洲的"脊骨"（图 6.7，图 6.8），从南部的新墨西哥中北部延伸到北部的不列颠哥伦比亚省东北部，绵延约 3000km，形成了北美大部分地区的水系分水岭，其将东部的大西洋和北冰洋水系与西部的太平洋水系分隔开来。落基山脉的主峰是埃尔伯特峰，海拔 4399m，位于其南端附近的科罗拉多州。落基山脉大约有 600 个峰顶超过 4000m。落基山脉起伏度较小，总高度向北递减。落基山脉比较年轻的部分是在白垩纪时代（1.4 亿年至 6500 万年前）隆起的，南部可能在前寒武纪（39.8 亿年至 6 亿年前）已经隆起，主要由火成岩和变质岩组成。

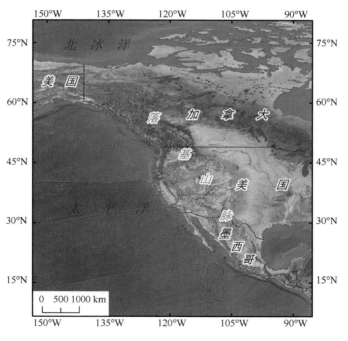

图 6.7　落基山脉位置图

图 6.8 落基山脉十峰谷，加拿大阿尔伯塔省班夫国家公园

　　落基山脉是北美大陆重要的气候分界线，气候多样，由南向北为热带气候、温带气候、冻原气候带（图 6.8）。植被类型为从半干旱草原、高寒草甸、针叶林、高寒冻原到海拔较低处的黄松和花旗松森林等。落基山脉的气候受到来自太平洋和墨西哥湾的湿气团与加拿大干冷气团的影响。落基山脉的年降水量在南部山谷约为 250mm，在北部高山区可达到 1500mm。其气温也受到纬度和海拔的影响。例如，加拿大不列颠省的乔治王子城 1 月的平均温度为–7℃，而在美国科罗拉多的特立尼达 1 月平均温度为 6℃。

　　落基山脉位于北美洲西部，从美国的新墨西哥州中北部延伸到加拿大不列颠哥伦比亚省东北部，绵延约 3000km。美国境内的落基山脉的冰川面积约有 149.3 km²，主要分布在蒙大拿州 Lewis 和 Beartooth 山脉以及怀俄明州的 Wind River 山脉，科罗拉多州、爱达荷州和犹他州也有一些很小的冰川。受多种环境因素的影响，落基山脉的生态是多种多样的。随着海拔变化，温度和降雨的变化也很大，由南向北，包括罗拉多州的落基山脉和新墨西哥州的高山针叶林，怀俄明州的黄石高原，蒙大拿州和爱达荷州的针叶林、湿地和大草原，以及最北端的阿拉斯加北方冻原。

　　除圣劳伦斯河外，北美几乎所有大河都发源于落基山脉的积雪融水。落基山脉以西的河流属太平洋水系，以东的河流分别属北冰洋水系和大西洋水系。落基山脉积雪融化补充河流和湖泊的水源，其中著名河流有阿肯色河（Arkansas River）、阿萨巴斯卡河（Athabasca River）、科罗拉多河（Colorado River）、哥伦比亚河（Columbia River）、弗雷塞河（Fraser River）、库特奈河（Kootenay River）、密苏里河（Missouri River）、皮斯河（Peace River）、普拉特河（Platte River）、黄石河（Yellowstone River）等。其中，中落基山脉是大角河、温德河和科罗拉多河的发源地，大角河是美国黄石河最大的支流；科罗拉多河向西南方向流入加利福尼亚湾区，是加利福尼亚淡水的主要来源。南落基山脉是阿肯色河的源头，阿肯色河是美国密西西比河的大支流。阿肯色河在甘农城和卡萨斯州大本德之间河道宽浅，流经一个干旱区，发挥了重要的灌溉作用。

7. 安第斯山脉

安第斯山脉属于科迪勒拉山系，有"南美洲脊梁"之称，全长 8000 多千米，经向延伸到 66°S，是世界上最长的山脉，平均海拔 3660m（图 6.9）。其最高峰阿空加瓜峰位于阿根廷境内（图 6.10），海拔 6962m，是南半球和西半球的最高峰。安第斯山脉是白垩纪末至新近纪阿尔卑斯运动形成的褶皱山系，火山地震等地壳运动活跃。安第斯山脉被马格达莱纳山谷和考卡山谷的两个构造地堑分开，由东、中、西科迪勒拉山脉组成。

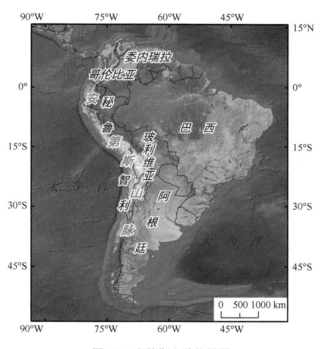

图 6.9　安第斯山脉位置图

安第斯山脉穿过多个纬向分布的气候带，其气候和植被呈地带性分布，主要是赤道两侧的热带高地、常年湿润区、季节性湿润区、半干旱区和干旱山区之间以及在具有地中海和温带气候的科迪勒拉山脉之间。智利和阿根廷的安第斯山脉可分为两个气候带：干安第斯山脉和湿安第斯山脉。安第斯山脉降水量变化很大，38°S 以南年降水量超过 508mm，以北降水量减少，并有明显的季节性。中部和北部，科迪勒拉山脉东侧和西侧的降水系统形成鲜明对比，这是东南和东北信风影响了面向大陆内部的斜坡的结果；而寒冷的秘鲁洋流和温暖的赤道洋流影响着山脉的太平洋一侧。即使在热带内陆地区，降水模式也有明显的差异。在局部和区域尺度上，湿润的迎风坡与半干旱的山地内山谷和高原之间也明显不同。

图 6.10　安第斯山脉主峰——阿空加瓜峰

　　安第斯山横跨委内瑞拉、哥伦比亚、厄瓜多尔、秘鲁、玻利维亚、智利和阿根廷 7 个国家,纬度范围为 57°S～10°N,经度范围为 70W°～80°W,最大宽度达 800km。安第斯山脉的气候因纬度、海拔和与海洋的距离而有很大差异。温度、大气压力和湿度随着海拔上升而下降,南部多雨凉爽,中部干燥。安第斯山脉北部通常多雨而温暖,哥伦比亚的平均气温为 18℃,复杂的气候决定了安第斯山脉的生态系统多样,其广泛发育有冰川、高山草原、高山森林、河流、湖泊和湿地。安第斯山脉降水量总体上随海拔升高而增加,但近 7000m 的海拔范围内仍然有半干旱地区,干旱草原也是 32°S～34°S 的典型特征,在这些地区,山谷底部没有树林,只有低矮的灌丛。安第斯山脉的低地和低坡地带温度较高,年降水量多超过 2000mm,热带山地常绿林所占比重很大。

　　安第斯山脉位于南美洲,很多地方降水量丰富。安第斯山脉的水文研究主要是以安第斯山脉的生态系统为单元开展的,热带安第斯山脉生态系统为很多城镇提供了重要的水资源,如厄瓜多尔首都基多和哥伦比亚首都波哥大的 85% 和 95% 的用水都来自于安第斯山脉。在安第斯山脉高地国家,如玻利维亚、智利北部和秘鲁南部,这些区域属半干旱气候,且季节特征明显。这些地区的河流水资源存储能力有限,冰川融水发挥着重要的水资源调节能力,有很多城市位于海拔 2500m 以上,在旱季完全依赖高海拔的冰川融水。在秘鲁的太平洋一侧,大部分水资源来自安第斯山脉的冰雪。在整个安第斯山区,10%～40% 的水资源源于冰雪融水,它不仅为人类消费、农业、水电生产等提供了水源,而且对维持安第斯生态系统的完整性也是至关重要的。近年来,由于气候变暖,热带安第斯山脉的冰川退缩可能很快会导致许多地区缺水,特别是在玻利维亚和秘鲁。安第斯山脉冰川大多体积较小,冰量有限,对气候变化敏感。在过去几十年里,安第斯山脉的冰川一直在退缩,许多冰川预计将在 21 世纪完全消失,这会给人们带来严重的缺水危机,最终可能会影响到 3000 万人的生活用水安全。

安第斯山脉的雪线取决于其具体位置。在热带厄瓜多尔、哥伦比亚、委内瑞拉和秘鲁安第斯山脉北部，雪线为 4500～4800 m，在秘鲁南部至智利北部的半干旱和干旱山区，海拔上升至 4800～5200m，随后下降至阿空加瓜峰的 4500m。继续向南，雪线则进一步降低，在 40°S 降到 2000m，在 50°S 降到 500m，在最南部的一些地区，有些冰川降至海平面。29°S 以北基本上无积雪，持续性的积雪主要分布范围为 29°S～36°S，面积为 34370km²。

8. 乞力马扎罗山

乞力马扎罗山（Kilimanjaro）位于坦桑尼亚东北部及东非大裂谷以南约 160km、内罗毕以南约 225km、赤道与 3°S 之间，是坦桑尼亚和肯尼亚的分水岭、非洲最高的山脉（图 6.11）。它的主体沿东西向延伸将近 80km，主要由基博、马温西和希拉三个死火山构成，面积 756km²，其中央火山锥呼鲁峰，海拔 5892m，是非洲最高点。乞力马扎罗山素有"非洲屋脊"之称，是 2500 万年前非洲大陆和欧亚大陆相撞后，东非平原出现了弯曲和断裂，火山频繁活动形成的火山地貌。它的主体以典型火山曲线向下面的平原倾斜，由熔岩流和火山碎屑物质组成，山顶终年积雪（图 6.12）。

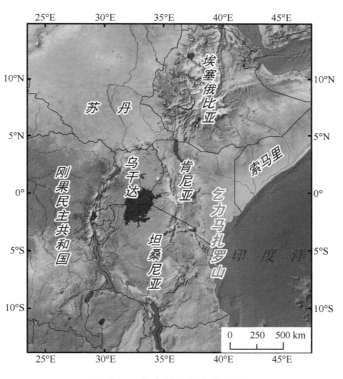

图 6.11　乞力马扎罗山位置图

乞力马扎罗山位于赤道附近，受印度洋潮湿季风影响，降水充足。山顶年平均气温约-7℃，山麓的气温可高达 19℃，而峰顶的气温可低至-34℃，随着海拔的升高，气温逐步下降，而年降水量则先增加后减少。水分和气温条件相结合，使乞力马扎罗山从上到下形成几个迥然不同的山地垂直植被带，具有从热带雨林气候到冰原气候的完整的垂

图 6.12　乞力马扎罗山国家公园

直地带性带谱。乞力马扎罗山有 5 个气候或生态区域,第一个区域为丛林区,海拔为 800~1800m,这个区域的平均温度为 21~27℃,乞力马扎罗山周围的开阔草原实际上延伸到这一地区,其中大部分已经被人类清理开垦。第二个区域为"雨林"地带,海拔为 1800~2800m,雨林区的年降水量最高,略高于 2000mm,乞力马扎罗山大约 95%的水来自这个区域。第三个区域在大约 4000m 处,是典型的沼泽地带,植被主要由石楠、莎草和苔藓占据。第四个区域为"高山荒漠",从大约 5000m 开始,气候极其恶劣,少雨和强烈的辐射导致土地干燥,温度变化也十分剧烈,白天温度会逐渐升高,最高可达 41℃,到了夜晚则可以降到 0℃以下。第五个区域是乞力马扎罗山的"顶点"或最顶端地区,也称为"北极",这里夜晚寒冷刺骨,白天酷热难耐,几乎没有动物或植物。

乞力马扎罗山位于坦桑尼亚北部,南部为帕雷山脉。气候因地形而异,河谷一带暖热,其年降水量为 800~900mm;山区比较凉爽并且多雨,地区年降水量为 1600~1800mm。尽管当地降水量可观,但乞力马扎罗山对于坦桑尼亚北部的水文有着至关重要的影响,其中有多条主要河流均发源于乞力马扎罗山,这些河流对于旱季的水资源供给十分重要。因此,乞力马扎罗山是肯尼亚和坦桑尼亚的重要水塔。

6.1.2　冰冻圈分布特征

1. 青藏高原

青藏高原是中国冰冻圈分布最广的区域,分布着大量的冰川和多年冻土,占中国冰冻圈总面积的 70%(图 6.13)。青藏高原北部与阿尔泰山和天山相邻,由北向南发育有喀喇昆仑山、昆仑山、念青唐古拉山、喜马拉雅山和横断山等山系,为冰川形成提供了广阔的发育空间和水热条件。根据中国第二次冰川编目资料统计,中国青藏高原有冰川

40352 条，冰川总面积 44398.5km²，大多集中分布在青藏高原南缘的喜马拉雅山、西部的喀喇昆仑山和北部的昆仑山西段等山系。西藏的冰川数量最多，其次是新疆，但是新疆的冰储量最大。青藏高原积雪面积的年际变化较大，但除了干旱的柴达木盆地和藏北高原外，大部分都属于稳定积雪区，其中喜马拉雅山脉及其两端——西北部、东南部以及祁连山地区，部分积雪覆盖可达 150 天以上。冻土作为冰冻圈的重要组成部分，在寒区生态、水文、气候以及工程建设中具有重要作用，同时也是连接冰冻圈和其他部分的纽带。青藏高原分布着世界中低纬地区面积最大、范围最广的多年冻土区，多年冻土的实际分布面积约 $1.06×10^6$km²，约占区域总面积的 40%。除多年冻土之外，青藏高原在海拔较低区域内还分布有季节性冻土，即冻土随季节的变化而变化，季节冻土约 $1.46×10^6$km²，约占区域总面积的 56%，土壤的冻结和融化交替出现，呈现出一系列冰缘地貌类型。多年冻土中含有丰富的地下冰，目前估算表明，地下冰总储量约为 9528km³。

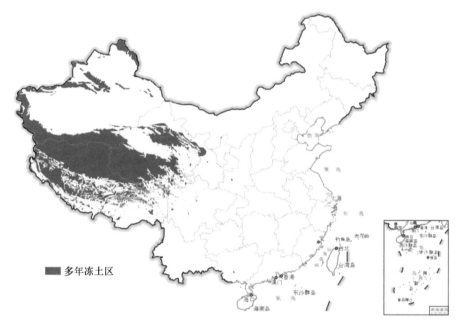

图 6.13　我国境内青藏高原及其周边地区多年冻土空间分布

2. 天山

　　天山广泛发育冰川、积雪、高山冻土，主要分布在中国、哈萨克斯坦和吉尔吉斯斯坦等国家。天山的冰雪为周边河流提供了丰富的水源。由于高海拔和寒冷的气候条件，天山终年积雪，其中西天山和北天山的雪深值较高，而南天山和东天山的雪深值较低。实际上，天山高海拔地区的积雪融水维系着塔里木盆地许多绿洲。这些冰雪融水径流不仅维持了绿洲落叶林的生长，更提供了绿洲内所需的灌溉用水。

　　天山降水主要集中在夏季，几乎为降雪的形式。根据 2018 年的研究，天山共有冰川 15953 条，总面积为 15416km²，其中 9081 条冰川位于中国境内。天山最大的冰川为位于吉尔吉斯斯坦东北部境内的南英帕克冰川，长度为 60.5km，面积达 567.2km²。这一冰川的融水通过支流汇入我国阿克苏河。天山也是新疆伊犁河与塔里木河等大河的源头。我国新疆境内，在不到 20×10⁴km² 的山地径流形成区内有大小河川 200 多条，年总径流量为 4.36×10¹⁰m³，占新疆河川径流总量的 52%。

天山的高山冻土带是世界上最大的高山多年冻土带，冻土下界为 3500～3700m，不连续多年冻土出现在海拔 2700～3300m。受地形和微气候的影响，在有些地方，多年冻土的分布下界可低至 2000m。根据 1996 年的分析资料，认为天山多年冻土面积约 159×10³km²，其中连续多年冻土面积为 41×10³km²，不连续多年冻土面积为 49×10³km²，岛状多年冻土面积为 69×10³km²。

3. 阿尔泰山

阿尔泰山独特的山体构造和气候条件造就了该地区多种形态的冰川，如山谷冰川、冰斗冰川、悬冰川。阿尔泰山冰川和冰湖是该区域重要的淡水资源。根据 2015 年的统计资料，阿尔泰山共有冰川约 1500 条，总面积为 745km²，其中中国、哈萨克斯坦、蒙古国和俄罗斯境内的冰川面积分别为 137.774 km²、45.776 km²、95.849 km² 和 465.76 km²。我国境内的主峰友谊峰（4374m）和其北侧的奎屯峰（4104m）区域是现代冰川的集中分布区，由此向东南和西北，山脊海拔逐步下降，仅有少许小型冰川分布。在俄罗斯西伯利亚，阿尔泰山的冰川占南西伯利亚冰川总数的 70%，其冰雪融水通过俄罗斯第一大河叶尼塞河（Yenisei River）以及俄罗斯第三大河鄂毕河汇入北冰洋。阿尔泰山区共有冰湖 3581 个，总面积 235.825km²。中国、俄罗斯、蒙古国、哈萨克斯坦冰湖数量各占 19.04%、47.22%、25.16%、8.94%，冰湖面积各占 14.31%、46.40%、33.37%、8.04%。

阿尔泰山有些地区积雪长达 8 个月，有些地区多年的平均积雪深度会超过 20cm。中国阿尔泰山多年冻土区与俄罗斯和蒙古国阿尔泰山多年冻土区相连接而位于欧亚大陆多年冻土区的南缘。积雪对冻土会产生一定的影响。阿尔泰山多年冻土下界的年平均气温要比其他区域低，主要是由于季节性积雪增大了气温和地表温度的差值。阿尔泰山的多年冻土为不连续多年冻土，在我国阿尔泰山地区，海拔 2200m 以上有多年冻土。在蒙古国阿尔泰山地区海拔 1500m 以上就可能有多年冻土存在。俄罗斯阿尔泰山海拔较低处也有多年冻土，属于西伯利亚多年冻土区。阿尔泰山多年冻土的研究基本上是基于钻孔数据观测开展的，而在西伯利亚的大量地区，观测资料很少，因此阿尔泰山多年冻土分布的空间资料也很少。

4. 阿尔卑斯山

阿尔卑斯山降雪较多，在奥地利、法国、瑞士、意大利等国都有许多著名的滑雪场，阿尔卑斯山的雪线在 2400～3200m，山脉北部的积雪厚度通常为 1m 左右，南部的积雪厚度为 30～40cm。阿尔卑斯山是欧洲冰川的主要分布区，冰川主要围绕海拔最高的勃朗峰发育，且雪线以上、坡度较小的地方更容易发育冰川。该区域冰川主要受大西洋水汽补给，其南部相邻的地中海和东面的黑海在一定程度上为局地的冰川提供了水汽来源。阿尔卑斯山冰川主要分布在海拔 2500～4000m，现存 1000 多条现代冰川，总面积达 2000 km²，其中瑞士为 1010km²，意大利和奥地利分别为 441km² 和 340km²，法国为 265km²，德国仅有 0.6 km²，斯洛文尼亚和列支敦士登没有冰川分布。阿尔卑斯山海拔 2300m 以上就可能有多年冻土，但主要分布于海拔 2600～3000m 的地区。由于实测资料比较少，根据多年冻土指数计算得到的阿尔卑斯山地区的多年冻土面积范围为 2000～12000km²，一般认为其冻土面积为 6200km²。多年冻土在不同国家的分布比例与冰川相似。例如，以 6200km² 计，瑞士、意大利、奥地利和法国多年冻土的分布面积分别为 754 km²、569 km²、484 km² 和 199 km²，德国和斯洛文尼亚分别为 0.9km² 和 0.1 km²，列支敦士登无多年冻土。由于多年冻土面积是冰川面积的 3 倍左右，多年冻土的地下冰含量可能很大，以后阿尔卑斯山多年冻土的变化可能会影响到欧洲的水资源。

5. 高加索山脉

高加索山脉以降雪大而闻名，但许多非迎风坡地区的降雪较小。对于距离黑海较远的小高加索山脉也是如此，因为小高加索山脉受到来自黑海的潮湿水汽的影响较小。小高加索山脉冬季平均积雪厚度为 10～30cm，而大高加索山脉（特别是西南部的山坡）在冬季普降大雪，从 11 月至翌年 4 月，雪崩十分常见。在一些地区积雪厚度可以达到 5m，在高加索山脉积雪最多的阿奇什科山地区，经常可以记录到深达 7m 的积雪。小高加索山脉海拔较低，最高峰为 4090m，冰川作用弱。高加索山脉的冰川主要发育于大高加索山脉。根据 2014 年冰川编目资料，大高加索山脉共有冰川 2020 条，面积为 1193.2±54km²，其中 70%的冰川位于北坡，大部分冰川面积为 1～5km²，冰川分布区最常见的坡度为 10°～15°。高加索山脉有多年冻土分布，一般认为多年冻土的分布下界为 2800～3000m，南坡高于北坡，但是关于其实际分布面积、地温等观测的研究还非常少。

6. 落基山脉

落基山脉的积雪总体上由西向东减少反映了冬季西风带降水的主导作用，由南向北增加反映了纬度的变化。降雪有几种来源，但主要来自西风气旋风暴，其轨迹反映了太平洋急流的位置和强度。当地积雪受海拔、地形和风的影响很大。在过去的 50 年里，由于冬季降水普遍减少和温度升高，美国西部的积雪水当量深度普遍下降。

美国落基山脉大部分冰川面积不足 1 km²，其中位于 Wind River 山脉的甘尼特冰川是面积最大的冰川。冰川的平衡线高度范围从北蒙大拿的 2200m 到科罗拉多的 3700m。加拿大不列颠哥伦比亚省和阿尔伯塔省的冰川总面积约为 26000 km²，约占北美高山冰川面积的 1/4，且占总面积近 70%的冰川位于海岸山脉（coast mountains）（一系列西北走向的山脉，西邻太平洋海岸，从南边不列颠哥伦比亚省–华盛顿边界延伸到北边的不列颠哥伦比亚省–育空边界，绵延约 1000km）之上。冰川总数大约有 15000 条，其中约 1000条位于阿尔伯塔省。落基山脉的高海拔地区存在不连续的多年冻土，山脉北部多年冻土下界约在海拔 2000m 处，南部约在 3500m 处。石冰川是落基山脉最显著的冰缘地貌，出现于全新世以来。

7. 安第斯山脉

安第斯山脉冰川十分发育，在安第斯山脉跨越的国家中都有冰川分布，冰川可分为热带冰川和温带冰川，其中超过 99%的热带冰川分布在委内瑞拉、哥伦比亚、厄瓜多尔、秘鲁、玻利维亚、最北的智利；温带冰川位于 18°S 以南，即智利中部和南部以及阿根廷及南部巴塔哥尼亚冰原。热带安第斯山脉的冰川在质量和能量平衡方面也很独特，与中纬度和高纬度的冰川有着根本的不同：积累和消融季节并不是分开的。在 2016 年冰川编录资料中，安第斯山冰川总数为 11209 条，面积为 $22636\pm905km^2$，其中位于南部的巴塔哥尼亚冰原（Southern Patagonian Icefield）和北部的巴塔哥尼亚冰原（Northern Patagonian Icefield）是最大的温带冰川区，冰川面积分别为 $12232\pm201km^2$ 和 $3674\pm80km^2$，大部分冰川在东南坡，但是一些大的溢出冰川（outlet glacier）取决于山脉的走向。安第斯山脉多年冻土的研究还较少，根据对智利安第斯山脉地区的研究，利用多年冻土分布指数进行计算，认为有可能有多年冻土存在的面积为 $1051\sim2636km^2$。

8. 乞力马扎罗山

乞力马扎罗山的积雪分布与干湿季气候相关，呈现出季节性，其年际变化较大。乞力马扎罗冰川是更新世时期更冷、更湿气候条件的遗迹，其顶部较平坦，边缘几乎呈垂直形状，斜坡冰川（slope glaciers）主要集中在山体的西南和西北两侧山顶。冰川分布在海拔 4000m 以下的山坡，目前只有基博峰存在冰川，面积约 $2.6km^2$。由于气候变暖，乞力马扎罗山的冰川呈退缩趋势，预计在 2200 年完全消失。虽然乞力马扎罗山的冰川很小，但它仍然是区域生态系统和当地居民的重要水源地，同时它的雪幔和冰幔是赤道附近最独特和最著名的风景，每年吸引了约 30 万的国际游客，每年为坦桑尼亚带来至少 5000 万美元的旅游收入，也对当地扶贫起到积极作用。乞力马扎罗山顶有小面积的多年冻土。

6.1.3　人类经济概况

冰冻圈通过气候调节作用为人类营造了适宜的地球人居环境，同时为区域提供了大量的淡水资源、高山水电和天然气水合物等清洁能源、多样的冰冻圈旅游产品、独特的冰冻圈文化形态，以及特有生物种群栖息地等资源，具有独特的经济社会服务功能。此外，冰冻圈地区本身也有很多的人类活动。同自然条件一样，高山区因为山系巨大，跨越不同的气候带和国家，人口、经济和产业结构布局的区域差异性很大，因此本书重点介绍民族、农业和工业。

1. 青藏高原

青藏高原面积约为 250 万 km^2，但人口稀少。2018 年我国青海和西藏人口分别为603 万人和 344 万人，其中西宁和拉萨的人口分别为 237 万人和 58 万人。人口分布主要受到海拔影响，这在青海尤为明显，因为青海的大部分人口分布在海拔较低的东部地区，东部地区以城市和农业区为主。在西藏地区，除了个别人口较多的城市如拉萨、山南、日喀则以外，其他地区大部分海拔都高于 4000m，因此人口稀少。例如，阿里地区面积达到 30.4 万 km²，而在 2017 年底，人口才 10 万人，很多地方属于无人区。

　　青藏高原整体上经济欠发达，西藏 2018 年 GDP 为 1400 亿元，人均 4.2 万元，青海 2018 年 GDP 为 2417 亿元，人均 4.1 万元，在全国排名均靠后。除了经济总量较小以外，西藏和青海的产业结构也不合理。据 2004 年的产业结构统计，西藏和青海第一产业的从业人员比例为 62.6%和 51.2%，第二产业为 9.6%和 16.5%，第三产业为 27.8%和 32.3%，同期全国的三大产业从业人员为 46.9%、22.5%和 30.6%。从总产值来看，西藏和青海的第一产业比例为 20.5%和 12.4%，第二产业为 27.2%和 48.8%，第三产业为 52.3%和 38.8%，而同期全国的三大产业总产值为 15.2%、52.9%和 31.9%。可见，西藏和青海的第一产业从业人员比例均较高，第二产业较低，第三产业因为旅游业较为发达，从业人员比例与全国平均水平相当。同时，西藏的第一产业总值所占比例过高。

　　西藏和青海的经济布局在不同时期经历了较大的改变。西藏 20 世纪 90 年代计划用 10 年左右时间，投资 10 亿元来兴修水利、改造中低产田、改造草场和植树造林等，使农业生产有一个稳固、坚实的基础和良好的生态屏障，逐步建设商品粮基地、畜产蔬菜副食品基地、轻纺手工业和科技示范推广基地。到 1996 年，西藏又提出新规划，要求把农业放在经济建设首位，明确了三大产业的发展方向，要稳定发展第一产业，有重点地发展第二产业，大力发展第三产业，并计划将拉萨和日喀则两市建设成为经济核心区，把昌都市建设成为发展极，其他行署所在地建设成为增长点。2006 年和 2016 年，西藏基本上明确了中部经济区以拉萨市、日喀则地区、山南地区、林芝地区、那曲地区为主，东部经济区以昌都地区为主，西部经济区以阿里地区为主的区域发展概念。可以看到，除了早期是以提高生产力为目标以外，近期则是充分根据自身自然条件，特别是与冰冻圈密切相关的自然禀赋，坚持贯彻经济发展和环境保护并行的措施，从而实现可持续发展的目标。与西藏类似，青海的经济布局近年来强调在海拔较低、人口密度较大的东部，而南部和西部有丰富的矿产资源，也要注重环境保护，特别是三江源自然保护区的环境保护。

2. 天山

　　天山位于欧亚大陆腹地，是多民族聚居地。总体上，由于天山地区的人口统计受到区域划分标准的影响，因此目前还缺少天山地区的总人口资料。从天山的地理位置分布及周边大致范围来看，目前天山地区的人口为 2000 万人左右。其中，人口密度以中国境内较大。我国新疆地区分为南坡经济带和北坡经济带，其中南坡经济带主要包括巴州和阿克苏，人口在 2005 年为 330 多万人，而北坡经济带的人口较多，在 2008 年为 468 万人。哈萨克斯坦的首都阿拉木图位于天山南麓，2018 年的人口约为 200 万人。吉尔吉斯斯坦全境受天山的分割，2018 年底人口为 632 万人。乌兹别克斯坦的塔什干地区 2016 年的人口为 240 万人。

　　天山地区的农业比较发达，在山谷中，河流可以为种植棉花、小麦和饲料作物提供灌溉用水，也可以作为牧场浇水。在温度较高的冲积扇地区，中亚各国所有定居点都种有果树。养牛业已基本取代了西部山区的传统绵羊和山羊放牧，而东部地区则普遍采用养羊和养马的方式，东部也饲养了一些牛和双峰驼。

天山地区矿床资源丰富。在山谷中发现了石油、天然气和煤炭，而高山上则有商业价值的各种有色金属（锑、汞、铅、锌、镍和钨）和磷酸盐。石油和天然气的开采以及有色金属的开采和加工刺激了东部山脉北坡的快速工业化。食品加工和纺织品制造是一些城镇的主要产业。在中国的乌鲁木齐地区，汽车制造业、石化产品生产和食品加工占主导地位。

3. 阿尔泰山

阿尔泰山斜跨中国、哈萨克斯坦、俄罗斯、蒙古国境。阿尔泰山地处偏远地区，人口稀少，但民族多样，包括俄罗斯人、哈萨克人、阿尔泰人和蒙古人。目前，有着阿尔泰人血统的居民不到该地区总人口的 20%，我国新疆阿勒泰地区的人口在 2017 年为 67 万人，俄罗斯联邦的阿尔泰共和国人口在 2010 年约 70 万人，哈萨克斯坦阿尔泰山地区、蒙古国阿尔泰山地区、俄罗斯西伯利亚阿尔泰山地区人口稀少，缺乏具体的资料。

阿尔泰山地区经济主要以牛、羊、马的畜牧业、农业、林业和采矿业为基础，总体上农业比较发达。我国阿勒泰地区 2018 年第一、第二和第三产业分别为 18.1%、36.4%和 45.5%，人均生产总值超过 6000 美元，经济较为发达，但是在阿尔泰山的其他地区，主要经济活动仍然是农业和畜牧业，特别是在干旱的蒙古国南部阿尔泰山的游牧牧民中，经济较为不发达。阿尔泰山以其矿床和水力发电潜力而闻名，主要经营汞、金、锰、钨、铜、铅、锌等有色金属的大型矿山和冶炼厂。此外，我国阿尔泰山地区和俄罗斯联邦的阿尔泰共和国有着丰富的水力发电资源。近年来，阿尔泰山也吸引了许多旅游和探险者，我国阿勒泰地区的喀纳斯湖是旅游胜地，每年都吸引了大量游客。

4. 阿尔卑斯山

根据《阿尔卑斯山公约》的定义，2012 年阿尔卑斯山地区约有 1400 万人口，包括 7 个国家、83 个地区和大约 6200 个社区，阿尔卑斯山以其独特的自然和文化历史组合，已成为欧洲大陆中心地带一个重要的生活空间、经济区和娱乐场。就平均人口密度而言，阿尔卑斯山每平方千米有 60 名居民，不属于人口稠密地区，但地区差异很大。从人口分布来看，高寒地区正经历着城市增长和农村人口外流的过程，主要的城市中心和山谷中的低海拔地区人口都将迅速增长，而山区小社区正在减少。

阿尔卑斯山地区的产业主要有农业、工业、旅游业、服务业和发电。目前，阿尔卑斯山农业的重要性正在降低，山谷地带开始种植特用作物，并在海拔较高的地方开始养牛。由于运输成本和企业经营规模的不断扩大，在现代早期已经十分突出的钢铁制造业已经达到了极限。由于丰富水源和陡峭的地势，因此阿尔卑斯山成为水力发电的理想地区。近年来，阿尔卑斯山的旅游业正迅速崛起。旅游业已经从最初的夏季旅游发展到冬季旅游，特别是滑雪业，旅游业是山区人民的主要收入来源。此外，跨境运输和贸易也是阿尔卑斯山服务业的重要组成部分。

5. 高加索山脉

高加索地区总人口约 3000 万人，有 50 多个民族，超过百万人口的民族有俄罗斯人、阿塞拜疆人、格鲁吉亚人和亚美尼亚人等。高加索地区经济较发达，但是国家之间差异较大。2018 年，俄罗斯高加索地区人均 GDP 为 11289 美元，亚美尼亚、阿塞拜疆和格鲁吉亚分别为 4188 美元、4722 美元和 4346 美元，山区的收入低于平原。高加索地区主要是农业和畜牧业山区经济，一半以上的劳动人口在农业部门就业。农业活动由海拔带决定，西高加索地区的居民以养牛为主，其他地区的居民以养绵羊和山羊为主。养牛业在国民经济中占有重要地位，占山区居民收入的 40%~90%。在高山耕地少的地区，农作物占地面积往往只有 5%，草甸和牧场分别占 15% 和 78%。在河谷地带，农作物主要是一些土豆。此外，还有一些谷类作物、甜菜等饲料作物、豆科植物、果树（如杏和梨）和葡萄。

　　高加索地区是一个矿产资源非常丰富的地区，20 世纪 50 年代，高加索地区是苏联石油和天然气的主要来源地。大高加索南部支杜利锰矿的蕴藏量高达世界第一，亚美尼亚的铜矿也非常有名。主要工业有能源工业（石油、天然气）、有色冶金（锰、铜）、机械工业（电力机车和食品机械）和食品工业等。大高加索山山体高大，是交通的天然屏障，唯一穿越大高加索山脉的公路是格鲁吉亚军事公路，长达 207km，其他两条向西的公路则是沿着山脉走向，无法穿越山脉。高加索地区工业化程度较低，工业部门依赖当地资源和农产品。东高加索地区有着丰富的手工艺传统，如织布、高加索地毯、金匠和银匠。在山区，除了一些采矿业如钨、钼和锰等金属矿物外，几乎没有现代工业。

　　高加索地区旅游资源丰富，很多地区风景如画。该地区冰雪资源丰富，是很多旅游观光和滑雪者的去处。此外，高加索地区温泉资源也很丰富，但是开发程度很低。

6. 落基山脉

　　落基山脉在北美，纵跨美国本土、加拿大和阿拉斯加。由于加拿大和阿拉斯加人口稀少，因此落基山脉的人口主要集中在美国本土的科罗拉多州、犹他州、怀俄明州、爱达荷州和蒙大拿州。2018 年美国人口统计表明，这些州人口总数为 1200 多万人，占美国总人口的 3.7%。加拿大落基山脉地区有三个小镇，露易斯湖（Lake Louise）、班夫（Banff）、坎莫尔（Canmore），这三个小镇的人口分别只有 2000 人、7700 人和 10800 人，却是世界闻名的旅游胜地，每年吸引 400 万人来观光。

　　落基山脉经济格局多样，落基山脉对于经济的影响巨大，对科罗拉多州的经济贡献每年就达 100 亿美元，对爱达荷州的经济贡献每年约 22 亿美元。就落基山脉地区本身而言，农业包括旱地农业、灌溉农业和畜牧业。家畜经常在高海拔的夏季牧场和低海拔的冬季牧场之间迁徙。在落基山脉发现的矿物包括大量铜、金、铅、钼、银、钨和锌矿床。怀俄明州盆地和几个较小的地区蕴藏着大量的煤炭、天然气、油页岩和石油。世界上生产量最大的钼矿位于科罗拉多州。爱达荷州北部生产银、铅和锌。加拿大最大的煤矿也位于落基山脉的不列颠哥伦比亚省，另外还有一些煤矿位于艾伯塔省北落基山脉附近。落基山脉包含几个富含煤层气的沉积盆地，这些地区可以生产天然气，其供应着美国 7% 的天然气。落基山脉最大的煤层气来源是新墨西哥州和科罗拉多州的圣胡安盆地和怀俄明州的波德河盆地，这两个盆地估计含有 $1 \times 10^{13} \mathrm{m}^3$ 的天然气。

　　落基山脉旅游业十分发达，美国著名的景点有黄石国家公园、冰川国家公园、大提顿国家公园、落基山国家公园、大沙丘国家公园、锯齿国家休闲区、弗拉特黑德湖。加拿大的落基山脉国家公园有班夫国家公园、贾斯珀国家公园、库特奈国家公园、沃特顿湖国家公园和 Yoho 国家公园。

7. 安第斯山脉

安第斯山脉纵跨阿根廷、玻利维亚、智利、哥伦比亚、厄瓜多尔、秘鲁和委内瑞拉，这些国家统称为安第斯国家。安第斯山脉地区的总人口达 8500 万人，占安第斯国家总人口数的 45%。其中，北安第斯国家的人口密度是世界上最大的地区之一。在南美的太平洋沿线的大城市中，大约有 2000 万人依赖于安第斯山脉的资源和生态系统服务。安第斯国家的人均 GDP 都不低，如 2017 年都在 6000 美元以上，但实际上有大量的贫困人口。例如，墨西哥有一半为贫困人口。很多最贫困的人也位于安第斯山脉地区。

安第斯山脉对安第斯国家的经济有着非常重要的作用，对于其国内生产总值贡献很大。安第斯山脉提供了农业用地和矿产资源、农业灌溉用水、水电资源、生活用水和南美大城市的商业用品。总体来看，安第斯山脉地区的农业不发达，农作物产量相对较低。供水不足，高原大部分地区干旱或季节性降水少且不规则。高平原的温度很低，农作物容易受冻。安第斯山脉地区地形崎岖，土壤发育较差，有些山谷有肥沃的土地，但面积较小。为了增加农业用地，在安第斯山脉的一些斜坡上开发了梯田。因此，安第斯山脉的农业生产基本上用于当地消费，出口的农产品主要包括咖啡（特别是来自哥伦比亚）、烟草和棉花；此外，尽管受到严格限制，还是有很多可卡因的原材料从哥伦比亚和玻利维亚出口。安第斯山脉的采矿业对于全世界都非常重要。采矿业在安第斯山脉南部特别发达，主要矿物有铜、锡、银、铅、锌、金、铂、绿宝石、铋、钒、煤和铁，其中智利的铜储量约为全球探明总量的 1/4。此外，安第斯山脉东侧分布着几处石油矿床。

安第斯山脉山区铁路和公路的建设与维护既困难又昂贵，目前牲畜包括马、驴、骡、牛和骆驼还广泛在局地运输中使用。大部分铁路是为运输采矿产品而修建的，智利和阿根廷之间有两条国际铁路，其中一条铁路的最高海拔为 4815m。厄瓜多尔的主要铁路线从基多到瓜亚基尔，哥伦比亚的主要铁路线连接波哥大和加勒比海岸。安第斯国家拥有公路网，但是只有很少一些公路是柏油路，泛美高速公路连接西部主要城市，系统包括各种东西向路线。航空运输在安第斯国家非常重要，哥伦比亚和秘鲁的航线尤其发达。

8. 乞力马扎罗山

乞力马扎罗山位于坦桑尼亚，该地区有 6 个镇，6 个镇中有 6 个镇政府，外加一个乞力马扎罗地区的政府，其位于莫西（Moshi）镇，该镇也是距离乞力马扎罗机场最近的镇。2012 年乞力马扎罗地区共有人口 164 万人，到 2017 年增加至 179 万人。在该地区的 6 个镇中，有 4 个是查加族人的定居点，另外两个地区是佩尔族人的定居点。查加族人有着丰富多彩的传统活动，他们早期信奉基督教，是十大非洲部落之一。

坦桑尼亚经济落后，乞力马扎罗山是该国重要的经济中心，该地区创造了全国 13% 的国民生产总值。乞力马扎罗地区经济发展好于坦桑尼亚的其他地区，2016 年该地区的人均国民生产总值约为 1050 美元，而同期全国为 966 美元。乞力马扎罗地区有畜牧业、玉米和大豆种植区以及香蕉、咖啡种植区。其中，畜牧业一般在海拔 900m 以下的地区，年降水量为 400～900mm；玉米和大豆种植区一般在海拔 900～1200m，年降水量为 1000～1200mm；香蕉和咖啡种植区在海拔 1200～1800m 的乞力马扎罗山南坡地区，年降水量为 1200～2000mm。由于人口快速增加，土地稀缺导致土地利用更加密集和多样化，这已经对景观产生了重要影响。目前，种植面积已经扩大到山坡下的边缘地带，天然林消失，呈碎片化分布，现在河边的林地往往只剩下一两排树。工业方面，乞力马扎罗地区的莫西镇拥有坦桑尼亚最大的咖啡贸易与加工中心，其也是重要的电力基地，有着许多水力和火力发电站，南面有大型制糖厂。莫西镇的文教事业发达，拥有铁路和国际航线。乞力马扎罗山旅游业非常发达，每年约有 35000 名登山者，主要是国际登山者前来登山。乞力马扎罗山提供了大量的工作机会，当地约有 10000 名搬运工、500 名厨师和 400 名导游，这对当地的经济发展至关重要。

6.2　冰冻圈变化

由于海拔高，气温低，地形复杂，高原与高山区冰川、积雪、冻土非常发育。青藏高原冰冻圈变化的研究多集中于冰川、积雪、多年冻土和湖冰，但目前针对高山区冰冻圈变化的研究多集中于冰川和积雪，而对山地多年冻土的研究十分有限。总体而言，各个区域已有的研究积累差异较大，对不同的冰冻圈要素的关注也不同。本书即综合最新的研究进展，对研究较多的地区的冰冻圈变化进行介绍。

6.2.1　青藏高原地区

1. 冰川

由于全球变暖，青藏高原冰川自 20 世纪 90 年代以来呈全面、加速退缩趋势。根据中国第二次冰川编目的初步资料统计，自中国第一次冰川编目（1970 年左右）之后到 2008 年，总计冰川条数由 41119 条变为 40963 条，减少了 156 条；冰川面积从 53005.11 km² 退缩为 45045.2 km²，平均退缩了 15%。其中，在统计的冰川中，1970～2008 年共计已有 5797 条冰川消失，总面积为 1030.1 km²；有 2425 条冰川发生分离，分解成 5441 条冰川，但冰川面积从 14033 km² 退缩为 12026 km²，退缩了 14.3%。在气候变暖和降水量变化不大的情况下，未来几十年这类冰川无疑将继续保持退缩趋势，特别是那些面积小于 1km² 的冰川将面临消失。由于中国冰川中 80% 以上都是面积小于 1km² 的小冰川，由此可以预见，未来几十年冰川条数将会减少。青藏高原东南部海洋性冰川的退缩幅度仍将远大于青藏高原西部的极大陆性冰川。

青藏高原及其周边的冰川变化从物质平衡和退缩速率两方面展开说明。冰川物质平衡量等于积累量与消融量的差值。冰川上某测点某时段的物质平衡量可表示为冰川物质平衡直接受大气降水（固态、液态水）和气温等因素变化的影响。冰川上热和水的条件是不断变化的，每年的物质平衡量也不一样，如果积累量大于消融量，便出现正平衡，从而有利于冰川发育；如果积累量小于消融量，便产生负平衡，导致冰川后退。本书选择青藏高原及其周边具有长期物质平衡观测或恢复资料的 8 条典型参照冰川（乌源 1 号冰川、老虎沟 12 号冰川、小冬克玛底冰川、帕隆 94 号冰川、绒布冰川、海螺沟冰川、七一冰川和抗物热冰川），用于展示该区域冰川的物质平衡变化状况。如图 6.14 所示，不同冰川的年物质平衡和累积物质平衡均呈现显著的减小趋势，即这些冰川均处于亏损趋势。其中，位于天山的乌源 1 号冰川、祁连山地区的老虎沟 12 号冰川和七一冰川在 20 世纪 90 年代中期呈现加速亏损特征，正平衡年份显著较小，负平衡年份显著增加，使得累积物质平衡显著减小；位于青藏高原南部的抗物热冰川和绒布冰川以稳定快速的速率呈现亏损趋势；处于藏东南地区的海螺沟冰川年物质平衡波动最大，并且累积物质平衡呈现快速的减小趋势。

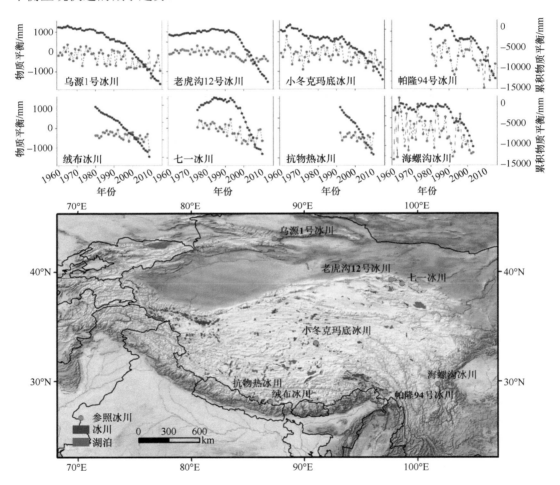

图 6.14　青藏高原及其周边 8 条典型参照冰川和物质平衡年际变化
上述 8 条冰川具有长期物质平衡观测或恢复资料

　　冰川总体上自小冰期结束以来一直处在退缩状态，20 世纪 70 年代出现过短暂的稳定或前进，之后又开始逐渐退缩，目前退缩速率达到历史最大。从表 6.2 可以看出，青藏高原及其周边的冰川末端退缩速率存在显著的差异，尽管不同冰川末端退缩速率的数据时间序列存在一定的差异，但仍具备一定的代表性。其中，横断山区和阿尔泰山的冰川退缩速率相对最快，其次是天山地区，相比之下，祁连山地区冰川末端年平均变化累积量最小、退缩速率最慢。

表 6.2 青藏高原及其周边冰川末端退缩速率比较

地区	冰川名称	时段/年	年均退缩速率/（m/a）	参考文献
祁连山	党河南山冰川	1966~2010	3.6	孙美平等，2015
	叶尔羌河流域冰川	1990~2001	6.4	冯童等，2015
	黑河流域冰川	1956~2010	1	夏明营，2013
	宁缠河和水管河河源冰川	1972~2010	4.7	曹泊等，2013
	七一冰川	2012~2013	5~7	王坤等，2014
横断山	海螺沟 2 号冰川	1981~2006	10.8	李宗省等，2009
	大贡巴冰川	1981~2007	9.8	李宗省等，2009
	明永冰川	1998~2002	10	李宗省等，2009
	白水 1 号冰川	1999~2011	13.8	杜建括等，2013
	燕子沟冰川	1989~2009	17.4	张国梁，2012
	大贡巴冰川	1989~2009	17.5	张国梁，2012
中部和南部地区	小冬克玛底冰川	2009~2012	4.9	张健等，2013
	拉弄冰川	1999~2003	3.3	张堂堂等，2004
	格拉丹东冰川	1969~2000	7.8	鲁安新等，2002
	纳木那尼冰川	1976~2006	5	姚檀栋等，2007
	枪勇冰川	1979~2005	3.9	蒲健辰等，2004
	东绒布冰川	2002~2004	8.3	张国梁，2012
	中绒布冰川	2002~2004	9.5	张国梁，2012

2. 冻土

青藏高原是中国最大的多年冻土分布区，也是世界上最大的中纬度、高海拔多年冻土区，多年冻土实际面积约为 $1.06×10^6 km^2$。受气候变化和人类活动的影响，近年来青藏高原多年冻土出现了冻土面积缩减、年平均地温升高、活动层厚度增加等退化现象。

青藏高原多年冻土在 1976~1985 年基本处于相对稳定状态，1986~1995 年逐渐向区域性退化趋势发展，1996 年至今已演变为加速退化阶段，推测未来几十年内冻土退化仍会保持加速。1981~2010 年的 30 年间，青藏公路沿线多年冻土区活动层厚度呈现出明显增大的趋势。20 世纪 80 年代活动层厚度平均值为 179cm，90 年代活动层厚度平均值比 80 年代增大了 14cm，21 世纪前十年活动层厚度平均值比 20 世纪 90 年代增大了 19cm。多年冻土上限温度、50cm 深度土壤温度及 5cm 土壤积温均呈现出升高的趋势。活动层开始融化的日期提前、开始冻结的日期推后，融化日数增加。目前，青藏高原地区多年冻土处于升温阶段，地温快速升高，厚度很大且变化较小；低山丘陵地区多年冻土处于升温阶段，厚度减小较快，同时有较大的升温趋势；高平原地区主要表现为厚度减小；多年冻土边缘及大部分岛状多年冻土区温度接近于 0℃，多年冻土冻结层边缘的多年冻土消失。

　　青藏高原多年冻土面积从20世纪80年代的139×10⁴km²减少到21世纪的126×10⁴km²，每十年减少 4.3×10⁴km²（表 6.3）。青藏高原多年冻土区年平均地温（MAGT），1996～2006年 6m 深处增加了 0.12～0.67℃，约每十年增加 0.43℃；天山北部多年冻土温度从 1992年的 1.7℃上升到 2011 年的 1.1℃，每十年增温 0.30℃；1974～2009 年 10～15m 处每十年增温 0.10℃。

表 6.3　青藏高原地区多年冻土分布面积统计表

冻土类型	地区	时间	面积/10⁴ km²	面积变化率/（%/10a）	参考文献
高海拔	青藏高原	20 世纪 80 年代	139	—	Wang et al.，2019
		20 世纪 90 年代	135	−2.9	
		21 世纪	126	−6.7	

　　活动层是位于多年冻土层之上、地表之下一定深度内的冬季冻结、夏季融化的土层。过去几十年来，青藏高原活动层呈明显的增加趋势。1981～2018 年青藏公路沿线平均增速 1.95cm/a，2018 年青藏公路沿线多年冻土区平均活动层厚度达到 245cm，为 1981 年以来的最大值。中国天山北部和东北地区活动层变化更为明显。天山北部多年冻土从 1992 的 1.25m 增厚到 2011 年的 1.70m，增速达 2.25cm/a。

3. 积雪

　　青藏高原及其周边地区包含我国三大积雪区中的两个：稳定积雪面积最大（168 万 km²）的青藏高原地区和稳定积雪面积最小（63 万 km²）的新疆地区。此外，中亚的塔吉克斯坦、吉尔吉斯斯坦、乌兹别克斯坦、哈萨克斯坦也都是稳定积雪区。在全球变化的大背景下，青藏高原及其周边地区年积雪日数和平均雪深总体呈现减少的趋势；年平均积雪覆盖面积无明显变化趋势。过去 50 年，青藏高原积雪面积总体呈减少趋势，但 20 世纪 80～90 年代略有增加。1966～2001 年青藏高原积雪面积呈减小趋势，其中 1982～2000 年增加，但之后 2000～2005 年又明显下降。空间上，年平均雪深显著增加的区域主要位于青藏高原东北部。20 世纪 90 年代中期以前，年平均积雪深度的上升幅度约为 0.06cm/10a，约占年平均积雪深度的 1.8%；20 世纪 90 年代中后期开始，青藏高原积雪深度由持续增长转为下降。

　　为了便于研究，将有积雪的日子称为积雪日，一般按年度（北半球是从前一年 7 月 1 日至当年 6 月 30 日）统计全年的积雪日数。过去的几十年来，青藏高原及周边地区的积雪在不同地区有差异化分布，但是总体是减少的。由于已有的研究大部分是按照国家或者大洲开展的，因此本书以我国国内的积雪变化为例说明。虽然青藏高原及其周边地区积雪日数存在区域差异性，如新疆部分地区积雪日数表现为明显的减少趋势，青藏高原西南部边缘地区及东南部表现为增加趋势，青藏高原北部及西北部主要表现为减少趋势[图 6.15（a）和图 6.15（b）]，但 1966～2012 年青藏高原和新疆北部积雪日数总体呈现减小趋势（0.6d/10a）。

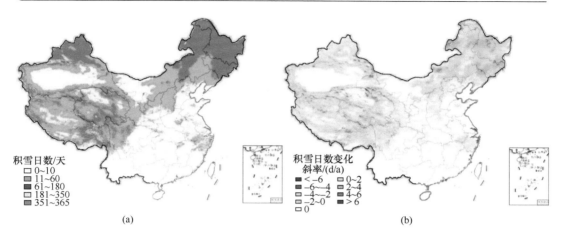

图 6.15　中国平均年积雪日数（a）、积雪日数变化斜率（b）分布图

通过多源遥感数据融合得到的 2000 年 12 月～2014 年 11 月的积雪产品结果表明，近 14 年来，年平均积雪覆盖面积无明显变化趋势。夏季、冬季的平均积雪覆盖面积呈现出减少的趋势，春季和秋季的平均积雪覆盖面积则呈现出增加的趋势。而 2002～2018 年卫星监测结果表明（图 6.16），平均积雪覆盖率呈微弱的下降趋势，年际振荡明显，2018 年我国整体积雪覆盖率比 2002～2017 年平均值偏高 0.8%。

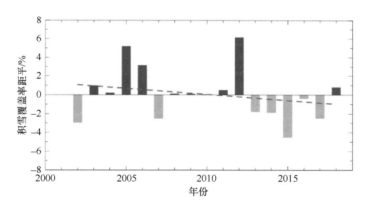

图 6.16　2002～2018 年我国平均积雪覆盖率距平

青藏高原积雪深度和积雪日数呈显著正相关，1961～1990 年，青藏高原冬季平均雪深和积雪日数均呈增加趋势，但 1991～2005 年均呈减少趋势。由于气温升高，青藏高原处于降雪和积雪临界状态的台站数量大大增加。这表现为，原本降雪的区域，由于气温升高容易转化为降雨；另外，原本降雪可以形成积雪的区域，由于气温升高而无法在地面积累。预计到 2050 年气温升高 2.5℃ 的情景下，降雪可能转为降雨的台站有 10 个左右。同时，在更高温度下降雪更不容易积累，青藏高原降雪积累的概率有所下降，这将导致青藏高原积雪期开始时间的推迟和结束时间的提前，即积雪期的缩短。

4. 湖冰

除了上述冰川、多年冻土和积雪变化之外，青藏高原还有广泛发育的河冰和湖冰。尽管青藏高原的河冰观测资料比较少，但是相关研究却表明，湖冰也呈明显的退缩趋势。基于 MODIS 的三种产品数据（MOD09、MYD10A2 和 MOD11A1）对青藏高原 32 个湖泊 2000～2015 年湖冰物候变化趋势进行分析，发现青藏高原湖冰物候并没有一致趋势（高信度）。其中，13 个湖泊开始冻结日期和完全冻结日期呈推迟趋势，7 个湖泊则呈相反趋势，且开始冻结和完全冻结越迟的湖泊，其开始消融日期和完全消融日期越提前，反之亦然，这导致湖泊封冻期减少或增多。青藏高原湖冰物候特征的变化趋势与气候变化和其他环境要素密切相关，其中气候要素起着关键作用，具体表现为大多数湖泊的开始冻结日期和完全冻结日期与气温、气压、降水呈正相关，而开始消融日期、完全消融日期、冻结期等则与这些要素呈负相关。对于个别湖泊而言（如阿牙克库木湖），开始消融日期和完全消融日期与太阳辐射和风速呈负相关。

对可可西里地区 22 个面积大于 100 km^2 的湖泊湖冰物候特征研究发现，2000～2011 年可可西里地区湖冰物候特征发生了显著变化，湖泊开始冻结和完全冻结时间推迟，湖冰开始消融和完全消融时间提前，湖泊完全封冻期和封冻期持续时间普遍缩短，平均变化速率分别为–2.21 d/a 和–1.91 d/a。气温、湖泊面积、湖水矿化度和湖泊形态是影响这一区域湖冰物候特征的主要因素，而湖泊热储量、地质构造等因素对湖冰演化的作用也不可忽视。基于 SMMR 和 SSM/I 被动微波数据对青海湖 1979～2016 年的湖冰物候特征分析发现，开始冻结日期和完全冻结日期分别推迟 6.16 天和 2.27 天，开始消融日期和完全消融日期则分别提前 11.24 天和 14.09 天，且湖泊封冻期与冬季平均气温呈显著负相关。2000～2016 年，青海湖湖冰物候特征各时间节点变化呈现较大的差异性，具体表现为湖泊开始冻结日期相对变化较小，完全冻结日期呈先提前后推迟的波动趋势，开始消融日期呈先推迟后提前的波动趋势，完全消融日期在 2012～2016 年呈明显提前趋势；青海湖封冻期在 2000～2005 年和 2010～2016 年呈缩短趋势，但减少速率慢于青藏高原腹地的湖泊；冬半年负积温大小是影响青海湖封冻期的关键要素，但风速和降水对青海湖湖冰的形成和消融也发挥着重要作用。对纳木错湖冰物候进行遥感监测发现，湖泊开始冻结日期延迟和完全消融日期提前使湖冰存在期显著缩短（2.8 d/a）、湖冰冻结期增长、湖冰消融期缩短，其中消融期变化最为明显，平均每年缩短 3.1 天；2000 年后纳木错湖冰冻结困难，消融加速，稳定性减弱；纳木错湖冰变化主要受湖面温度、辐射亮温、气温和风速变化的影响。

6.2.2　其他山区

1. 天山

天山地区升温明显，在过去几十年中，增温速率为 0.3℃/10a。在空间上，天山中东部气温上升最快的山脉，达 0.45℃/10a，在天山西部增温速度较慢。从季节上看，冬季和春季的气温上升比夏季快。天山年平均降水量 290mm 左右，东天山约 97mm，西天山

455mm。尽管过去半个世纪，年降水量仅略有增加。冬春两季气温升高一般不利于冰川或积雪的堆积，从而导致山区（特别是春季）的积雪融化较早，进而加速冰川融化。

天山有一万多条冰川，覆盖面积约 1.3 万 km²，约占天山总面积的 59.3%。在过去的半个世纪里，天山几乎所有的冰川都呈减小趋势（表 6.4）。基于天山山脉冰川变化资料，发现 1960~2010 年，约 97.52% 的冰川退缩，仅 2.14% 的冰川退缩，0.34% 的冰川退缩不明显。其中，西天山冰川退缩率最大（20%），其次是天山中部（15.01%）。天山北部和东部博格达峰的冰川退缩率分别为 13% 和 3.1%。进入 21 世纪以来，北部天山山脉和天山东部博格达峰冰川退缩速率加快，达 13.8% 分别为 7.45%，天山西部和中部西部冰川退缩速率自 2000 年以来可能保持稳定甚至略有下降，冰川退缩率分别为 8.1% 和 10.1%。冰川变化汇总，较小冰川（<1km²）的损失更大。大约 98% 的冰川天山山脉是小型冰川，这些小型冰川的退缩是非常严重的。值得注意的是，较大冰川的绝对冰川质量平衡损失较高。总体而言，天山不同海拔冰川都呈下降趋势，在冰川物质平衡方面，位于低海拔地区的冰川退缩速率快于高海拔地区。

表 6.4　天山冰川末端退缩速率比较

地区	冰川名称	时段/年	年均退缩率/（m/a）	参考文献
	乌源 1 号冰川东支	1994~2016	4.4	李忠勤等，2019
	乌源 1 号冰川西支	1994~2016	5.8	李忠勤等，2019
	哈希勒根 51 号冰川	1961~2006	2	张慧等，2015
天山	庙儿沟平顶冰川	1972~2007	2.3	李珊珊等，2013
	博格达峰四工河 4 号冰川	1981~2006	8.9	李珊珊等，2013
	青冰滩 72 号冰川（表碛覆盖）	1964~2009	41	李珊珊等，2013
	青冰滩 74 号冰川（表碛覆盖）	1964~2009	40	李珊珊等，2013

天山地区过去几十年来的气候变化对多年冻土也产生了重要的影响。对天山的地温进行观测，结果表明，自从 20 世纪 90 年代以来，近 30 年中，未受干扰地区的多年冻土温度增加了 0.2~0.3℃，受人类活动影响的地区的多年冻土温度增加了 0.6℃。天山北部地区活动层平均厚度较 70 年代初增加了 26%。天山多年冻土及其伴生的冰缘地貌含有大量的地下冰。冰碛、石冰川和其他粗块状物质的含冰量特别高（体积百分比为 40%~90%），天山地区广泛分布着各种成因的粗块状碎屑，其在大片高山地带广泛分布。天山地区多年冻土和冰缘地貌的地下冰储存的水量可能与该地区现代冰川的体积相当。在中亚冰川持续变暖和退缩的情况下，多年冻土地下冰融化可能会在未来增加淡水的来源。由于对天山地区多年冻土分布面积的研究较少，因此对过去几十年来气候变暖导致多年冻土面积的变化情况还不清楚。

天山的积雪呈显著减少趋势。根据 2002~2013 年 MODIS 的积雪资料，对天山的最大和最小积雪面积进行了分析，结果表明，2002~2013 年，天山大部分地区的积雪面积呈下降趋势。在空间上，天山中部地区积雪面积明显减少，最大和最小积雪面积的减少率分别为 -672km²/a 和 -60km²/a，损失的面积为总面积的 4.1% 和 6.3%。在天山北部，最大和最小积雪面积的减少速率分别为 78km²/a 和 20km²/a，这比中天山要低。在西天山，天山西部降雪面积呈缓慢增加趋势，最大降雪和最小降雪覆盖面积分别以 2.3km²/a 和 16km²/a 的速度增加，增长率分别为 0.01%和 4.8%。

2. 阿尔泰山

通过对中国、蒙古国、俄罗斯和哈萨克斯坦交界处的 19 个气象站的数据进行分析发现，1966～2015 年，阿尔泰山北方的增温速率为 0.42℃/10a，南方为 0.45℃/10a。降水量在阿尔泰山北部的下降趋势不明显（–1.14mm/10a），南部则显著增加（8.89mm/10a），气候变化给当地冰冻圈带来显著影响。

对 1990～2016 年蒙古阿尔泰山冰川进行研究后发现，627 条无表碛物的冰川面积平均以每年 6.4±0.4km² 的速率减少了 43%。1990～2000 年的退缩速率最快，达到每年 10.9 km²，冰川退缩速率第二快的就是 2010～2016 年，退缩速率为每年减少 4.4±0.3 km²。冰川退缩速率与平均海拔、最小海拔和范围海拔、平均坡度和坡向显著相关。此外，夏季最高温度与冰川快速退缩时期相一致。俄罗斯阿尔泰山门苏冰川（Lednik Mensu）的退缩与蒙古阿尔泰地区相邻的波塔宁冰川相似。门苏冰川位于俄罗斯阿尔泰山脉最高的山峰贝鲁卡山（Belukha Mountain）的底部。1994～2016 年，该冰川退缩了 600m，已经远离冰川末端的冰湖。

目前，阿尔泰山的积雪变化研究主要是在欧亚大陆积雪变化或者是俄罗斯西伯利亚地区等研究中开展的，没有单独对阿尔泰山的积雪进行分析。因为不同的时空尺度会对结果变化有所影响，所以对积雪介绍的时候要强调研究区域。根据 1970～2013 年的积雪遥感数据，发现俄罗斯西伯利亚地区的积雪面积为 700 万～800 万 km²，积雪日数为 210 天。平均积雪覆盖面积和积雪日数以–0.855×10⁴km²/a 和–0.248d/a 的速率减小。同时，欧亚大陆的积雪研究结果也表明，1966～2012 年，中国阿尔泰山地区的积雪在减少。这些研究都表明，阿尔泰山地区的积雪在过去几十年明显减少，但是具体积雪日数和积雪面积的变化还需要具体分析。

阿尔泰山的多年冻土研究资料很少。俄罗斯阿尔泰山西伯利亚地区的岛状多年冻土海拔为 1800～2000m，而不连续多年冻土和连续多年冻土出现在海拔 2000m 以上的地区。通过对这些地区的地表特征进行研究，发现俄罗斯阿尔泰山地区各气象站年平均气温自 20 世纪 70 年代以来呈现明显的升高趋势，与此同时，出现了一些与冻土退化有关的现象，如冻土退化引起的滑坡，以及不连续/连续冻土带下限附近冻状丘的快速退化等，这些现象表明，阿尔泰山的多年冻土也出现了退化趋势。

3. 阿尔卑斯山

阿尔卑斯山冰川面积约 2003 km²，体积约 115 km³。自 19 世纪以来，阿尔卑斯山冰川经历了巨大的质量损失，而且质量损失的速度一直在增加（表 6.5）。据估计，1900～2011 年，阿尔卑斯山的冰量减少了 49%。1973～2010 年，瑞士境内的冰川面积以平均每年 0.76%的速率减少了 28%。基于中程排放情景的模型研究，一致预测阿尔卑斯山冰川的体积在 21 世纪末将损失 76%～97%。由于海拔有限，即使 21 纪末气温稳定下来，许多冰川也无法与气候达到新的平衡。

表 6.5 典型高山区冰川数量及物质平衡

地区名称	冰川条数/条	冰川面积/km²	最小冰储量/Gt	最大冰储量/Gt	物质平衡		累积物质平衡	
					平均值/mm	斜率/（mm w.e./a）	平均值/mm	斜率/（mm w.e./a）
阿尔卑斯山（欧洲中部）	3920	2058.1	109	125	−973.1	−32.25**	−31363.3	−977.48***
安第斯山南部	15994	29361.2	4241	6018	−611	−31.77	−20174	−493.65***
落基山脉（北美西部）	3318	103990.2	22366	37555	−897.4	−9.92	−27823	−902.67***
低纬地区	2601	2554.7	109	218	—	—	—	—

和*分别代表通过 0.01 和 0.001 的显著性检验水平。

注：冰川条数、冰川面积、最大/小冰储量、海平面当量来自 IPCC AR5 WGI，2013，冰川物质平衡和累积物质平衡来自 RGI（Randolph Glacier Inventory）6.0 冰川数据在全球范围选取的用于表征全球 10 个冰川区的 40 条参照冰川的长时间序列监测数据，时间段为 1984~2016 年。斜率表示变化趋势。w.e.表示水当量。

长时间现场观测数据以及大多数模拟研究均表明，在过去的几十年里，冬季和春季气温升高，导致固体降水更多地向液体降水转变和更频繁、更强烈的融化，阿尔卑斯山雪的深度、持续时间以及雪水当量都呈下降趋势，且这种下降趋势通常与海拔有关，在低海拔地区变化更明显。模拟结果显示，到 21 世纪末，海拔 1500m 处阿尔卑斯山雪水当量将减少 80%~90%，该海拔的降雪季节将比 1992~2012 年的平均水平晚 2~4 周开始，早 5~10 周结束，相当于海拔变化约 700m。对于海拔高于 3000m 的地区，即使假设降水量增加幅度最大，预计到 21 世纪末，降水量也将至少下降 10%。即使在阿尔卑斯山的最高海拔处，在未来的气候条件下，阿尔卑斯山的稳定积雪在夏季也可能会消失。

阿尔卑斯山的多年冻土面积变化不清楚，但是钻孔数据观测表明，阿尔卑斯山的多年冻土对气候变化非常敏感。海拔 2600~3400m 的阿尔卑斯山多年冻土温度持续增加，且多年冻土分布的海拔下限也在逐渐升高。阿尔卑斯山多年冻土的融化可能也会增加区域水资源，同时会影响到很多山体的稳定性，从而给滑雪和登山等活动带来风险。

4. 高加索山脉

大高加索冰川在 1960 年的数量为 2349 条，总面积为 1674.9±70.4km²，到 1986 年，冰川数量下降为 2209 条，面积为 1482±64.4km²，到 2014 年，冰川数量已经下降到 2020 条，面积为 1193.2±54.0km²。可见，1960~2014 年，大高加索冰川的面积以每年 0.53% 的速率降低，而 1986~2014 年，每年的减少速率为 0.86%，这表明高加索冰川的退缩速率在增加。在区域上，东部冰川面积每年减少 0.98%，中部和西部分别为 0.46% 和 0.52%。高加索山脉南坡冰川的退缩速率为每年 0.61%，北侧为 0.50%。如果高加索冰川按照目前的速率继续减少，到 2100 年，东高加索冰川将会全部消失。高加索山脉由于地形起伏很大，继续的空间差异很大，因此对这一地区积雪变化情况的研究很少。同样地，多年冻土的实际观测数据很少，因此关于多年冻土的变化情况也不清楚。

5. 落基山脉

在过去的 100~150 年，落基山脉冰川面积和体积显著减少。19 世纪中期存在于蒙大拿州冰川国家公园的 80%以上的冰川已经消失，其余的冰川自 1900 年以来平均损失了 60%的面积。20 世纪，Wind River 和科罗拉多前缘山脉的冰川面积损失略小，约为 40%。加拿大不列颠哥伦比亚省和阿尔伯塔省冰川的波动反映了气候的年代际变化。大多数冰川在 1920～1950 年迅速消退，冰川衰退在 1950 年后减缓，在某些情况下，冰川在 20 世纪 60 年代和 70 年代向前推进。在 1980 年之后，冰川重新开始退缩，这种趋势一直持续到现在。冰川退缩的时期与太平洋十年涛动（PDO）相吻合，当时不列颠哥伦比亚省的气候相对温暖和干燥。20 世纪 60 年代和 70 年代冰川的微小前进发生在 PDO 消极、冷静的阶段。1920～1950 年，南部海岸山脉的冰川退缩率最高（30 m/a）。1900～1960 年，位于不列颠哥伦比亚省东部的 Illecillewaet 冰川每年退缩 20～40m，但在 1960～1980 年仅为每年 6m。对 2005 年 Landsat 卫星图像的分析表明，在过去 20 年里，不列颠哥伦比亚省和阿尔伯塔省的冰川覆盖面积分别减少了 10.8%（±2.9%）和 25.4%（±3.4%），年平均消退率为 0.55%，与 20 世纪晚期欧洲的阿尔卑斯山和喜马拉雅山的冰川退缩速率相当。

落基山脉属于大陆性气候，水分主要来自西部，降雪主要来自冬季西风带降水。当地积雪受海拔、地形和风的影响很大。整体来说，面向冬季水汽来源的西侧积雪积累要高于东侧。但由于东南方向上普遍存在地形雨（"upslope" precipitation），在桑格利克里斯托山区（Sangre de Cristo mountains）以及落基山脉东侧的某些山脉则是在东部有更多的堆积。风会降低积雪的含水率，影响积雪的再分配，使积雪大面积地存在于林线以上。风荷载、温度梯度积雪变质作用的普遍存在以及强降雪的间断性使落基山脉的积雪特别容易发生雪崩。在过去的 50 年里，由于冬季降水普遍减少和温度升高，美国西部的雪水当量普遍下降。在落基山脉，自科罗拉多中部向北，降雪出现减少趋势。然而，在科罗拉多南部和新墨西哥州，许多地点的雪水当量有所增加，这是由于冬季降水的增加超过了气候变暖的影响。

落基山脉的多年冻土研究主要集中于科罗拉多 3300m 以上的区域。多年冻土和相关过程的研究在 20 世纪 60 年代就开始了，美国也有一些政府项目资助科罗拉多多年冻土的研究。这些研究主要包括多年冻土的水热传输过程、生态系统过程和碳循环等，落基山脉的多年冻土自从 70 年代以来也出现了明显的退化，主要表现为温度增加。

6. 安第斯山脉

在过去几十年里，安第斯山脉的冰川一直在退缩（表 6.3），许多冰川预计将在 21 世纪完全消失。最北的热带冰川位于委内瑞拉，但自 19 世纪中期以来，该国已经失去了 95%以上的冰川覆盖面积，仅存的冰川总面积不到 2km²。在哥伦比亚，6 个不同的山脉仍然有一些冰川覆盖，但冰川也在迅速消退。在厄瓜多尔，冰川大多位于该国两大山脉——西方山脉和东方山脉沿线的火山上。这些冰川在小冰期（LIA）达到了最大程度，并从那时起就开始消退，其间有短暂的前进。秘鲁拥有最大比例的热带冰川（70%），是世界上冰川覆盖最广的热带山脉——科迪勒拉布兰卡山脉的所在地。和所有其他安第斯国家一样，冰川在小冰川期达到了最大程度，之后就开始消退。例如，在科迪勒拉布兰卡山脉，冰原覆盖面积从 1990 年的 850 km² 减少到 1990 年的 900 km²。20 世纪末的冰层覆盖面积还不到 600 km²。玻利维亚的冰川分布在与智利接壤的西部山脉和东部的科迪勒拉–阿波奥巴山脉、雷亚尔山脉、特雷斯–克鲁斯山脉和内瓦多–圣韦拉克鲁斯山脉。17 世纪下半叶，玻利维亚的冰川范围达到最大。之后，冰川开始消退，1940 年后，特别是自 20 世纪 80 年代以来，消退加速。在科迪勒拉山脉的许多地方，冰川已经消失了其小冰期时期的 60%~80%，且大部分发生在过去的 30 年里。绝大多数安第斯山脉温带冰川位于 29°S~35°S，面积达 2200 km²。对位于安第斯山脉中部智利一侧的 32°S~41°S 的冰川监测显示，在过去几十年里，冰川发生了显著的舌状退缩、面积缩小和冰层变薄，在最近一段时间内，冰川变薄的趋势有所加速。这一区域有近 1600 条冰川，面积达 1300 km²。由于气候变暖以及降水显著减少，1945~1996 年损失了 46±17 km³ 水当量。

对 1979~2014 年安第斯山脉积雪的模拟结果显示，受大气条件和地形的影响，降雪表现出很大的异质性。总的来说，23°S 以北的大部分地区积雪日数有所减少，而以南地区则相反。在模拟期间，积雪范围减少了 15%，主要发生在海拔 3000~5000m。然而，海拔低于 1000 m 的地区积雪范围在增加。利用 500m 分辨率的 MODIS 图像，分析了2000~2016 年安第斯山脉的积雪变化，发现 29°S 北地区的积雪范围很小，大面积的积雪主要位于 29°S~36°S，积雪面积 34370km²。积雪的持续天数明显减少，平均每年减少 2~5 天。在安第斯山东侧，积雪的损失更大。在 29°S~30°S，雪线每年上升 10~30cm。积雪持续减少与降水量减少和温度升高相关，且相互关系随纬度和海拔而变化。

尽管安第斯山脉也有多年冻土分布，但是该区域针对多年冻土退化的研究还很少。这里多年冻土的关注点主要是退化引发的滑坡问题，因而具体关于多年冻土退化的数据还很缺乏。

7. 乞力马扎罗山

乞力马扎罗冰川的巨大损失引起了全球的关注。目前，乞力马扎罗山山顶高原和斜坡上剩下的 3 个冰原都在横向收缩，并迅速变薄。山顶冰川覆盖面积 1912~1953 年每年减少约 1%，1989~2007 年每年减少约 2.5%。相比于 1912 年的冰川覆盖面积，到 2009 年时，已有 85% 消失。2000~2007 年，北部和南部山顶冰川约减薄了 1.9m 和 5.1m。2000~2009 年，在钻探现场，其中一条冰川变薄了约 50%。对两个冰原的冰量变化（2000~2007 年）进行计算，结果表明，由于变薄和横向收缩，冰量正在减少。乞力马扎罗冰川至少已拥有 11700 年的历史，并经历了 4200 年前持续了约 300 年的大范围干旱。然而，乞力马扎罗冰川有可能很快融化，其中一条可能在 2030 年消失，其余的冰川可能在 2050 年消失。

乞力马扎罗山在非洲，这几乎是非洲唯一有雪的地方，但是乞力马扎罗山的降雪也发生在山顶上，除了冰川区域外，其他地区几乎没有积雪，因此讨论其积雪变化没有意义。乞力马扎罗山山顶有多年冻土存在，有研究认为，多年冻土的退化也是山顶冰量减少的一部分，但多年冻土的观测资料较为缺乏。

6.3 冰冻圈服务与灾害

冰冻圈本身是自然资源的一部分，其为人类生存和发展提供必要的条件。同时，冰冻圈对气候变化敏感，其变化会对其服务产生影响，其快速变化甚至会造成灾害。在气候变暖的背景下，只有明确冰冻圈资源的特征和灾害规律，人类才能更好地适应气候变化。

6.3.1　冰冻圈服务

冰冻圈要素冰川、冻土、积雪及其相关的水文与生态系统稳定和持续存在的核心是冰雪。没有冰雪的存在，就没有下游的绿洲，同时其相关的生态、旅游价值也就不复存在。冰冻圈给人类提供淡水资源的同时，还提供其他不同种类的资源和服务，如天然冷能、冰（雪）材供给、承载支撑、特殊药材、风能、天然气水合物、旅游文化等资源以及服务。在气候寒冷的情况下，冰冻圈会吸收和储存更多的冷能；在气候变暖的情况下，冰冻圈各要素会及时地释放出冷能以调节和减缓气候的快速变暖。冰冻圈作为天然冷冻固态介质，还可以为大规模人类迁徙、跨河道（湖泊）行进等特殊活动以及人们所需的物质运输和工程建设提供重力承载支撑。冰冻圈的存在可以为寒区生物生长提供独特的生境支持，并进一步为人类带来特殊药材、牧草、水产和种质等生物资源和食物等（如雪莲花、人参、雪菊、藏红花、冬虫夏草等）。冰冻圈的存在还可以为一些资源的生成提供必不可少的环境条件，从而为人类提供风能、天然气水合物等资源。此外，冰冻圈要素众多、形态各异、环境清洁，其冰川、冰川遗迹、冻融、冻胀、积雪、雨凇、雾凇、冰雕及其相关美学与文化特性等均是自然界重要的旅游吸引物，具有巨大的游憩服务功能。

1. 水资源供给

1961～2006 年，我国西部包括青藏高原、天山和阿尔泰山的年平均冰川融水量为 63.0 km^3，占中国 2016 年全国水资源总供给量的 1/10。冰雪融水对于干旱地区尤为重要。冰川在我国西北干旱区被称为固体水库、绿洲摇篮，是维持生产、生活的主要水资源之一，影响着下游十几亿人的生存安全。冰川、冻土和积雪的冻融变化调节着西部的江河径流。它们的存在使得中国深居内陆腹地的干旱区形成了许多人类赖以生存的绿洲。此外，多年冻土也可能对水循环有着重要作用。目前，估算青藏高原地下冰的储量相当于中国冰川水储量的两倍多。在青藏高原大片连续多年冻土区，地下冰含量呈现自东向西、自南向北增加的趋势。对地下冰分布和目前活动层增厚速率粗略估计，青藏高原多年冻土区平均每 10 年约有 80 km^3 水当量的地下冰融化，进而参与到区域水循环过程中。研究表明，青藏高原地下冰融化和产汇流可能是引起流域内湖泊水位增加的原因，其贡献量占 12%。

2. 植被多样性维持

高原和高山冰冻圈受高海拔影响，冰冻圈发育对于植被类型的垂直带性分布有着重要的维持作用。以欧洲阿尔卑斯山为例，阿尔卑斯山地处温带和亚热带纬度之间，超过 4500m 海拔处具有明显的山地垂直气候特征，植被也呈明显的垂直变化，可分为亚热带常绿硬叶林带（山脉南坡 800m 以下）；森林带（800～1800m），下部是混交林，上部是针叶林；森林带以上为高山草甸带；再上则多为裸露的岩石和终年积雪的山峰。在谷底和低矮山坡上生长着各种落叶树木。其中，有椴树（*Tilia tuan* Szyszyl）、栎树（*Quercus* L.）、山毛榉（*Fagus longipetiolata*）、毛白杨（*Populus tomentosa* Carr.）、榆（*Ulmus pumila* L.）、栗（*Castanea mollissima* BL）、花楸树（*Sorbus pohuashanensis*）、白桦（*Betula platyphylla* Suk.）、挪威枫（*Acer platanoides* L.）等。海拔较高处的树林中，最多的是针叶树，主要品种为云杉（*Picea asperata* Mast）、落叶松[*Larix gmelinii*（Rupr.）Kuzen]及其他各种松树。在西阿尔卑斯山的多数地方，云杉占优势的树林海拔最高可达 2195m。落叶松具有较好的御寒、抗旱和抵抗大风的能力，可在海拔高至 2500m 处生长，在海拔较低处可有云杉混杂其间。雪线以下和林木线以上的地带是冰川作用侵蚀过的地区，这里覆盖着茂盛的草地。沿海阿尔卑斯山脉南麓和意大利阿尔卑斯山脉南部主要生长地中海植物，海岸松（*Pinus pinaster* Ait）、棕榈［*Trachycarpus fortunei*（Hook.）H. Wendl］、稀疏的林地和龙舌兰（*Agave americana*），仙人掌果（*Opuntia ficus–indica*）也不少。

3. 休闲娱乐

由于交通条件和旅游市场的限制，早期冰川旅游主要起源于欧洲阿尔卑斯山、落基山脉和新西兰南岛等中纬度地区。随着基础设施的改善、人们休闲时间的增加和旅游需求的上升，冰川旅游目的地已拓展至南北极高纬度地区。目前，冰雪旅游已经在高原和高山冰冻圈地区广泛开展。

我国的青藏高原旅游业对于当地是十分重要的产业。特别是随着青藏铁路的开通，有大量游客进入青藏高原旅游观光。青藏高原独特的景观与其冰冻圈分布密不可分。例如，青藏高原的许多冰川本身是重要的旅游景点，而草原的存在是与多年冻土密切相关的，这些草原又支持了许多珍稀动物的繁衍生息。

目前，世界许多地方已经依托冰川，建立了一些国家公园或景区（表 6.6）。这些公园或景区得到快速的发展，并给当地人们带来了可观的经济收入，促进了当地经济增长。

表 6.6　世界著名冰川旅游目的地概况

冰川旅游目的地	国家	面积/km²	建立年份	主要吸引物	冰川旅游活动
班夫国家公园（Banff NP）	加拿大	6641.44	1885	哥伦比亚冰原、阿萨巴斯卡冰川、冰湖	冰川快车、冰川徒步、博物馆科普旅游
贾斯珀国家公园（Jasper National Park）	加拿大	6641.44	1885	哥伦比亚冰原、阿萨巴斯卡冰川	冰川快车、冰川徒步、博物馆科普旅游
洛斯冰川国家公园（Los Glacier National Park）	阿根廷	7269.27	1937	佩里托·莫雷诺冰川	冰川徒步、攀冰、冰洞体验、冰川巡游
托雷·德·佩恩国家公园（Torres de Paine National Park）	智利	1814	1959	葛雷、狄克曼冰川（Grey, Dickman glacier）	冰川徒步、攀冰、冰川巡游
瓦斯卡拉山国家公园（Huascarán National Park）	秘鲁	3400	1960	帕斯托鲁里冰川（Pastoruri glacier）	冰川徒步

续表

冰川旅游目的地	国家	面积/km²	建立年份	主要吸引物	冰川旅游活动
蒂瓦希普纳姆公园（Te Wahipounamu Park）	新西兰	26000	1990	弗朗兹•约瑟夫、福克斯、塔斯曼冰川（Franz•Jozef，Fox，Tasman glacier）	冰川徒步、攀冰、航空鸟瞰、冰川巡游、夏季冰川滑雪、冰川探险
伊卢利萨特冰湾（Ilulissat Icefjord）	丹麦格陵兰岛	402.4	2004	伊卢利萨特冰川	越野滑雪、雪橇旅行、冰川巡游、航空鸟瞰、冰川徒步、夏季冰川滑雪、冰川探险
约斯特达谷冰川国家公园（Jostedal glacier NP）	挪威	487	1991	布里克斯达尔冰川（Brikdals glacier）	冰川徒步、皮划艇巡游、滑雪、博物馆科普旅游
瓦特纳国家公园（Vatnajökull NP）	冰岛	14141	2008	瓦特纳冰川	冰川徒步、攀冰、冰洞体验、冰川巡游、雪地摩托
斯卡夫塔山国家公园（Skaftafell NP）	冰岛	4807	1967	斯卡夫塔冰川、杰古沙龙湖（Jokulsarlon lake）	滑雪、攀冰、雪地摩托、冰川快车
南达德维国家公园（Nanda Devi NP）	印度	2236.74	1988	平达里冰川（Pindari glacier）	冰川观光
玉龙雪山国家地质公园	中国	960	2009	白水河1号冰川	冰川滑雪、冰川观光

6.3.2 冰冻圈灾害

灾害总是相对于人类社会而言的，因此关于高原与高山地区的冰冻圈灾害研究往往也是按照地区、国家等单元划分的。冰冻圈灾害主要包括冰/雪崩、冰川泥石流、冰湖溃决、冰雪洪水、冻融、冰凌/凌汛、雪灾、雨雪冰冻、风吹雪、冰雹、霜冻等。在海拔较高的山区、冰川退缩后的地区，暴雨之后岩崩事件发生的可能性将会增加。同时，冰川侧碛松散物在冰面下降过程之中常发生滚落，表碛物也有沿冰面滚落的可能，这些都会危及人类生命财产安全而形成灾害（表6.7）。冰崩灾害多发生在北半球中高纬度高山区；冰川跃动灾害主要发生在中亚喀喇昆仑山和帕米尔高原、天山、北欧斯瓦尔巴群岛、俄罗斯新地岛、冰岛、格陵兰岛、北美地区阿拉斯加和育空地区以及加拿大北极地区和南美安第斯山等地；蒙古国、高加索、格鲁吉亚，以及中国阿勒泰地区、锡林郭勒盟、三江源地区是牧区雪灾的频发区和重灾区，且常伴随风吹雪灾害，影响交通运输安全；冰雪洪水广泛分布在全球中高纬地区和高山地区，俄罗斯高加索、中亚、欧洲阿尔卑斯山、北美西海岸山脉、青藏高原的喜马拉雅山、喀喇昆仑山等地最为普遍；冰川、融雪洪水主要发生在中亚干旱区、秘鲁安第斯山；冰湖溃决洪水/泥石流灾害主要发生在兴都库什-喜马拉雅山、加拿大西南海岸山脉、南美安第斯山、天山、念青唐古拉山；冻融灾害主要发生在环北极国家、青藏高原、中国东北等多年冻土区；冰冻圈水资源短缺灾害主要发生在美国、加拿大西部、中亚、南美安第斯山、天山北坡等地；冰山灾害主要集中在南极沿岸海域、格陵兰周边区域、加拿大东北部；海冰灾害主要集中在环北极国家沿岸和近海地带，以及中国环渤海区域；暴风雪灾害则主要发生在美国东北部、加拿大西南部、西伯利亚、中国东北、阿尔泰地区、欧洲、日本。

表 6.7　高原和高山冰冻圈灾害类型、主要影响区及其分灾种特征

触发因子类型	致灾事件	主要影响区	主要承灾体	时间尺度（分钟至百年）
冰崩	大规模冰体滑动或降落	阿尔卑斯山、高加索山、青藏高原喜马拉雅山	居民、基础设施	分钟
冰川跃动	冰川底碛变形及其与冰下水文过程相互作用形成的冰川快速移动	挪威斯瓦尔巴群岛、俄罗斯新地岛、冰岛和阿拉斯加、喀喇昆仑山、帕米尔	居民、草场、基础设施	分钟
冰湖溃决	冰崩、持续降水、管涌等引起的溃坝（冰碛坝）洪水	喜马拉雅山中东段、加拿大西南海岸山脉、南美洲秘鲁-智利安第斯山	居民、公路桥梁、基础设施、耕地、下游居民	小时
冰川洪水/泥石流	冰川融化所形成洪水（或伴随强降雨、火山喷发而形成）	喀喇昆仑山、天山、念青唐古拉山中东段	道路、桥梁、电站、基础设施	小时
冻融灾害	强烈的冻融作用	环北极、青藏高原、中国东北	路网、管网、线网等基础设施、建筑	年
雪崩	大规模积雪（块体）滑动或降落	阿尔卑斯山、喜马拉雅山、落基山、斯堪的纳维亚山	高山旅游者、基础设施	分钟
风吹雪	积雪区局地大风引起的天气事件	中国天山、阿尔泰山、中国东北地区	道路、运输	天
积雪洪水	积雪融化所形成的春汛	中亚干旱区、秘鲁安第斯山	耕地、下游居民	天
牧区雪灾	较大范围积雪，较长积雪日数，且牲畜饲料不足所导致的死亡事件	中国阿勒泰地区、锡林郭勒盟、三江源、蒙古国、高加索牧区	农牧业和城市	天
冰凌/凌汛	冰凌堵塞河道，壅高上游水位；解冻时，下游水位上升，形成凌汛	北欧、加拿大北部、中国黄河宁蒙山东段及黑龙江、松花江、嫩江中上游等	水利水电、航运	月
水资源短缺	冰川水资源供给不足引发的水危机	美国、加拿大西部干旱区以及中亚和安第斯山干旱区	干旱区绿洲、农业系统	10 年

　　青藏高原有广泛的冰川、冻土和积雪分布，与此相应，冰冻圈灾害也涉及泥石流、滑坡、堰塞湖、雪崩和风吹雪等各个类型。图 6.17 展示了青藏高原冰冻圈相关的部分灾

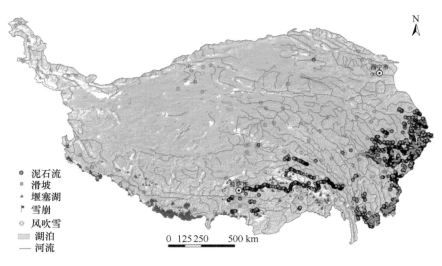

图 6.17　青藏高原灾害分布图

害分布情况。在当前气候变暖和经济快速发展的背景下，冰冻圈变化加速，冰冻圈变化影响区承灾体暴露要素在增加。因冰冻圈区防灾减灾能力较弱，冰冻圈快速变化无疑会诱发诸类冰冻圈灾害的频繁发生，并严重影响青藏高原及周边地区居民生命和财产安全，以及寒区交通运输、基础设施、农牧业、冰雪旅游发展乃至国防安全。

1. 冰川和积雪灾害

冰川和积雪变化不仅会从长期变化上影响水资源供给安全，其短期内的变化也可能会引起洪水灾害。冰川融水的季节性变化将导致水资源时空分布变化和灾害风险的上升，在高山流域，春季较高的气温加速了融雪的速率，缩短了雪季长度，导致更快、更早和更大的春季径流。冰雪消融产流时间的提前，将导致洪峰在春季提前到来，存在冲毁渠系或水库的风险。此外，高山地区的积雪在夏季遇到强降雨后，可能会快速融化，与降水一起形成洪水，造成下游生命财产的损失。

冰川还可能与山区冰缘地貌共同作用形成冰崩和泥石流。气候变暖对冰川发育区的影响主要体现在"增暖变湿"，"增暖"会引起冰川融化，在冰川表面形成更多的断裂；"变湿"则会加剧冰川的物质积累，使得冰川运动速度加快。冰崩或雪崩发生后，崩塌的固态水在运动过程中摩擦受热而迅速转化为液态水冲蚀沟床和岸坡；或者直接崩入冰湖导致湖水溢坝或冰湖溃决，进而引发泥石流灾害，泥石流在运动途中或出山口处发生堆积，形成灾害链。我国青藏高原阿里地区 2016 年发生冰崩，造成 9 人遇难；金沙江在 2018 年发生冰崩，阻塞降水形成堰塞湖，从而引发巨大的灾害风险。

青藏高原的冰湖主要分布在念青唐古拉山和喜马拉雅山地区，近年来气温明显升高，冰川活动逐渐活跃，冰、雪、降水等外部事件有可能诱发冰湖溃决形成灾害。我国冰湖溃决事件的报道主要集中在西藏地区。例如，西藏聂拉木县曾于 1964 年、1981 年、1983 年和 2002 年爆发过大规模的冰湖溃决泥石流灾害，冲毁道路、村庄和农田，危及当地人民生命财产安全，影响当地的经济贸易发展，并破坏当地的生态环境。冰湖溃决的原因有内因和外因，内因包括坝体失稳、坝内死冰消融等，外因包括冰崩体土壤突入水体引起漫坝等。从这两方面看，气候变暖会增加冰湖溃决的风险。

2. 多年冻土灾害

随着全球变暖，当前冻土地带正在发生大范围的热融滑塌，这使得地表破坏和水土流失的风险增大。青藏工程走廊是连接内地与青藏高原的重要通道，分布着青藏铁路、青藏公路、格拉输油管道、青藏直流联网工程等多条重大线性工程，其中青藏铁路穿越连续多年冻土里程达 550km。青藏工程走廊沿线生态环境脆弱，地基中分布着高温、高含冰量冻土，多条重大线性工程的建设和运营受冻土地质环境制约严重，尤其在全球气候变化加剧和人类活动频繁的背景下，青藏工程走廊内多年冻土退化显著，高寒生态系统面临新的挑战。

多年冻土对工程的危害主要表现为冻胀和融沉，其严重破坏上部建筑物令其丧失既定功能，并导致冻土自身退化。融沉是多年冻土区建筑物地基变形和破坏的主要原因。铁路和公路等工程修建改变了地表的热交换条件，使多年冻土的地温场发生变化，可能引起冻土上限下降而产生融沉。多年冻土区排水不畅是引起基底融沉的主要原因之一，路基的修筑可能影响地表水的排泄，若地面排水措施不当造成路基积水则极易发生严重的融沉。冻胀主要表现为地表的不均匀升高变形。多年冻土的活动层随季节变化发生周期性的冻融循环，土中所含水分因结晶体的体积增大而导致土体冻胀，如建筑物基础的抗拔力不能克服冻胀力的作用，建筑物将被拔起而遭到破坏。一般情况下，低温多年冻土的活动层厚度不大，且存在双向冻结，冻结速度快，冻胀量相对较小；高温多年冻土活动层厚度较大，冻胀量相对较大。在气候变化背景下，多年冻土的变化对水文、生态和环境的影响逐渐增强。青藏工程走廊沿线的建设，特别是道路（公路和铁路）建设和维护中必将面临一系列与冻土变化和冻融灾害等密切相关的基础问题。

　　除了工程问题之外，近年来青藏高原多年冻土区出现的热融滑塌等灾害事件有增多趋势。青藏高原山体众多，在一定的斜坡上，多年冻土地下冰的融化会使土壤结构破坏，表层土体会在重力作用下会发生滑塌。热融滑塌不仅会破坏草场、加剧水土流失，大面积的热融滑塌还会直接掩埋公路等基础设施。这些现象在青海省的温泉镇、青藏公路沿线都已经有所报道。

　　3. 雪灾

　　积雪灾害包括风吹雪、雪崩和暴雪。青藏高原西部铁路沿线和公路沿线的主要灾害是风吹雪和雪崩，而牧区以暴雪灾害为主。

　　按青藏铁路里程长度计算，风吹雪约占全部雪灾的 90%，而雪崩则只出现在昆仑山段、唐古拉山段和念青唐古拉山段的局部地区，其数量和规模都远不如风吹雪。据当前青藏公路上的统计，雪灾主要分布在昆仑山口–那曲之间，其中尤以唐古拉–那曲段最为严重。全线雪灾按段累计有 300～450km，青藏铁路全长 1100～1300km，设计隧洞 30km，以此计算，雪害里程占全线的 23%～40%。

　　通过分析青藏高原积雪灾害致险性指数图（图 6.18）可以看出，青藏高原的积雪灾害高危险区主要集中在喀喇昆仑山北部的塔什库尔干、叶城、皮山 3 县；中等危险区主要分布在青海南部高原、西藏南部地区以及四川西北部地区；轻度危险区分布在羌塘高原和柴达木盆地。

　　除了这些交通沿线的雪灾事件之外，青藏高原的牧区暴雪灾害也不可忽视。但暴雪灾害的统计资料较难获得，故难以对过去几十年的暴雪事件进行定量化的分析，过去 60 多年（1951～2015 年）间，有记录的青藏高原雪灾事件 238 起，累计死亡牲畜多达 1200 万只。因此，对于牧区暴雪灾害引发的人民生活困难和牲畜死亡等灾害事件也需要加以重视。

6.3.3　冰冻圈灾害应对

　　我国冰冻圈主要分布于青藏高原及其周边高海拔等欠发达地区，冰冻圈灾害分布地域广、损失大，呈频发、群发和并发趋势，其灾害影响已成为冰冻圈地区经济社会可持续发展面临的重要问题，该地区也是国家"一带一路"倡议和精准扶贫的核心区域。冰

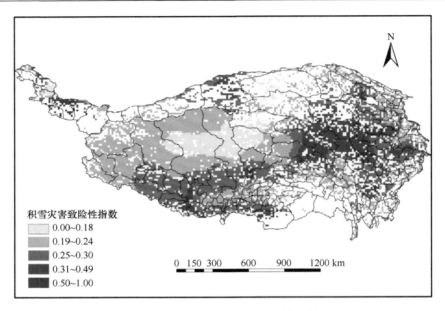

图 6.18　青藏高原积雪灾害致险性指数图

冻圈灾害是自然与社会环境共同作用的结果，其致灾因子较难克服，但承灾区风险管控能力的提升可以减小或规避其风险。在全球变暖的趋势下，冰冻圈致利效应正面临严重危机。因此，亟须将风险全过程管控理念应用于冰冻圈多灾种综合风险评估与管理中，以增强冰冻圈多灾种预警预报和防灾减灾能力。

目前，我国应对气候变化和冰冻圈灾害、管理灾害风险的总体意识仍有待提高，管理新风险和巨灾风险的能力亟待加强，在综合风险管理体系构建、部门分工和协作、基础性能力建设、资金保障机制和风险转移机制等方面仍面临诸多挑战，公众参与意识和自救互救能力仍需进一步提升。鉴于此，应高度重视冰冻圈灾害防灾减灾救灾能力建设，逐步建立和完善集"灾害预警预报、风险处置、防灾减灾、应急救助和灾后恢复重建"于一体的冰冻圈灾害综合风险管理体系。同时，深入分析冰冻圈灾害成因机理，加深对气候变化、经济社会发展与冰冻圈灾害之间的科学认识，定量化预测发生频率，估算灾损和评估风险。强化防灾减灾基础知识的社区宣传和普及，增强承灾区居民防灾、避灾、减灾意识和自我保护能力，最大限度地减小冰冻圈灾害损失。

海洋和冰冻圈直接影响全球高山地区的 6.7 亿人和沿海低洼地区的 6.8 亿人。其中，北极地区约有 400 万永久居民，此外还有 6500 万人生活在小岛屿发展中国家，这些岛屿非常容易受到海平面上升的影响。

北极海冰面积逐年下降，冰层越来越薄，一些居住在北极的人尤其是当地的土著居民，已经根据季节和陆地、海冰、冰雪状况调整了自己的出行和狩猎活动，一些沿海社区已经计划迁移，但他们能否成功应对冰冻圈灾害的影响取决于资金、自身能力和政府机构支持。对于岛屿国家，为了应对海平面上升的威胁，有些国家已经在考虑举国搬迁。例如，太平洋岛国基里巴斯正积极谋划在海外购置土地，不得已时可能考虑举国搬迁。

为了应对冰冻圈变化及其他气候变化带来的海洋变化，世界各国已联合制定《负责任渔业行为守则》《港口国措施协定》等多项管理规定和技术指南，以加强对海洋生态系统的保护。此外，相关国家以及国际组织相继宣布建立了多个大型海洋保护区。截至 2017 年底，全球已建有 1.5 万个海洋保护区，面积超过 1850 万 km²，占到全球海洋总面积的 5.1%，未来还将持续增加。渔业管理和海洋保护区等政策框架的制定，为区域适应气候变化和减少生计风险提供了可能。

6.4 冰冻圈变化与可持续发展

随着全球变暖，高原和高山冰冻圈退缩表现明显，严重影响当地及下游地区的冰雪水资源、生态环境安全、工程建设和设施安全以及社会经济发展等。同时，高原和高山冰冻圈变化带来的风险会增加，影响范围也会扩大。高原和高山冰冻圈的水文、生态、环境和经济等效应的影响涉及社会经济活动和可持续发展，已成为一个不容忽视的问题。

高原和高山冰冻圈变化对人类社会经济的可持续发展带来的负面效应主要是其服务功能减弱。随着冰冻圈的退化，高原和高山冰冻圈的水文功能在减弱，将引起草地或湿地生态系统退化，威胁干旱区绿洲农业系统；同时，高原和高山冰冻圈景观质量与美感也在明显下降，一些甚至消失，进而会影响到以冰冻圈要素为主要吸引物的旅游目的地游客数量和经济效益的锐减。

6.4.1 青藏高原地区

1. 青藏高原冰冻圈变化的环境效应

青藏高原冰冻圈变化直接影响到青藏高原的冰雪资源利用、寒区生态环境安全和冰冻圈灾害发生的程度与影响范围，也影响到冰冻圈地区的工程建设。近年来，青藏高原的冰雪冻土灾害发生的频率呈显著增加趋势，影响范围逐渐扩大，造成的损失越来越大。青藏高原冰川退缩正影响着该区域水文过程的方方面面，包括局部河段径流的增大、湖面水位的上升、湿地的减少、更为频繁爆发的冰湖溃决洪水以及冰川泥石流等。尤其是 20 世纪 90 年代以来，青藏高原冰川退缩进一步加剧冰川融水量变化对该区域水资源产生的重要影响，且因地处上游，冰川退缩导致的水文过程的变化对下游区域的水资源形成及其演化过程也产生深刻的影响。青藏高原哺育了亚洲的十多条河流，包括长江、黄河、恒河、印度河、雅鲁藏布江、怒江和澜沧江 7 条最重要的河流。近数十年来，在全球变化的大背景下，冰川退缩加快，青藏高原七大江河径流量也呈现出不稳定的变化趋势。从趋势上看，短期内冰川退缩将使河流水量呈增加态势，但也会加大以冰川融水补给为主的河流的不稳定性；而随着冰川的持续退缩，冰川融水将锐减，以冰川融水补给为主的河流，特别是中小支流将有可能面临逐渐干涸的威胁。冰川波动的空间分布特征决定于区域的气候状况，导致冰川融水补给在不同河流、河段及季节的差异极大。冰川融水产生的冰川径流除直接汇入下游的河流、湖泊、湿地等水体，对这些水体的径流变化产生影响外，也会通过补给壤中流对河流等水体产生较为明显的作用。这一补给过程往往具有长期性的特征。

多年冻土区土壤活动层特殊的水热交换是维持高寒生态系统稳定的关键所在,冻土及其孕育的高寒沼泽湿地和高寒草甸生态系统具有显著的水源涵养功能,是稳定江河源区水循环与河川径流的重要因素。近几十年来,青藏高原江河源区生态退化和河流、湖泊、沼泽、湿地等水文环境的显著变化就与土壤冻融循环变化及冻土退化密切相关。估算青藏高原多年冻土层中地下冰总储量约相当于 9 万亿 m³ 水当量。近几十年来,青藏高原由于多年冻土退化,每年释放的水量达到 50 亿~110 亿 m³,加上冻土每年冻融过程参与到水循环中的水量,它们对水文、生态和气候的影响十分显著。

据研究,1967~2008 年,长江黄河源区中与多年冻土关系密切的高覆盖草甸减少了近 20%,沼泽湿地面积减少了 32%,而与冻土活动层关系不太密切的高覆盖高寒草原只减少了 8%。目前,冻土层上水补给锐减,对浅层地下水补给依赖性强的低位沼泽湿地明显萎缩,从而导致区内多数地段的高寒沼泽化草甸向高寒草甸及高寒草原演替,随之植被盖度及根系发生变化,使植被对土壤中水分含量的调节作用减弱,对地表水的涵养和调储能力下降,水分流失现象严重。冻土变化对工程建筑具有重要影响。过去十年来,由于冻胀和融沉破坏,青藏公路破坏率在 30%以上,青藏公路已经进行了多次全线性大规模的整修。在未来几十年内多年冻土的分布范围将不会发生显著变化,多年冻土的主要退化形式为地下冰的消融、低温冻土向高温冻土转化;但 21 世纪末多年冻土将发生大范围的退化,这一过程将引起热融滑塌、热融沉陷等冻土热融灾害。

青藏高原多年冻土变化还可能会改变区域甚至全球碳循环。由于多年冻土区温度低、有机质分解缓慢,青藏高原多年冻土区积累了大量的有机碳。据估算,青藏高原多年冻土区表层 2m 土壤的有机碳储量约 17Pg(四分位数据:11.34~25.33 Pg;Pg 为 10¹⁵)。2m 以下还有更多的土壤有机碳。多年冻土退化表现的活动层加深、地温升高都会促进有机质分解,这些碳分解后会形成温室气体,温室气体排入大气,从而增加区域甚至全球大气中温室气体的浓度。此外,土壤有机质分解后会降低土壤肥力,从而造成生态系统退化。

青藏高原地区的积雪变化对中国北方春季旱情有重要影响。十几年来,中国北方广大积雪区春季径流总体上是增加的,因此,这些地区总体上没有发生大的春旱现象(由于冬季积雪偏少,2009 年出现了大范围春旱)。积雪变化与气候变化密切关系,研究表明,1980~2001 年发生的长江中下游洪涝灾害,有 65%和青藏高原前一个冬季的积雪大面积增加有关。1998 年长江洪水和 2006 年川渝大旱都受到青藏高原积雪因素的影响。

2. 青藏高原冰冻圈人类活动与重大工程

青藏高原是多民族共同居住的地方,早在两三万年前,青藏高原气候温暖潮湿,有适宜食草类动物成群生活的森林草原环境和人类生存的自然条件。由于藏族是青藏高原最主要的民族,其分布区占到总面积的 98%以上,因此藏族地区的发展是青藏高原人类活动的基本内容和主体。而青藏高原独特的地理、气候环境创造了极好的特色旅游产业,每年的观光旅游、宗教朝圣、登山探险者和科研工作者络绎不绝,因此旅游也成为青藏高原人类活动的一部分。

人类活动对青藏高原的影响主要体现在放牧和文旅方面(图 6.19)。近年来,青藏高原很多地区已实施以草场围栏种草、人畜饮水、牲畜棚圈、牧民定居为主要内容的草原"四配套"工程建设。为了避免草场遭受人为破坏,各级人民政府曾实行过若干禁牧、禁猎、封湖等方面的措施。国家建立了可可西里自然保护区、羌塘自然保护区、三江源自然保护区等。核心区以三江源自然保护区为中心,对湖泊、沼泽地、高海拔山地、珍稀野生动物栖息地、严重退化草地实行全面封闭,禁止任何人类生产性活动;缓冲区为核心区外围的半休牧区,只允许少量牧民进行季节性游牧、牲畜养殖。生态牧业区主要包括海拔 3000m 以下的青海湖环湖草原、祁连山地、柴达木盆地生态条件较好的地区、青南藏北自然保护区东部边缘地带、藏南谷地山地等。这里气候条件相对较好,水土资源丰富,在保护好自然环境、注意自然资源节制永续利用的原则下,发展生态牧业,做到资源保护与开发结合、环境保护与发展经济结合,促进经济与生态系统良性循环。

图 6.19　青藏高原放牧现象

青藏高原由于人类过度放牧引发草场退化,致使中西部高寒地区自然生态十分脆弱。数据表明,经过 40 多年的牧业发展,在人口不断增长的情况下,人均牲畜占有量并未增加,还有减少趋势,而草场的负担却增加了一倍。因此,为了保护高原生态环境,使牧民脱离贫困,实现青藏高原经济社会的和谐发展,对牧区草场进行综合治理是发展的重中之重。

冰冻圈服务功能不仅包括生态性和资源性服务功能,还包括为工程设施提供本底支持的功能等,如为路网及配套设施维护和安全运营提供基础服务,进而为促进区域经济发展提供重要支撑。修筑于冻土之上的交通基础设施,其社会经济效益无疑是冰冻圈服务功能全面核算的重要组成部分。青藏铁路直接受益于冰冻圈的服务功能,是冰冻圈服务功能与人类经济社会发展的直接结合点。青藏铁路简称青藏线,是一条连接青海省西宁市至西藏自治区拉萨市的国铁Ⅰ级铁路,是中国新世纪四大工程之一,是通往西藏腹地的第一条铁路,也是世界上海拔最高、线路最长的高原铁路[图 6.20(a)]。青藏铁路分两期建成，一期工程东起青海省西宁市，西至格尔木市，于 1958 年开工建设、1984年 5 月建成通车；二期工程东起青海省格尔木市，西至西藏自治区拉萨市，于 2001 年 6月 29 日开工、2006 年 7 月 1 日全线通车。青藏铁路建成累计耗资 285 亿元，是我国实施西部大开发战略的标志性工程，促使了高原地区经济社会快速和谐发展，它的开通吸引了大量的人流、资金流、物流、信息流涌入高原，产生了巨大的乘数效应，使青藏高原的资金、服务、人才、管理等要素蓬勃发展，为其经济发展增添了新活力。

图 6.20　青藏公路（a）和铁路（b）沿线

青藏公路东起青海省西宁市，西至西藏拉萨市，于 1950 年动工、1954 年通车，是世界上海拔最高、线路最长的柏油公路，也是目前通往西藏里程较短、路况最好且最安全的公路[图 6.20（b）]。青藏公路全长 1937km，为国家二级公路干线，路基宽 10m，坡度小于 7%，最小半径 125m，最大行车速度 60km/h，全线平均海拔在 4000m 以上，虽然线路的海拔高，但经过昆仑山以后，青藏高原面为古老的湖盆地貌类型，起伏平缓，共修建涵洞 474 座，桥梁 60 多座，总长 1347km，初期修建、改建公路和设备购置总投资 4050 亿元，每千米平均造价 2.52 亿元。青藏公路建成通车，为西藏带来新一轮的经济发展机遇，迫切需要新建高速公路、输变电线和输油气管道工程等，而这些新建工程都将聚集于宽度不到 10km 范围内的青藏工程走廊内。要在保障青藏高原冻土地基上各类重大工程安全的同时保护好生态环境，避免工程失稳，减少灾害的发生，是青藏高原工程建设必须面对的重大问题。近年来，我国开展了一系列的科研项目，围绕青藏工程走廊冻土变化及其灾害时空演化规律、多年冻土地基热力响应的多因素耦合机制、冻土工程构筑物基础稳定性与服役性能的评价与预测、冻土工程走廊构筑物相互作用及其对环境变化的响应、冻土工程灾害评估及其防治对策等问题开展研究。

3. 青藏高原冰冻圈可持续发展的思路

可持续发展的理念，是人类经过人与自然之间矛盾冲突沉痛教训后做出的科学选择，它以实现社会经济发展与人口、资源、环境的协调和良性循环为目的。青藏高原可持续发展既实现经济发展的目标，又使人类赖以生存的自然资源与环境相协调，不透支子孙后代的自然资源。青藏高原可持续发展强调各社会因素与生态环境之间的联系与协调，寻求人口、经济、环境各要素之间相互协调发展。

　　青藏高原冰冻圈地区可持续发展应以人地和谐为目标，将资源、环境、经济统筹考虑，以人为本，以生态保育和环境保护为前提，以青藏高原特色经济发展为基础，以生态文明建设为抓手，严格保护生态环境，提高资源利用效率，调整经济发展方式，优化产业结构，保障生态安全，把青藏高原建设成为一个独具特色的高原可持续发展样板区（图6.21）。

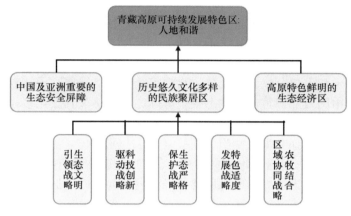

图 6.21　青藏高原可持续发展定位与主要战略

　　长期以来，藏族人民过着传统的游牧生活，创造了独特的游牧文化。正确处理藏族社会经济发展、自然环境保护和传统文化传承之间的关系，是实现社会、经济与环境可持续发展的必然之路。青藏高原从东向西分布着东部河谷农业景观、西部高原草地畜牧业景观、中部高原半农半牧景观等。青藏高原地理差异是自然景观多样性的基础，多民族交融是文化景观多样性的基础，各民族大杂居、小聚居分布是社会景观多样性的基础。传承和创新民族传统文化既是区域可持续发展的目标也是动力。立足高寒生态脆弱区的实际，有选择地发展青藏高原特色产业是青藏高原可持续发展的应有之义。青藏高原特色优势产业主要为3种特色农林牧业。青藏高原特色种植业有青稞、油菜籽、豆类和马铃薯；特色畜牧业有牦牛、本种绵羊和改良绵羊。要坚持以草定畜，调整畜群结构，加快畜群周转，提高产品质量和经济效益。

　　青藏高原旅游与藏传佛教文化、藏民族风情融为一体，构成独特的自然人文旅游景观，生态旅游资源品位高，具有世界级吸引力。随着进藏铁路和航空港等对外联系通道的打通，青藏旅游将迎来大发展。生态旅游发展中的主要问题是生态容量有限、旅游季节性强、旅游产品开发深度不够等。根据国内外可持续发展新进展及国家和地方的有关部署，青藏高原可持续发展战略主要包括生态文明引领战略、科技创新驱动战略、生态严格保护战略、特色适度发展战略、农牧结合区域协同战略等。树立尊重自然、顺应自然、保护自然的生态文明理念，推进受损生态系统修复，实施严格的环境保护制度。提高资源利用效率，落实最严格水资源管理制度，控制能源资源消费总量，优化能源利用结构。加强湿地保护和退化湿地修复。强化自然保护区建设和管理，加大典型生态系统、物种、基因和景观多样性保护力度，提高草场、森林等自然资源的保护性利用水平。建立生态文明制度体系，构建自然资源资产产权制度，健全生态环境损害评估和赔偿制度。将政府纵向补偿、区域横向补偿相结合，构建以政府为主导、市场交易为基础、生态评估为参考、社区牧民参与、监督机构监督反馈、补偿主体和补偿方式多样的生态补偿机制，实现生态保护与社会经济的协调发展，明确自然保护区、森林公园、地质公园、湿地公园、风景名胜区、重要生态功能区等法定保护区范围，划定生态功能保护空间红线，确定水、耕地、草场、森林等主要自然资源利用上线。

青藏高原是一个自然资源丰富但生态环境脆弱、文化独特但经济不发达的特殊区域。近 30 年来，青藏高原可持续发展能力有所提升，但人口与经济增长加快，人地关系紧张、人兽矛盾凸显。青藏高原可持续发展的影响因子主要包括气候、地质、地貌、土壤、植被等自然地理因子和人口、经济、文化、科技等社会经济发展因子。青藏高原可持续发展的战略定位是中国及亚洲重要的生态安全屏障、历史悠久且文化多样的民族聚居区、高原特色鲜明的生态经济区。青藏高原可持续发展的战略目标是人地和谐。促进青藏高原可持续发展的战略选择有生态文明引领战略、科技创新驱动战略、生态严格保护战略、特色适度发展战略、农牧结合区域协同战略等。实现青藏高原可持续发展的主要措施为：以生态保育和环境保护为前提，以高原特色经济发展为基础，加大科教投入力度，提高资源利用效率，调整经济发展方式，优化产业结构，保障生态安全，建成一个独具特色的国家级可持续发展示范区。

6.4.2 高山冰冻圈地区人类活动与可持续发展

在除了青藏高原以外的高山冰冻圈地区，人类活动主要涉及观光、旅游和消遣，冰冻圈下游关注的主要是水资源供给作用，几乎不涉及重大工程。因此，这些高山冰冻圈可持续发展的主要目的也是减缓冰冻圈变化，并适应冰冻圈融化带来的旅游产业的变化。由于地理位置和当地经济等，天山、阿尔泰山和高加索山尽管有一些著名的旅游景点，但是从山脉尺度来看，整体上人类活动的影响较小。本书重点介绍阿尔卑斯山、安第斯山脉、落基山脉和乞力马扎罗山区的人类活动与可持续发展。

1. 阿尔卑斯山

阿尔卑斯山是全球高山冰冻圈旅游发展最成功的地区之一，其冰川资源是许多壮观景观类型的基础，每年吸引着大批游客前来观赏游玩，如世界著名的冰雪旅游目的地瑞士圣莫里茨滑雪场、法国霞慕尼滑雪场均位于此。当前冰冻圈快速变化不仅使当地冰川景观的可进入性难度增加、冰雪景观消失严重，而且迫使冰川景区改变攀冰或冰上徒步线路，导致冰上体验旅游项目受阻，低海拔冰川滑雪场消失或被迫移至更高海拔，从而降低了冰川景观对游客的吸引力。

据估计，因低海拔积雪的消失，奥地利冬季旅游总收入会持续下降。2000 年，瑞士所有滑雪道人工造雪面积仅为 10%，2010 年已增至 36%；而奥地利现已占到了 62%，气候变暖导致奥地利境内的滑雪场和冰川厚度在 10 年内分别减少了 7.2m 和 8.2m（1997～

2006 年），粒雪盆的缩小和夏季降雪的减少导致夏季滑雪的时间缩短甚至不能滑雪，同时导致粒雪盆景观质量下降；意大利阿尔卑斯山滑雪道则全部由人工造雪维持。冰雪资源不仅是重要的自然景观，而且在特定区域形成它独有的文化属性。冰冻圈的快速变化不仅影响着脆弱的冰雪自然景观及其生态环境，而且也影响着高山区的文化结构。冰雪文化景观的快速消融对当地居民生活产生了严重影响，冰雪景观的快速消融及其对高山文化价值的影响研究则有助于激励普通公众建立其环境保护意识，以支持减缓气候变化的决策。

目前，阿尔卑斯山周边各国对气候变暖造成的冰雪融化问题非常关注，并开展了一系列的应对措施。奥地利一家知名汽车俱乐部号召上班族尽量步行或骑自行车上班，少开汽车。因为即使像奥地利这样一个人口只有 820 万人的国家，每年载客汽车排放的二氧化碳量也能达到 1140 万 t。而统计显示，大约 1/10 的私家车一次外出行程不到 1km，该汽车俱乐部认为，车主完全可以步行或骑车代步。瑞士是山地国家，极易受气候变化的影响，因此瑞士表示会在国内落实对二氧化碳排放征税等措施以减少温室气体的排放。西班牙政府实行一系列促进可再生能源发展的政策，包括对开发可再生能源的投资提供风险保障支持；对可再生能源的生产和销售等给予补贴。与此同时，出于对暖冬现象的忧虑，一些欧洲环保主义者还要求世界杯滑雪赛主办方取消比赛，以保护山上积雪。

2. 安第斯山脉

在热带安第斯山脉地区，最近几十年来，快速融化的冰川已对社会经济和环境产生了深刻的影响。越来越多的冰川融化意味着未来冰川融水会越来越少，甚至消失，尤其在旱季，饮用水供应、卫生健康和灌溉农业等问题会日益严重。对处于邻近较大冰川的地区，冰川融化可能还不会造成太大的影响，但从长远来看，情况也不容乐观，需引起注意。已有研究表明，相比其他高山地区，安第斯山脉冰川融水在未来下降幅度最大，而安第斯山脉地区又拥有着广泛的人口和经济体，冰冻圈水资源减少将对当地社会经济和环境带来严重的负面影响。水资源短缺将威胁到许多山谷和低海拔地区人口的生存，这些地区是重要的农产品生产地，受水资源短缺的影响最大，而在以季节性灌溉为主的高原牧场地区，以羊毛为主的经济发展模式也会受到水资源短缺的影响。此外，日益激烈的水资源竞争也可能加剧水资源丰富地区和水资源贫乏地区之间的社会经济差距，给社会稳定造成不利影响。

为了应对安第斯山脉地区冰冻圈变化带来的不利影响，维系这些地区社会经济的可持续发展，需要提高决策者和民众对气候变化风险的认识，采取合理的管控和应对措施。例如，在安第斯山脉地区，葡萄酒产业是一项重要的经济支柱产业，决策者需要充分认识和了解未来气候变化对葡萄酒产量及质量的影响，以及现在和未来国际贸易中葡萄酒产业的碳足迹，对高碳商品增加关税和实施贸易限制等；此外，还可以建立针对区域气候变化的专门机构，以监测气候变化的状况，促进对环境服务价值评估基本原则的研究，制定区域适应和减缓气候变化的政策，具体措施如下：①严禁砍伐原始森林或者其他破坏森林的行为，以维持森林的碳汇功能，同时减少废弃物燃烧，保护被开垦的土地，严格执行土著森林法以及联合国 REDD+方案（reducing green house gas emissions from deforestation and forest degradation in developing countries，指在发展中国家通过减少砍伐

森林和减缓森林退化而降低温室气体排放,"气"的含义是增加碳汇);②在靠近水源的
地区进行植树造林,不仅可以提高水源的水质,还能固碳,通过吸收大气中的 CO_2 等温
室气体,以减少气候变暖对安第斯山脉地区冰冻圈的负面影响;③在安第斯山脉地区主
要的谷物种植区推广免耕播种的种植技术,采用覆盖作物或覆盖物,固定住土壤中的碳,
减少蒸发造成的水分流失,这样一来,区域变暖将受到抑制,越来越稀缺的水资源将能
得到更好的利用;④推广可再生燃料,以替代化石燃料,避免砍伐森林和原始森林退化,
如在安第斯山西北部 NOA 和北部 Cuyo 地区,通常将烘干的烟叶用于家庭和工业取暖;
⑤在安第斯山脉附近的干旱地区,可以在不适于农耕的土地上种植麻风树,利用其富含
油的种子生产生物柴油,因为生物柴油具有环保性好、原料来源广泛、可再生等特点。

3. 落基山脉

落基山脉大部分地区为季节性积雪,其在加拿大和美国大部分地区的水资源利用中
发挥着关键作用,这些地区的水文状况对气候的响应也具有季节性,融雪为地表径流和
地下水补给提供水源,春季融雪为北美西部许多地区的河流提供了大部分的年流量,随
着气候变暖,落基山脉地区的积雪加速融化,积雪时间缩短,积雪量变少。此外,落基
山脉发育有数百条冰川,它们主要集中在大陆分水岭附近,冰川体通常较小,受气候变暖
的影响更加明显。已有观测表明,冰川国家公园在 19 世纪后半叶约有 100 km² 的冰覆盖
区,到 2005 年,减少到仅有 16km²;在小冰期末期,落基山脉地区至少有 150 个冰川存
在,到 2010 年,只有 25 个大于 0.1km² 的冰川存在,根据模式预测的结果,这些冰川在
2030~2080 年会逐渐消失。另外,受冰川和积雪等萎缩的影响,该地区的娱乐和旅游业也
会受到很大的损失,如滑雪、雪地摩托等依赖雪的活动会受到积雪减少的负面影响。以上
结果表明,气候变暖已给落基山脉地区的自然环境和社会经济带来了不容忽视的挑战。

落基山脉在冰冻圈变化背景下的可持续发展要求加强落基山脉冰冻圈及其组成要素
的长期监测,制定合理的适应变化的政策,水资源利用是其中重要的一环。对于农业来
说,可以通过实施更有效的灌溉方法来减少需水量,也可以在日落后灌溉以减少蒸散造
成的水分损失。此外,要加强水资源循环使用的意识,改变不良的用水习惯,减少草坪
浇水和洗车等行为。

4. 乞力马扎罗山

乞力马扎罗山位于坦桑尼亚与肯尼亚边境,主峰海拔 5895m,是非洲第一高峰,山
顶被冰雪覆盖。受气候变暖的影响,乞力马扎罗山山顶以下雪的区域正在逐渐减少,雪
线上移,积雪面积越来越少。美国国家航空航天局的一份报告指出,乞力马扎罗山山顶
融化的积雪 85%是在过去 100 年(1912~2011 年)融化的,科学家预测这些积雪将在
2060 年消失。报告同时也指出,气候变暖是其中的一个原因,但也有其他一些因素会导
致山顶冰川消失,如越来越干燥的区域大气,它们减少了云层的覆盖,导致更多的阳光
照射冰面,加速了冰川积雪的融化。

气候变暖影响乞力马扎罗山的冰雪消融,进而改变当地自然环境,影响社会经济和
人类生活。乞力马扎罗山的冰雪消融影响最大的是该区域的生态系统,冰雪消融对这个

地区生态系统的破坏严重，冰川融汇减少会导致动物水源缺乏。更为严峻的是，河流由于冰雪消融而干涸，乞力马扎罗山山脚村庄的居民因为缺乏水源而不得不离开。此外，乞力马扎罗山冰雪资源逐渐消失会给坦桑尼亚旅游业造生相当一部分的经济损失。

　　乞力马扎罗山是联合国教科文组织确定的世界自然遗产之一，目前其冰雪消融问题已引起了国际的广泛关注，联合国开发计划署和联合国基金会共同向坦桑尼亚政府拨款资助，用于在乞力马扎罗山实施各类环境保护项目和促进生态旅游，帮助周边的农户建设农业灌溉设施、开展人工造林、改良农耕和放牧等生产方式、发展养蜂业、改进获取能源的方式、防止丛林火灾，以及发展土著文化旅游和增强公众环保意识等。水资源是人类生活和工农业生产所依赖的至关重要的且不可替代的自然资源，随着淡水资源供需矛盾的突出，淡水资源已经逐步演变为影响国家间和国家内部形势稳定的因素之一，因此需要协调乞力马扎罗山周边国家在分享水资源上的关系。除了国际援助、协调水资源使用外，乞力马扎罗山周边国家还需要根据对未来气候预估的情况、综合考虑气候变化的有利和不利影响以及影响的紧迫性做出时间安排，从而制定有差别的适应对策，维系乞力马扎罗山地区的可持续发展。

　　总之，冰冻圈各要素的变化广泛影响着当地生态系统以及与人类相关的社会经济活动。"环境"与"人类"之间的关系是高度非线性的，气候变暖会造成环境持续改变（无论是逐渐的或是突然的），当人类在此背景下采取相关措施时，两者间的关系也会发生变化。任何可持续性和适应性的战略都需要融入这种不断变化的关系中。目前面临的困难是，对未来气温和降水以及冰川退缩的动力学的预测还充满着不确定性，因而有必要加强对冰冻圈变化的长期监测，为预测气候变暖下未来冰冻圈环境的变化提供依据。通过对冰冻圈及其各要素变化规律进行系统研究，全面揭示这一地区冰冻圈系统对气候的响应过程和机理，模拟预测其未来变化态势，进而深入了解冰冻圈变化对经济社会系统负面影响的程度。准确掌握该地区冰冻圈不同要素的时空分布及其变化特征，理解认识冰冻圈变化对经济社会系统综合影响，提高冰冻圈变化预测水平、冰冻圈水资源管理能力、冰雪旅游资源利用能力、冰冻圈灾害风险管控能力。冰冻圈快速变化的现状和未来影响及其影响程度的判别，乃至早期预警体系的建立，均需对不同冰冻圈要素变化长时间序列和空间尺度进行长期监测，以及对冰冻圈影响区人口、经济社会活动进行动态跟踪调查。鉴于冰冻圈环境恶劣、区位不便，其变化监测难度较大，其冰冻圈变化监测还需进一步完善大尺度、立体、动态、连续的多源卫星遥感监测体系，同时还需要与冰冻圈主要要素地面监测及其动态变化模拟研究相结合。

思 考 题

1. 全球高原和高山冰冻圈主要分布地区有哪些？

2. 全球高原和高山冰冻圈变化尚有哪些要素需要继续开展研究？

3. 高原和高山冰冻圈退化对人类社会带来的影响包括哪些方面？

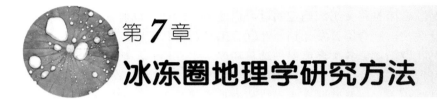

第 *7* 章

冰冻圈地理学研究方法

本章主要介绍了冰冻圈地理学研究中通用的野外调查与观测技术、采样和实验方法，并分别对冰冻圈地理环境各组成要素的观测方法做了阐述。冰冻圈地理环境监测始于早年对冰冻圈地理环境各要素，即冰川（冰盖）、积雪、冻土等的定点、定位观测，观测内容既包括各要素的物理参数和生物地球化学参数，也包括测点附近的地质构造、地貌形态、气象气候要素和水文过程等。观测手段和实验方法随着技术进步而日新月异，从早期的爬冰卧雪、人背马驮，每年野外季节的人工观测，到野外台站的长期连续观测，发展到现在的航空、卫星遥感遥测，无人机监测，观测范围从局部扩展到全球，形成"地–空–天"一体化观测体系，同时结合大数据和人工智能进行区域和全球尺度的模型模拟和未来预估，使我们对冰冻圈地理环境各要素变化机理和过程认知有了极大的提升。

7.1 观测与实验方法

冰冻圈地理学是一门离不开观测与实验的学科，其研究基础是通过野外观测、采样和实验室分析测试，获取冰冻圈地理环境要素的各类数据，进而获得冰冻圈地理环境过程的机制及对其与其他圈层的相互作用的认识。尽管调查与观测不能解决冰冻圈地理学中的所有问题，但却能获取冰冻圈地理环境要素的关键参数、认识重要冰冻圈地理环境过程、提供冰冻圈地理要素相关模型假设验证等的主要手段。同时，基于野外调查与观测建立定位站或半定位站，开展长期的定位监测。通过对冰冻圈地理要素的定位监测，可以长期获取第一手资料，这第一手资料具有精度高和分辨率高的特点，可以为遥感产品校正和数值模拟研究提供基础验证数据。针对冰冻圈地理环境要素的实验室分析技术，经过几十年的发展，采样流程、样品处理、实验室分析理论及技术等方面日益成熟与完善。检测精度的提高、野外观测和室内实验仪器设备的快速更新以及分析方法的发展与创新，促进了冰冻圈地理学研究的快速发展。

7.1.1 野外调查与观测方法

野外调查与观测可提供冰冻圈地理环境各要素系统规模和状态的日常信息及其动态变化，如冰川物质平衡、冰川规模与形态、积雪深度分布、冻土上限、海冰范围等；同时，可识别冰冻圈地理环境系统的主导过程，并提供主导过程的速率信息，如冰川表面运动速度过程、河湖冰冰凌密度与规模等。更为重要的是，任何野外调查与观测均有助于冰冻圈地理环境过程模型的提出或验证，从而极大地促进了冰冻圈地理学相关理论的发展。

1. 野外调查与观测的准备工作

在开展野外调查与观测之前，前期的准备工作是获取野外高精度资料和数据非常重要的环节。在调查之初，收集调查地区的地质、地貌、气象和水文等相关资料，收集前人在该地区的工作与研究信息及其相关成果，并对已有的研究工作做出评价，分析关键问题，这对于拟订调查计划是非常必要的。其次，制定周密详细的野外调查计划，包括野外调查的目的和目标、观测内容、时间安排、考察线路，以及应急和备用方案等。需要指出的是，制定的野外调查计划要尽可能详尽，同时向曾在该地区工作过的人员咨询，尽最大可能考虑野外考察中可能出现的问题和困难。

基于野外调查计划，准备调查过程中需要的仪器和器材清单，包括专用器材和常规器材。专用器材要根据拟定的野外调查内容确定，如气象和水文观测、测量雪层密度、温度、含水量和硬度等器材；而常规器材包括野外考察装备、登山及救生装备、生活装备、交通与通信装备、野外记录本和测尺、摄影与照相器材等。同时，出发前必须对这些仪器和器材进行检验和检测，以确保仪器和器材的完好和准确，进而确保野外调查过程中调查与观测数据的准确性。

冰冻圈地理环境各要素多分布在高海拔、偏远地区，对于考察人员的身体素质有一定的要求，因此出队前对考察人员的身体进行检查是必需的。同时，需要准备队员个人装备、常用药品与简便的医疗器械等。在进入极高山及无人区考察时，还要制定人身安全制度或条例，携带这些特殊地区所需要的器材和设备。

2. 野外调查与观测方法

冰冻圈地理环境要素，包括陆地冰冻圈、海洋冰冻圈和大气冰冻圈，其野外调查与观测方法和技术略有差异。目前，野外调查工作主要集中在陆地冰冻圈和海洋冰冻圈，而对大气冰冻圈开展的调查相对较少。此外，在冰冻圈作用区与影响区，需收集有关冰冻圈变化及其对当地居民及其生计、资源、基础设施、社会和经济等的影响，以及传统适应知识和现有适应措施等相关信息。

1）陆地冰冻圈观测

陆地冰冻圈由发育在大陆上的各个要素组成，包括冰川（盖）、积雪、冻土、河湖冰。冰川观测的内容主要包括冰川物质平衡、冰川运动速度、冰川温度和厚度、冰川气象和水文等。积雪从形成到融化，一直处于连续不断变化中。不同地区和同一地区不同雪层的积雪具有各自不同的物理特征，其观测的内容主要包括积雪深度、密度、硬度、温度和液态含水量等。冻土观测的内容主要包括季节冻结和季节融化深度、冻土年变化深度、冻土年平均地温、多年冻土下限、多年冻土厚度等。河湖冰观测的主要内容为冰情和冰厚度等。

a. 冰川观测

冰川物质平衡是冰川对气候变化响应的最直接参数，是冰川积累和消融的代数和。冰川物质平衡时段的基本单位是年度，即以水文年为标准。在北半球，水文年的时间定为 10 月 1 日至翌年 9 月 30 日。冰川物质平衡的野外观测主要使用测杆和雪坑法。该方法是直接在冰川上布设测杆（花杆）（图 7.1），定期观测，然后综合各测点的结果计算出整个冰川或冰川上某一部分在全年或某一时段的物质平衡及其各分量。冰川积累区主要是雪及粒雪层，主要利用雪坑法观测，测杆作为辅助方法。雪坑法按层位测定密度和厚度，从而计算出该年层的纯积累量。

(a)　　　　　　　　　　　　　(b)

图 7.1　冰川区测杆布设（a）和天山乌鲁木齐河源 1 号冰川物质平衡花杆测点分布（b）

冰川运动的观测和研究对于揭示冰川变化规律及预测其未来变化趋势具有重要意义。除冰川表面不同部位运动速度有差异外，冰内不同深度上的运动速度也不相同，通常冰川表面运动速度最大，冰川底部的运动速度最小。冰川表面运动速度是指冰川表面因冰川冰的运动而引起位置上的变化。在野外观测过程中，冰川表面运动速度测量的方法主要包括经纬仪前方交会法、全球定位系统（GPS）测量法和地面立体摄影测量法。其中，GPS 测量是目前测量冰川表面速度的常用方法，该方法是通过同时接收多颗卫星发射的信号测定测站点（测速点）的空间位置的方法。测量冰内运动速度较为普遍的方法是探坑法、冰隧道法和钻孔法 3 种方法，但较为成熟的方法目前仍在探索中。

冰川厚度与冰下地形和冰川体积是冰川学研究领域中 3 个重要的基本参数。冰川厚度测量方法主要有热钻法、地震波法、重力法和冰雷达法。其中，最准确的测量方法为热钻法，然而在冰川上钻孔的钻取较为困难，仅能获知很有限的若干离散点的冰川厚度。目前广泛使用的测厚方法是冰雷达测厚方法（图 7.2）。冰雷达是一种穿透特定介质冰和雪的探地雷达，是利用电磁波被静止的冰床基岩、冰内空洞、内碛等目标反射特性来发现目标，并确定目标的距离和方位的电子设备。测量作业时可分为连续测量和人工点测两大类。连续测量记录的数据量比较大，水平分辨率高，可用于比较平坦的冰川测厚。人工点测是山地冰川的主要探测方法。将天线放置在测厚线路的起点，正确设置参数后，选择人工点测采集方式，每触发一次系统将记录一道波形。然后，通过对雷达测厚剖面堆积图的冰厚判读，得到各测点的厚度，加上改正后的 GPS 地图坐标，得到最有用的原始数据。

图 7.2　冰川区探地雷达测量冰川厚度 [照片来源于刘时银等（2012）]

冰川温度是冰川基本物理特征之一。目前冰川表面和内部某处的温度测量一般采用直接测量的方法。温度测量时需将测温探头布设到相应测温位置，探头感应的温度信号则用配套的自动记录仪器或手工测量仪器采集完成。然后，用相应的转换算法，将采集的模拟数字信号恢复成所需的温度量值。比较常用的测量仪器有铜电阻温度计、石英晶体温度计、半导体温度计和精密热敏电阻温度计测温系统。目前，较为常用的是精密热敏电阻温度计测温系统。测温时间间隔按研究需要确定。

冰川气象观测要求测点布置要灵活、仪器要轻便、要素观测要规范。在有条件的站点，可建立人工气象观测场。气象观测主要使用自动气象站来实施（图 7.3），观测项目包括气温、湿度、风速风向、降水、气压、积雪、蒸发量、日照和地温。气象观测的传感器需要具有耐低温、测量范围较宽、精度高、较易维护等特点。由于冰川作用区的山坡流域面积较小，一般可以用测流堰作为水文观测断面。在测流断面旁设水尺、自记水位计或水位计测量径流深，在低、中、高水位分别进行测流，建立水位流量关系曲线。在较大的流域，可选择顺直天然河段，或将公路桥附近上、下河段作为测流断面，在近河岸设水尺、自记水位计。

(a)　　　　　　　　　　　　　　　(b)

图 7.3　天山乌鲁木齐河源 1 号冰川末端的气象观测场（a）（金爽提供）和祁连山老虎沟 12 号冰川积累区架设的多层次自动气象站（b）（陈记祖提供）

b. 积雪观测

积雪观测的内容主要包括观测雪水当量、深度、密度、硬度、温度和液态含水量等。雪水当量是指地面积雪完全消融后，形成的对应水层厚度，表征了真实的地表积雪量。其直接观测方法包括雪板测量法、蒸渗仪法、雪枕法及伽马射线法等。测雪板一般为白色高分子塑料板或金属板，大小为 40cm×40cm 的矩形。测雪板需水平放置于地表，降雪后测量雪深并称重，利用人工称重的方法获取雪水当量。蒸渗仪法是根据降雪前后重量的变化获取地表雪水当量。该方法还可以观测雪层中渗透出的融水量。雪枕法是利用积雪产生的压力计算雪水当量，由于雪枕面积较大，不易形成雪桥，其测量精度较高。伽马射线法的原理是地面自然辐射出的伽马射线量取决于放射源（即地面）与探测器之间介质的水分量，积雪越多，对伽马射线的吸收越强，因此可测量积雪上部的伽马射线量来推算雪水当量。

积雪深度是指积雪的总高度。测定积雪深度的仪器有量雪尺和超声雪深监测仪。量雪尺是一种木制的有厘米刻度的直尺，表面涂以油漆，尺的最下部 5 cm 长削成菱形，以便观测时插入雪中；而超声雪深监测仪是一种采用超声波遥测技术对降雪过程监测、记录、分析的设备，其通过向被测目标发射一个超声波脉冲，然后再接收其反射回波，测量出超声波的传播时间，再根据超声波在空气中的传播速度计算出传感器与被测目标之间的距离。超声雪深监测仪测量雪深的范围一般在 0～2.5 m，精度高达毫米级。

积雪密度是单位体积积雪的质量，以 g/cm³ 为单位，一般使用雪特性分析仪进行测量，其主要组成部分包括一个读数表和探头，探头为一钢质、叉形的微波共振器，可以测量共振频率、衰减度和 3 分贝带宽 3 个电参数，从而精确计算积雪的介电常数，并且通过半经验公式来计算雪密度和液态水含量。此外，还可以使用体积量雪器和称雪器测量雪压和雪密度。

积雪硬度常使用冲力硬度计测量。这种硬度计的上端有活动的金属砝码，根据砝码的质量和下降高度，以及硬度计被打入雪层的深度，可以计算出雪层的硬度。野外观测时若没有合适的仪器，可采用一种经验型的简易硬度计测试，将自然积雪的硬度分为四级。第一级称为松雪，除大拇指外的四个手指并拢，不费劲就能够插入雪层。第二级称为稍硬雪，一个指头可以插入。第三级称为坚雪，削尖的铅笔才可插入。第四级称为坚实雪，只有锋利的刀片才能插入。然而，这种测量所获取的数据精确度较低。

积雪表层温度一般用热红外温度计进行测量，它由光学系统、光电探测器、信号放大器及信号处理、显示输出等部分组成，通过对物体自身辐射红外能量的测量来准确测定其表面温度。雪层内部温度可用针式温度计和温度探头等进行测量，它们均以热敏电阻为原件，利用金属导体或半导体在温度变化时本身电阻随之发生变化的特性来测量温度，其中针式温度计设计小巧、携带方便，而温度传感器探头则可以长时间地置于野外进行连续的积雪温度观测。此外，积雪中精确的液态水含量可以由雪特性分析仪获取，液态水含量用体积或质量百分比来表示。

c. 冻土观测

冻土气象观测方法与冰川气象观测方法类似，主要利用自动气象站来开展，要求测点布置要灵活、仪器要轻便、要素观测要规范。冻土水分观测使用时域反射（TDR）或

频域反射（FDR）传感器，通过数采仪直接测量并换算出土壤的未冻水含量。TDR 通过探测器发出的电磁波在不同介电常数物质中传输时间的不同来计算含水量。FDR 通过探测器发出的电磁波在不同介电常数物质中传播频率的不同来计算含水量。冻土地表蒸散发通常采用蒸渗仪观测，其原理是通过直接称量试验土柱的重量变化，结合降水输入与渗漏排水量，获得土壤的蒸散发量。

　　季节冻结深度和融化深度是分别针对季节冻土区和多年冻土区来说的，其主要观测方法包括机械探测、土体温度观测和可视化观测方法。冻土年变化深度、冻土年平均地温、多年冻土下限或多年冻土厚度，主要通过对一定深度范围内的冻土热敏电阻温度串的电阻值计算来获得。另外，冻土年变化深度也可依据一次钻孔温度测量结果，通过相关计算方法来估算。此外，冻土热状态为各深度上冻土温度的时空变化特征，可以通过不同深度的热敏电阻温度串量测的电阻值换算成温度来获得。一般热敏电阻观测可采用两种方法，一是可采用分辨率为±1μV 的高精度万用表进行手动观测，然后依据标定方程换算成温度值；二是可采用数据采集仪进行自动观测。观测时间可依据不同的观测目的和要求来设置。

　　土壤容重是原状土壤单位体积的烘干重量。通过对土壤容重的测定，可以计算土壤孔隙度、土壤饱和含水量和密度。冻结土壤中未冻水的含量也会随土壤干密度的增大而增大。测定土壤容重一般使用环刀法，利用称量固定体积的环刀内的土壤重量来获取容重。利用环刀法时需注意环刀内一般不能含大块石块。测定土壤有机质含量比较普遍的方法是重铬酸钾容量法。其主要原理是在加热条件下，用过量的重铬酸钾–硫酸溶液，氧化土壤有机质中的碳，重铬酸根中的二价铬离子被还原成三价铬离子，剩余的重铬酸钾用硫酸亚铁标准溶液滴定，根据消耗的重铬酸钾量来计算有机碳量，从而获得土壤有机质量。此外，冻土的土壤含水量、未冻水含量、土壤水势等是分析土壤水分迁移和热量传递的基础水力特征参数。土壤含水量又称土壤含水率，是相对于土壤一定质量或容积的水量分数或百分比。目前，其常用的测定方法有烘干法、电阻法、中子散射法和射线法。未冻水含量的测量方法主要有膨胀法、绝热量热法、等温量热法、射线衍射法、核磁共振等。常见的测量土壤水势的方法是使用张力计直接测量土壤的基质势。然而，张力计只能测量含水量较高的土壤，且测量范围较小，当土壤温度低于 0℃时，无法进行测量。因此，在冻土中土壤水势的测量较为困难。

　　d. 河湖冰观测

　　河湖冰的观测传统上以冰情目测和人工测量为主，随着科技的发展，自动化观测仪器逐渐被引入。河湖冰观测主要获取河湖冰厚度、封冻与解冻日期、冰塞与凌汛灾害等信息。目前，河湖冰厚度可利用磁致伸缩式冰厚测量传感器进行观测。河段冰厚测量的范围应包括河流的顺直段、弯道、深槽、浅滩以及平封、立封等，获得的平均冰厚和冰量具有代表性。冰厚测量的断面应在两岸设置固定标志、建立引测高程断面。冰凌密度的观测主要采用图像法，即在岸边设置高精度摄像机拍摄图片，并通过远程数据传输到监测中心，进行图像处理，进而分析冰凌的密度。

　　e. 冰冻圈社会经济调查

　　冰冻圈变化对自然环境与经济社会的影响不仅复杂多样，而且区域差异显著。尤其在评价冰冻圈变化的脆弱性与适应能力时，需要通过冰冻圈社会经济调查方法来获取一些无法量化的指标，如政府的决策能力、管理水平、社会资本、传统知识、习俗等。冰冻圈社会经济调查方法是指调查者运用特定的方法和手段在冰冻圈核心区、作用区与影响区收集有关冰冻圈变化及其对人员、生计、资源、基础设施、社会、经济等的影响、传统适应知识、现有适应措施的信息资料，并对其进行审核、整理、分析与解释的方法。该方法的实施基于客观性、真实性和准确性原则。

冰冻圈自身变化、对自然环境与经济社会的影响复杂多样且差异明显，故在调查时应根据研究内容的着重点与预期目的，从具体情况出发选择调查地区，确定调查对象，收集客观材料，探寻冰冻圈变化与社会经济之间的因果联系与作用规律。首先，确定调查对象；然后，通过问卷法和访谈法开展调查和资料收集。其中，资料收集方法主要是指在调查实施阶段所运用的具体方法，其方法多种多样，主要包括普查、抽样调查、典型调查、个案调查等基本类型，以及观测、访谈、问卷、文献等具体方法。在冰冻圈社会调查中主要采用抽样调查方法。

问卷法是调查者应用统一设计的问卷向选取的调查对象了解情况或征询意见的调查方法，其中问卷的设计要充分考虑调查目的、调查内容、样本的性质、资料处理及分析方法、财力、人力和时间，以及问卷的使用方式。问卷可直接发送给被调查者，也可以间接发送；而被调查者可直接填写问卷，也可以找人代写。问卷调查可以分为准备阶段、调查阶段、分析阶段和总结阶段。访谈法是由访谈者根据调查研究所确定的要求与目的，按照访谈提纲或问卷，通过个别访问或集体交谈的方式，系统而有计划地收集资料的一种调查方法。访谈法按照操作方式和内容可以分为结构式访谈和非结构式访谈。

2）海洋冰冻圈

海洋冰冻圈包括海冰、冰架、冰山和海底多年冻土。海冰野外观测主要通过考察船、冰站和浮标等技术，开展海冰范围、密集度、厚度、形态和类型等项目观测。基于考察船的海冰观测主要体现为形态学参数的观测，如海冰密集度、厚度、融池覆盖率和冰脊分布等。其主要的观测技术包括：根据观测规范的人工观测，基于电磁感应技术的海冰厚度观测以及基于图像识别的海冰形态观测等。短期冰站观测侧重于对冰芯样品的采集和对其物理结构的测定，长期冰站观测侧重于对气–冰–海相互作用过程的观测。浮标属无人值守观测，其大大降低了建立和维护浮冰站的人力和物力成本，因此被广泛应用到南、北极海冰观测中。冰基浮标观测参数包括大气边界层、积雪–海冰的物质平衡、海冰的运动和冰场变形、冰底湍流和短波辐射通量以及上层海洋的层化结构和海流等。

海底多年冻土主要分布在南、北极地区大陆架的海底，主要沿大陆岸线和岛屿岸线呈连续条带或岛状分布，厚度达数米至数百米。因此，直接对其观测难度较大，一般通过钻机取芯获取样品，然后再到室内开展分析。

3）大气冰冻圈

大气冰冻圈主要指大气圈内处于冻结状态的水体，包括雪花、冰晶等。目前，大气冰冻圈观测以在线监测为主，主要对颗粒物和痕量分析。其主要探测方法有探空气球、探空火箭、激光雷达以及卫星遥感等方法。探空火箭和探空气球的探空成本较高，且探空站和探空资料相对较少，卫星遥感的数据虽然可覆盖全球，但其空间分辨率及数据精度相对较低。

激光雷达探测的基本原理是激光与气体分子或悬浮在大气中的微粒进行相互作用，系统接收作用后的激光雷达回波信号，通过分析回波信号反演出待测的大气参数。激光雷达探测具有很高的探测灵敏度和空间分辨率，且可根据大气现象研究的需要而进行时间空间分辨率的改变，可在夜间对中层大气进行连续不间断的观测。目前，激光雷达观测网主要包括 NDACC、EARLINET、ADNET、REALM、MPLNET、CIS–LINET 等，可以获得大面积的空间覆盖，同时可以获得区域和全球范围大气廓线探测数据。

7.1.2　采样方法

冰冻圈及其变化蕴含有大量的古气候变化和环境信息。例如，冰芯与冰川遗迹是解释过去气候环境的重要手段，冰芯不仅记录了过去气温的变化，而且还记录了过去气候环境变化，包括火山活动、太阳活动以及人类活动对环境的影响等各种信息。此外，由于远离人类活动区，冰冻圈内记录的地球各圈层化学信息相对容易分辨，有利于提取各环境因子的全球或区域本底。冰冻圈环境介质多样，对其进行野外样品采样的方法也各异。

1. 雪冰采样

雪冰采样包括对积雪、冰芯、河湖冰和海冰样品的采集。冰川上的雪坑取样大多集中在积累区，常规方法是在较平坦处开挖雪坑，也可使用手摇钻或简便机械钻取样观测。作为系统观测的雪坑，其附近应设立测杆，并将其位置标注在冰川地形图上，以作为下一次观测的标志。每次观测后雪坑要回填，下次观测时不要使用原来的雪坑，应该在老雪坑附近（5~10 m）开挖新的雪坑。雪坑的观测壁要与坡面垂直，并应避免阳光的照射。雪坑的深度视研究的目的而定。在冰川区，雪坑的深度应大于一个年积累层。在极地冰盖上，可以利用路线考察时所用的铲雪机推出宽深的雪槽，还可在其底部用轻便钻机钻取更深层的雪芯，以观测其结构特征。对于雪坑的数量而言，应视观测目的及冰川规模而定。在考察路线时，雪坑按冰川中轴线自下而上和按一定高度布设，其具体高度视冰川表面地形而定。每个雪坑都必须标注其位置参数（海拔高度、冰川部位），其编号应与其附近的测杆一致，并记录测杆的读数，以便于以后再次观测时了解雪面的变化情况。雪坑挖取时，应着洁净服、手套及口罩，在下风向按一定间隔进行取样。采样结束后，将包装好的装有样品的铝桶放入冷柜中，在冷冻情况下带回实验室进行处理与分析。

非冰川区的积雪采样与冰川区的积雪取样类似，即在较平坦处挖雪坑。雪坑开挖一般使用大的平底雪铲和冰镐，其深度视研究目的而定。每个雪坑都必须标注其位置参数，并为其编号。雪坑挖取时，应着洁净服、手套及口罩，在下风向按一定间隔进行取样。清理雪壁和分层取样时，要使用小的雪铲；用钢卷尺测量剖面各层位的深度；在对密度观测时，使用固定体积的圆形取样钢筒、小型弹簧秤及若干薄塑料袋；为分层方便，可使用彩笔或炭黑笔；为精确测量雪层中的液相水含量，可使用特制的量热计。雪坑观测要用铅笔记录，若用圆珠笔或钢笔记录，遇风雪及降雨时会使记录模糊不清，因野外条件艰苦，天气变化无常等，记录时力求简明迅速。采样结束后，将包装好的装有样品的铝桶放入冷柜中，在冷冻情况下带回实验室进行处理与分析。

冰芯取样是在冰川哑口/粒雪盆或冰盖处利用环形钻头和中空钻杆，通过人力摇动、机械转动或热力下融的方式自上而下获取连续的圆柱状冰芯，并同时得到一定深度的钻孔用以观测研究。人力钻探主要用于浅冰芯样品的钻取；机械钻探主要用于大陆型冷性冰川深冰芯样品的钻取；热力钻探装置则通常应用于海洋型暖性冰川深冰芯的钻取。当前，美国、日本等国家及欧洲均具备千米以上深冰芯钻取技术，而中国的冰芯钻取技术则发展相对滞后，钻取深度在 300m 左右。冰芯在钻取过程中需要对不同层位的雪冰性状和污化层进行人工判读和记录；同时要对其进行称重和体积估算，从而获取冰川密度，这些指标的观测利于冰芯的定年工作。随后，钻取的冰芯放置于低温设备中运往实验室，须在冷冻状态保存于–20℃低温的存储冷库中直至开展样品制备。此外，河湖冰、海冰采样与冰芯采样较为一致。

2. 冻土采样

为了保证冻土样品的代表性，取样前应依据研究区已有的冻土分布、土壤类型和地形资料，结合现场的植被覆盖情况、微地形等因素，选取能够代表研究区土壤类型的采样地点。具体措施是在地势平坦、植被均匀的地表，采用对角线取样，样品不应少于 3 个点；在地势轻微起伏、植被不均匀的区域，根据植被盖度情况，采用多点平均分布选取采样点；在地势崎岖、斑块化植被的地区，需要在更大范围根据斑块比例开展随机布点采样。采集土样的同时，应开展 GPS 定位工作，记录描述样点位置的相关信息。

冻土野外采样的主要方法包括冻土坑探和钻探技术（图 7.4）。冻土钻探技术主要依靠人力或机械动力旋转空心钻杆下端的圆环状钻头（一般为金刚石材质），同时下压钻杆，自多年冻土表面垂直向下钻取一定深度的圆柱状样品，用于各项理化参数的测量和安装测温传感器。钻孔内可以放置无缝钢管或者 PVC 管等密闭防水的管材作为测温管并进行回填，之后可在测温管内放置温度传感器测量温度，基于此可进行多年冻土变化长期定点观测研究。钻孔剖土图层样品一般分为现场测试样品和实验室分析样品两类，前者主

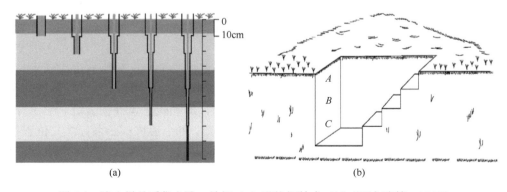

(a) (b)

图 7.4　冻土样品采集方法：钻探（a）和坑探技术（b）（丁永建等，2017）

要为测量含水（冰）量和容重的样品，后者主要包括土层颗粒分析样品、土层常规岩土参数样品和土层理化性质样品。

冻土坑探技术（图 7.4）一样应用于探测季节冻结深度或季节融化深度、了解多年冻土上限附近地下冰分布特征和浅层冻土的物理参数与化学组分。冻土坑探主要依靠人力或机械，按野外调查和观测需要，从地表向下挖掘一定宽度及深度（一般在 3 m 以内）的坑槽，现场对坑槽内多年冻土层剖面的多种理化参数进行观察和测量。此外，通过在坑槽内不同深度布置多种观测仪器（如温、湿度传感器等），可进行后续长期的冻土层定点观测研究。探坑样品主要包括颗粒组分分析样品、容重样品、理化指标分析样品、土壤碳密度样品和微生物样品。

海底多年冻土采样一般有两种方法：一种是套管护壁法，即将管筒插入海底，抽除海水，而后使用常规钻机取芯；另一种通过绳索取芯，该方法是一种不提钻、借助绳索和专用打捞工具从钻筒中把内管及岩芯提至地表的方法。通过采样可获取海底多年冻土的深度、厚度、空隙冰等理化指标。未处理前的样品需要详细描述并切分放入清洁的塑料袋包裹，而后插入保护套管。所有套管需标明深度、数量及顶、底信息，然后冻存。

3. 年代学样品采集

年代学是第四纪冰川研究中最基本的问题之一，也是了解第四纪冰川演化的关键。第四纪冰川研究中常用的测年方法包括地衣年代测定法、常规 ^{14}C、光释光（OSL）测年等。

地衣分布广泛，具有生长缓慢且生长期长、植株体呈圆形、植株体的生长曲线受短期气候波动影响小等特点，因而可将其作为冰碛定年的首选。冰川退缩后，地衣就在出露的冰蚀地形（羊背岩、鲸背岩、刻槽、磨光面等）或冰川沉积物（冰川漂砾）上着生，最大地衣体的生长时间基本上能代表冰川退缩或冰碛物沉积至今的时间。通过测量研究区特定种类地衣的最大个体，并参照该地衣的生长速率，就可以得出冰川退缩的年龄。地衣的测年范围从数年到 5 千年，因此可对新冰期与小冰期冰川作用后的侵蚀地形与堆积地形进行有效测年。在野外采集样品过程中，首先依据地衣的形态、颜色以及结构等，有时还需要借助显微镜甚至是化学试剂来鉴定所选地衣的种属。将研究区划分成若干样方，确定每个样方中植株体最大的地衣，进而确定研究区内地衣的最大植株体；然后进行地衣植株体直径的测量。地衣植株体直径的测量是比较重要且要求细致的工作，测量精度直接影响到年代测算精度。地衣植株体的大小受其含水量的影响，因此应避免在降水、多雾等天气对其进行测量。最后建立地衣生长曲线。地衣生长曲线可以通过多年测量单个地衣植株体的生长量来直接确定，也可以根据已知年代基质上的最大地衣植株体来间接确定。因为地衣生长比较慢，多年测量单个地衣植株体的生长量耗时太长，在急待年代测定的冰川作用区更不现实，所以在实际操作中常用间接方法来建立地衣生长曲线。间接建立地衣生长曲线，需要在大的区域背景中找到与测年所使用的地衣种属生长相似的微环境，且地衣侵入后植株体在基质上的直径增长方式是可预测的。通常可利用 ^{14}C、树木年轮学、历史记载、地形图、照片来辅助确定地衣着生基质的年代或通过已知年代的遗迹，如古建筑、墓碑、界碑或里程碑等确定基质的年代。

^{14}C 测年是发展最早、最成熟、测年结果最可靠的测年方法。常规 ^{14}C 测年具有测年

精度高、可测样品种类多（有机物质或无机含碳物质）、取样简单等特点。在冰川前进时，一些树木被卷入冰川沉积中，而这些树木又是 ^{14}C 理想的测年材料。如果冰川区存在石灰岩，冰碛沉积后，淋溶作用使次生碳酸盐沉积，其沉积物（钙膜）就成为含有放射性 ^{14}C 的物质。对这些含碳物质进行 ^{14}C 定年可以判断冰川作用时间，但 ^{14}C 测年法是间接而非直接的。^{14}C 是用距今（B.P.，其指距公元 1950 年之前）的年代来表示年龄的，同时要标明偏差的误差范围和实验室编号。采集冰川沉积 ^{14}C 年代样品的要求有：①样品具有代表性。在冰川沉积中，特别是海洋型冰川沉积中可能同时存在朽木、富含有机质的泥炭或淤泥沉积，朽木是这三种沉积中的首选，因为树木死亡至今的时间基本可以代表冰川沉积至今的时间。②样品的原生性。^{14}C 年龄表示含碳物质停止与大气中 CO_2 发生交换至今的时间，要求这些物质在死亡和被埋藏后处于一个相对封闭的环境中，没有受到后期的扰动。一般而言，冰川沉积中的有机碳的原生性比较好，因为它很难与周围物质发生碳原子交换。③无机碳样品采集。理论上，冰碛表面最初沉积的薄层钙膜基本上可表示冰碛沉积年龄，但因碳酸盐沉积很容易与大气中的 CO_2、水中的 CO_3^{2-}、HCO_3^- 发生交换，所以采集时尽量避免易受淋溶的漂砾，减少现代碳污染或老碳混入等问题。

　　OSL 测年冰碛样品采集与运输中，通常在质地坚硬的钢管或铝合金管中封闭保存，完全闭光。OSL 年龄表示冰碛或冰水沉积至今的年龄，后期的任何变动都会影响释光信号或环境剂量率，因此必须详细考察样品所在的沉积层位，选择没有受到扰动的沉积剖面。另外，考虑到 α、β、γ 射线有效作用范围和最大渗透范围以及实验所需的是细颗粒物质，为此应尽量做到：①样品采集点半径约 0.5 m 范围内尽可能背景一致；②选择厚度较厚的透镜体，不要选取体积较大的石块（尤其是花岗岩岩块）等。同时，在采集过程中要详细记录地质地貌要素。年剂量（D）通常是根据放射性元素 U 与 Th 的浓度、K_2O 的百分含量、含水量以及宇宙射线的贡献率来测算的。地质时期含水量的变化情况无法获得，通常用现时含水量来近似代之。对于宇宙射线来说，它受到经度、纬度、海拔与样品的埋藏深度的影响，所以必须详细地记录样品所在地层的环境要素。特别注意，在运输与保存过程中，绝对禁止样品受热、曝光与受到放射性物质的辐照。

7.1.3　实验方法

　　经过近几十年的发展，针对冰冻圈各环境要素的实验室分析技术，在采样流程、样品处理、实验室分析理论及技术等方面均日益成熟和完善。力学、热学、光学、化学和电磁学等先进的理论和方法已广泛应用于冰冻圈环境介质样品的理化参数分析。检测精度的提高、仪器设备的快速更新以及分析方法的创新，给冰冻圈地理学研究带来了新的机遇。

1. 力学和热学性质参数测试方法

　　力学性质参数测试方法包括单轴试验和三轴试验。单轴试验主要用于开展冻土和冰等材料的无侧向抗压强度试验，而三轴试验主要用于开展冻土和冰等材料的三轴压缩试验，试样尺寸与单轴一样。二者试样制备都采用扰动样和原状样两种。热学是研究物质处于热状态时的有关性质和规律，其测量的主要参数包括导热系数、导温系数和比热容。

单轴试验采用试样直径约为 61.8 mm，高度为 125 mm，符合高径比大于 2 的要求。用于冻土和冰单轴试验的仪器一般由材料试验机改装而成，包括可控温试验箱、轴向加压设备、轴向应力和变形量测系统。对于单轴强度试验，可获得单轴压缩强度（无侧向抗压强度）。对于单轴蠕变实验，可获得蠕变三要素（冻土的破坏时间、破坏应变和最小蠕变速率）、长期强度曲线和长期强度极限。用于冻土三轴试验的仪器主要包括压力室、轴向加压系统、围压系统、反压力系统、孔隙水压力测量系统、轴向变形和体积变化量测系统。这些仪器有两个特殊要求：①压力室必须是可控温的；②仪器提供的轴压和围压比常规土的三轴试验仪要大。根据不同的试验要求，使用不同的加载控制方式，强度试验最常用的是恒应变速率，蠕变试验采用的是恒荷载试验。对于强度试验，可获得冻土的三轴强度、强度参数（如黏聚力和内摩擦角）、弹性参数（如弹性模量和泊松比）。对于蠕变实验，可获得蠕变三要素（冻土的破坏时间、破坏应变和最小蠕变速率）、长期强度曲线和长期强度极限。

　　导热系数在实验室内主要采用稳态法和非稳态法进行测定。智能型双平板导热系数测定仪对保温材料导热系数的测试使用稳态法（纵向热流法–绝对法）。非稳态法在实验室使用的仪器设备主要有热传导率测定装置和热参数分析仪。导温系数主要采用圆柱体瞬态热流法和正规状态法测定，野外则采用温度波法和薄板法测量。其基本原理：将初始温度均匀的试样迅速置于温度较高（或较低）的恒温湍流环境中，根据试样新的温度随时间变化的规律确定试样的导温系数。LFA 457 激光法导热分析仪是实验室常用的导温系数测量仪器，可对金属、岩土、液体和粉末的导温系数进行测试，其使用的是非稳定态法。比热容在实验室内主要采用传统的比热容测试仪、平板导热系数测试仪和热分析法。在这三种方法中，热分析法使用最为标准和普遍，如 Q2000 差示扫描量热仪，其可对金属、岩土、液体和粉末的比热容进行测试。

2. 光学性质参数测试方法

　　光学性质参数测试方法主要有单颗粒烟尘光度计技术、激光微粒粒径测量技术、衍射技术和电子显微镜技术，这些技术主要应用于气溶胶颗粒粒径与黑碳含量、雪冰和水体样品中的微粒粒径及数量、矿物成分、矿物结构与构造等的测量中。

　　单颗粒烟尘光度计（SP2）是由激光发射器、流量控制系统、4 个光信号检测器以及信号存储系统组成的。该技术可以测量分析单颗粒气溶胶中的黑碳含量，不受黑碳形态、黑碳与其他组分的混合状态的影响；也可用于分析液态水样中黑碳含量。该技术主要将光信号与已知标样黑碳颗粒释放的光信号进行对比，即可推断单个气溶胶颗粒中黑碳的含量；再将一定时段内所有气溶胶颗粒中黑碳积分，除以相应时段内通过仪器的气溶胶体积，从而得到大气中黑碳含量水平。由于所有颗粒都能散射照射到颗粒表面的激光，经过探测反射光的信号强度还可以确定气溶胶颗粒的粒径、分析黑碳颗粒被包裹与否。该技术测试颗粒粒径信号范围为 200～700 nm，检测底限为 0.3 ng/m^3。

　　激光微粒粒径测量技术是利用均匀的液态样品中微粒对激光的背散射参数在一定粒径和浓度范围内与微粒粒径和浓度呈线性变化的特征，测量不同散射角的散射微粒光强，即可确定微液态样品中微粒的浓度和粒径分布参数。该技术主要用于分析雪冰和水体样品的微粒粒径及数量。只要将样品较好地分散于待测悬浮液中，然后放入分析仪中，仅需几秒时间就可以得到粒度分布数据表、分布曲线等，在小颗粒范围内也能给出颗粒散射光分布的精确值，因而这种方法的测量精度高、测量粒度范围广。

衍射技术是利用 X 射线照射粉末样品，随照射角度变化，衍射出特征的矿物衍射花纹，可定量定性分析矿物成分与组成，可以获得矿物的结构特征。X 射线衍射分析方法简单、分析成本低、分析速度快、分析范围广，且对样品无损害、数据稳定性高，在岩石学和矿物学研究中被广泛应用。X 射线衍射分析方法通过对 X 射线衍射方向的测定，可以得到晶体的点阵结构、晶胞大小和形状等信息。X 射线衍射数据的采集方法分为二维成像法和衍射仪扫描法，其中依靠测角仪通过扫描方式进行测量的扫描法使用最为普遍。

电子显微镜技术反映样品的表面微观特征，配合波谱仪或能谱仪，能定量计算微区元素分布。其中，扫描电子显微镜（SEM）通过探测样品原子外层电子束轰击时逃逸出来的电子（二次发射电子和背散射电子）和激发后跃迁的电子回迁时发出的光能，将它们转换成图像，从而可在纳米尺度显示样品的微观结构。电子显微镜技术主要用于对矿物、岩石形貌特征、结构与构造等进行分析。

3. 化学性质参数测试方法

冰冻圈地理环境包含的介质中样品种类繁多，包含了不同形态（气体、液体和固体）的样品，且各类样品的化学成分十分复杂。这些化学成分的含量从常量、微量、痕量到超痕量。实验室分析的主要任务是鉴定各成分的组成及其含量，确定各成分的结构形态及其性质之间的关系，即以物质的物理和化学性质为基础，借用较为精密的仪器测定被测物质含量。这一分析方法被称为仪器分析法。仪器分析法具有灵敏度高、准确度高、重复性好、取样量少、操作简单、分析速度快的优点，易实现自动化与智能化。该方法可分为色谱技术、质谱技术、有机碳/元素碳（OC/EC）热光分析技术、冷原子荧光光谱技术、激光同位素比分析技术、在线连续融化分析技术等。

色谱技术是按照物质在固定相与流动相间分配系数的差别而进行分离、分析的方法，可分为液相色谱和气相色谱。质谱技术是通过测定待测样品离子的质荷比来进行物质的定性、定量及确定结构的一种分析技术。按照研究对象的不同，质谱技术主要包括同位素质谱、无机质谱和有机质谱分析技术。光学分析法是根据物质发射或吸收电磁辐射以及物质与电磁辐射的相互作用来对待测样品进行分析的一种方法，主要包括冷原子荧光光谱技术、激光同位素比分析技术、激光诱导炽光技术等。激光同位素比分析技术是基于光腔衰荡光谱法（CRDS）的同位素分析技术，其具有测量速度快、灵敏度高、量程大等优点。目前利用该技术的同位素测量包括液态水与气态水同位素比、温室气体同位素比等气态小分子同位素比。在线连续融化分析技术是在线连续融化冰芯样品技术与连续进样分析法，或其他在线样品前处理装置和在线分析设备的集合。通过计算机优化控制冰芯样品的融化速度达到为在线快速分析系统提供样品、实现快速分析的效果。

4. 物理结构测试方法

雪冰（包括积雪、冰川、河湖冰及海冰）的微观物理结构检测仪器设备主要有称重计、放大镜与数码影像提取设备，以及高倍显微镜和电子显微镜成像仪及激光粒型粒度仪等。这些仪器主要用于检测雪冰二者的晶体形态、组构及粒径，粒雪孔隙度与成冰深度，雪冰密度，雪冰混合结构形态，雪冰中混合杂质的浓度，粒雪成冰过程中所封存气泡的数量、形状、尺寸、分布状态等。其中，冰组构分析利用冰的各向异性特征，在可见光下对冰的粒径大小、晶面朝向进行统计，分析结晶轴的方向，获得冰晶体生长方向、后期的变化等参数。此外，冰芯物理参数扫描技术是利用特征波长的单色光，对冰芯进行扫描，得到冰芯的完整图像，再现冰芯物理特征，从而清晰反映冰芯中污化层、白冰层、冰片与粒雪层等。冰晶粒径反映成冰的温度环境，冰晶 C 轴可以反映成冰作用的各种过程。冰晶体结构要在正交偏光镜下观察。这时必须制作贴在玻璃上的薄冰片，然后将其放置在费氏台上进行观测。低温实验室制备薄冰片的具体操作步骤如下：在低温环境下，从已经标记了生长方向的冰坯上，沿着垂直于冰面的方向用电链锯切下两块 10cm×10cm 冰坯厚度的近似长方体冰样，并重新标记好冰的生长方向，两块长方体冰样分别用来制备冰晶体结构的水平薄片与竖直薄片；在低温环境实验室内确定好冰样的上下表面，根据冰的厚度对冰样再进行分层切割；对于观察平行于冰面的冰晶体，沿着平行于冰面的方向，以大约 5cm 为间隔，画出标记线；对于观察竖直于冰面的冰晶体，沿着平行于冰面的方向，以 10cm 为间隔，画出标记线；然后用锯骨机或者手锯沿着标记线进行切割；在切好的厚冰片上再次标记冰的生长方向，并编上序号，明确厚冰片自冰面上向下的顺序；用刨刀将切好的厚冰片需要观测的一面进行打磨，使其放置于玻璃片上时能与之充分接触；玻璃片要用电熨斗进行轻微加热，有助于其和厚冰片冻结在一起；在把厚冰片放到玻璃上时，为了消除接触面上的气泡，要注意放上之后进行左右的滑动；然后让冰块在玻璃上冻结；之后，再用锯骨机将厚冰片切割成 5mm 左右的薄冰片；将切好的 5mm 左右的薄冰片用刨刀削薄到 1mm 左右，并在玻璃片上标好序号；最后可以将打磨完成的冰片放到费氏台上，通过偏光镜观测冰晶体。

冻土的微观物理结构检测主要包括冻土的岩性特征、含水率、密度、色泽、厚度等，其次为岩土与水分的混合结构、未冻结水组分在冻土内的分布特征、冻结冰缘的结构、土壤土质类型及其冷生构造等，以及土壤颗粒物形态、粒径组构、孔隙度、分凝冰透镜体结构等。所采用的主要仪器有数码影像提取设备、高倍显微镜、电子显微镜成像仪、激光粒型粒度仪、脉冲核磁共振仪、全自动比表面积及孔隙度分析仪等。对于土体冻胀，采用原状样和扰动样在有压和无压的冻融循环试验仪上开展土的冻胀试验，从而获得土的冻胀量或冻胀率参数，利用该参数可判断土的冻胀性。

7.2　空间信息技术与大数据应用

7.2.1　空间信息技术

空间信息技术，即 3S 技术，是 20 世纪 60 年代兴起的一门新兴技术，主要包括遥感（remote sensing，RS）技术、地理信息系统（geographic information system，GIS）技

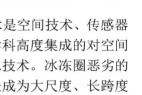

术和全球定位系统（global positioning system，GPS）技术。3S 技术是空间技术、传感器技术、卫星定位与导航技术和计算机技术、通信技术相结合，多学科高度集成的对空间信息进行采集、处理、管理、分析、表达、传播和应用的现代信息技术。冰冻圈恶劣的环境、不便的交通使实地观测困难，利用卫星遥感和航空遥感已经成为大尺度、长跨度冰冻圈地理环境监测与制图的必备手段。进入 21 世纪以来，各类卫星传感器不断发射升空，遥感数据的空间分辨率、时间分辨率以及光谱分辨率等方面都有了很大提升。根据冰冻圈组成要素的不同特点与要求，综合运用 3S 技术，提高对冰冻圈环境要素的监测精度已经成为冰冻圈地理研究发展的趋势。例如，随着遥感技术的不断发展，其已涵盖可见光、近红外、热红外、微波、激光、无线电等常规遥感探测方法，同时重力卫星、星载/机载无线电回波探测等新方法手段加快了遥感技术在冰冻圈地理环境研究中的快速应用与发展。

1. 陆地冰冻圈

1）冰川

　　冰川是陆地冰冻圈系统的主要组成部分，是全球重要的固体淡水资源库，同时冰川是全球气候变化的指示器。对冰川变化进行监测，可掌握冰川变化的时空特征及其规律，有助于理解和认识冰川变化对气候变化的响应和反馈关系，对全球气候变化及其影响方面都具有非常重要的意义。空间信息技术主要应用于冰川编目、物质平衡监测、运动速度提取、冰川特征参数反演等方面，已成为冰川研究发展的重要手段与趋势。

　　冰川编目以遥感观测的数据为主，辅以野外观测数据。冰川编目中主要采用人工数字化、波段比值阈值分割法、监督和非监督分类法及积雪指数法提取冰川边界。在上述方法中，基于多光谱遥感影像的波段比值阈值分割法被证明是效率最高、人工干预最少的一种方法（图 7.5）。具体的波段比值阈值的选取依赖于所提取区域的冰川表面特征和

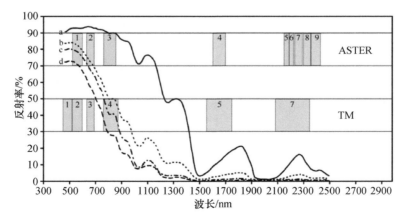

图 7.5　冰雪在不同条件下对不同波段太阳辐射的反射率及其对应的 ASTER 和 TM 传感器波段

（刘时银等，2017）

注：图中数字为相应传感器编号

大气条件，因而没有通用的波段比值阈值，每个冰川边界提取区域都需要用人工目视检查的方式来确定最佳的波段比值阈值。同时，所选择区域不宜太大，以免区域内不同部位的最优波段比值阈值有较大差别。积雪指数法是植被指数的延伸和应用推广，是一种基于地物在某一波段强反射和另一波段强吸收特性的方法，亦有较广泛的应用。

　　冰川物质平衡监测通常采用遥感大地测量法和卫星重力法两种。遥感大地测量法冰川物质平衡监测是通过比较覆盖同一冰川发育区域多时期冰川数字高程模型（digital elevation model，DEM）数据，提取冰川表面高程值差异，并将其转换为冰川体积变化和对应的水当量变化，来提取冰川的物质平衡信息（图 7.6）。21 世纪初期以来，随着单轨 InSAR 技术的不断进步，SRTM 计划和 TanDEM-X 双站 SAR 系统均能成功获取山地冰川高空间分辨率和高精度的 DEM 数据，从而推动了遥感大地测量法在观测冰川质量平衡中的应用。而卫星重力法是基于重力卫星（gravity recovery and climate experiment，GRACE），通过高精度的 K 波段微波测距系统，探测两颗卫星之间持续空间距离差异，对地球重力场微小变化进行测算，获取探测对象的物质变化。

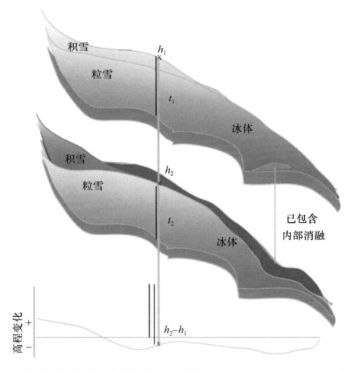

图 7.6　遥感大地测量法冰川物质平衡估算示意图（据 Fischer，2011 绘制）

　　冰川表面运动速度主要采用遥感观测和实地测量两大技术手段。其中，GPS 技术已成为实地测量最重要和使用最为广泛的手段。微波遥感因其不受云雨天气的影响，基于 InSAR 干涉相干特征监测冰川流速被广泛应用。冰川表面运动速度估算不再仅仅使用某一种数据，而是将多源遥感数据进行融合获取。GPS 通过对冰川表面同一点三维位置的多个时相的测量，从而计算出冰川的运动速度。遥感冰川运动速度提取的原理是利用不同时期的两幅影像，配准后标记出具有代表性的特征（冰裂隙等），两个相同特征之间的距离即其位移，继而计算出运动速度。SAR 监测冰川运动的方法可以分为两大类：一类是 SAR 干涉测量（InSAR），另一类是相关匹配的特征跟踪（feature tracking）（表 7.1）。SAR 干涉测量法可以比较精确地测量冰川运动速度，其以合成孔径雷达复数据提取的相位信息为信息源获取地表三维信息和变化信息的一项技术，但由于失相干现象严重，只能采用较短间隔内（数天或数十天）的 SAR 像对，且冰川运动速度不能太快。特征跟踪方法恰好可以弥补这一缺陷，且更加适应山区地形条件。与光学数据类似，SAR 影像相关技术通过两幅图像上的特征匹配获取变化量来解算冰川运动速度。

表 7.1　SAR 干涉测量与特征跟踪方法获取冰川运动速度对比

方法名称	共同点	像对时间间隔	冰川运动状况	变化提取精度
SAR 干涉测量	采用同轨且基线较近的 SAR 像对	几天至几十天	运动较慢	厘米甚至毫米
特征跟踪		数月至数十月	运动较快	配准精度×像素尺寸

　　冰川反照率和表面温度是重要的冰川特征参数。冰川表面反照率和表面温度的遥感提取过程类似，都需要经过一系列的数据处理过程。首先需要将传感器记录的 DN（digital number，DN）值转换为 TOA（top of atmosphere，TOA）反射率/波段辐照率值，然后采用一定的大气校正模型，将 TOA 反射率转换为地表反照率/辐照率。与短波/近红外波段的反射不同的是，地表的热红外辐射具有各向同性的特征，因此不需要进行地形方向性校正，而是直接将大气校正后的地表辐照率采用与传感器对应的近似普朗克函数（Planck's function）转化为地表温度。之后，便可以利用所得的温度值研究冰川表面的温度状况。

　　冰川表面形态是由冰川作用塑造而成的各种冰川侵蚀、堆积地形的总称。目前，应用遥感技术获取冰川表面形态的方法包括合成孔径雷达干涉测量（InSAR）、雷达高度计、激光雷达等。使用 InSAR 方法获取冰川表面形态通常有两种方法：传统的 InSAR 方法将冰川表面形态相位解缠后做地理编码，直接生成冰川表面形态；而差分干涉（D-InSAR）方法首先获取差分干涉图，差分干涉图主要由冰川表面形态残余贡献，将冰川表面形态残余相位解缠转化为冰川表面形态残余量后做地理编码，而后叠加至原始冰川表面形态则可得到现有冰川表面形态。雷达高度计通过脉冲发射器，从冰川上空向冰川表面发射一系列极其狭窄的雷达脉冲，接收器监测经冰川表面反射的电磁波信号，再由计时钟精确测量发射和接收的时间间隔，便可计算出高度计质心到星下点瞬时冰川表面的距离，从而来获取冰川表面形态。星载 LiDAR 的工作方式及原理与雷达高度计类似，但其光斑面积小，因此相比雷达高度计更适用于山地冰川表面形态测绘。

　　此外，冰川厚度和冰下地形遥感观测主要采用重力测量法、地震波法和无线电回波探测法等。重力测量法利用重力仪在冰川表面及周边基岩建立观测剖面，并根据冰川厚度与冰川表面负重力异常测量值之间的函数关系，反演冰川厚度与冰下地形。地震波法是根据弹性震动在冰川内部的分布特征来观测冰川厚度与结构。无线电回波探测法是通过发射天线向地下发射方向性好且能量集中的窄带脉冲电磁波（冰体对 1～500 MHz 电磁波吸收损耗极低）来探测数千米冰盖厚度，它的天线为发射与接收一体。

2）积雪

　　遥感数据是提取大尺度积雪信息的最有效手段，经过长期的研究积累，无论理论还是实际应用都已日趋成熟。用于积雪参数反演的遥感方法因传感器波段特征而异。可见光/近红外产品主要提供积雪面积，而雪深、雪水当量、雪密度是微波遥感反演的主要雪产品。

　　雪在可见光和近红外波段的光谱特征有明显差别（图 7.7），积雪在可见光波段的反射率高（一般在 0.7 以上，新雪可高达 0.95），易与其他地物区分；而在近红外波段，积雪反射率呈明显递减的趋势。进行积雪参数提取与识别的光学遥感观测资料很丰富，主要包括 NOAA-AVHRR、GOES、Landsat-TM/ETM+、EOS-MODIS、SPOT-VEGETATION、FY 系列等。基于这些数据源，积雪面积提取的方法包括目视判读、多光谱图像运算法、亮度阈值法、积雪指数法、反射率特征计算法、决策树等。这些方法被广泛应用，尤其是归一化积雪指数（normalized difference snow index，NDSI）判别方法。积雪指数是指将积雪在可见光波段高反射与近红外波段低反射进行归一化处理，从而突出积雪特征。在全球范围内，通常以 NDSI = 0.4 作为区分积雪和其他地物的标准，然而，该标准值会随地区和地形条件的不同而发生变化。

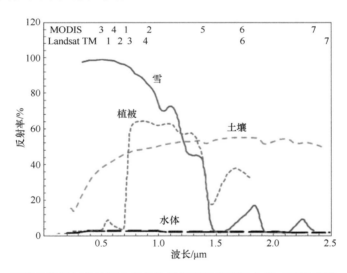

图 7.7　可见光和近红外波段典型地物的反射光谱特性曲线（曹梅盛等，2006）

　　积雪粒径是指积雪层中冰粒子的大小，是积雪遥感反演中的关键参数，它影响可见光–近红外波段的积雪反射率，是积雪微波辐射传输中最关键的影响因子。雪的反射率随波长变化。可见光波段（0.4～0.7 μm）雪有较高的反射率；而近红外区（3～14 μm）因冰强烈吸收，雪面反射率显著下降且对雪粒径变化很敏感。所以雪粒径遥感反演一般选用近红外波段（0.7～3.0 μm），尤其波长在 0.7～1.4 μm 雪的反射率对雪颗粒大小最敏感，且随着颗粒增大反射率下降。雪粒径反演可利用辐射传输模型建立雪光学性质和物理性质之间的关系，如 Nolin-Dpzoer 模型。该模型选择 1.04 μm 作为反射率响应雪粒半径大小的敏感波长，发展了基于 AVIRIS 的雪粒径反演算法。以这个波长为中心的波段还有另外一个优点，即该波段辐射传输几乎不受大气散射或衰减的影响。由于雪粒径大小与反射率关系还受太阳高度角控制，尤其是太阳高度角大于 30°时，反演雪粒径前必须引入太阳高度角进行修正。2002 年该算法经改进后已被广泛应用于雪粒径遥感反演中。

积雪深度是指积雪的总高度，也就是从基准面到积雪表面的距离。雪水当量是指单位面积上积雪完全融化后所得到的水形成水层的垂直深度，可以代表某一地区的积雪量或积雪采样对应地区范围内的积雪量。利用被动微波反演雪深和雪水当量的核心理论是积雪中雪粒的散射特性。积雪下垫面辐射出的微波信号经过积雪层时受到雪粒的散射而被削弱，信号的衰减程度与散射粒子数量有关，积雪越深或是雪水当量越大，微波信号经过的雪粒越多，即微波信号的衰减程度与雪深或雪水当量相关。此外，散射强度随着频率的增加而增强，频率越高，微波亮度温度越低。因此，低频和高频的亮温差随着雪深或雪水当量的增加而增加。这种亮温梯度法被广泛地用于雪深或雪水当量的反演。主动微波遥感提取雪水当量的方法主要包括：①建立合成孔径雷达（SAR）后向散射系数和雪水当量之间的关系；②利用积雪的热隔离作用（热阻）。在第一种方法中，当积雪覆盖下的地表处于冻结状态时，C 波段、X 波段和 L 波段的 SAR 后向散射系数与干雪的雪水当量呈正相关关系；而在积雪积累初期，干雪底层冻融循环作用导致后向散射与雪水当量之间呈负相关关系。在第二种方法中，积雪的热阻影响雪下土壤温度，当土壤温度低于冻结温度时，介电常数随温度的降低而降低。干雪后向散射主要来自雪–土壤面，因而同一区域积雪覆盖下的地表 SAR 后向散射系数低于无雪覆盖的地表后向散射系数。根据热阻系数与 SAR 变化检测图像、热阻与雪水当量之间两个方程可以提取雪水当量。

3）冻土

通过可见光和红外遥感数据可获取多年冻土和季节冻土的分布信息，用于不同尺度的冻土分布制图、活动层厚度估计和表面冻融状态模拟等。此外，光学遥感立体像对可用于监测冻土形变，而微波遥感常用于获取地表浅层冻融状态。

遥感技术冻土制图的原则是形态发生法，即通过对冷生形成作用的区分和对冷生过程的解释建立判别标准，据此分出后生和共生冻土地貌。在冻土制图中，高空间分辨率特别重要，同时大比例尺的航空像片也发挥着重要的作用。因为各种冰缘现象中，除寒冻风化堆积物以外，一般个体面积较小，在卫星图像上难以被发现，但通过航空像片可以识别。冻土和其他介质的介电常数有着显著的差别，因此冻结与未冻结带之间的冻融界面上会产生很强的反射，这种反射特征是探地雷达用于多年冻土调查的基础。同时，冻土的衰减率小，电磁波在冻土中穿透深度较大，使得探地雷达非常适合于冻土勘探。基于可见光红外遥感数据，根据多年冻土与环境因子的相互关系，可获取多年冻土分布特征和活动层厚度信息。例如，基于 Landsat TM 影像和数字高程模型，有效结合图像分类器和数据源提取了育空中部北方森林夏末的冻土分布及其深度。

冻土形变主要表现为 3 种方式：蠕变、冻胀与融沉。传统的定点观测冻土蠕变方法精度很高，但无法获取整个速度场的三维空间分布，因而高分辨率的航空摄影测量和高分辨率的卫星遥感成为监测冻土蠕变的重要方法。监测冻土蠕变垂向变化时，首先用立体像对建立高精度数字高程模型，再进一步分析不同时期的高程变化。监测冻土蠕变水平速度场时，主要是基于两个时期的航空像片检测水平位移方法获取的，图像上的地表要满足 3 个条件：①航片的旁向重叠率大；②同名点的位移量大于观测精度；③两次摄影测量之间的地形变化不妨碍对同名点的确认。此外，差分干涉雷达用于冻土蠕变的监测，其分辨率高于航空摄影测量方法。雷达干涉的原理是通过重复轨道两景图像的相位差测量地形变化，由于相位差对于地形变化的敏感性远超过地形本身，因此很小的地形变形都能通过相位差的变化被检测到，利用雷达干涉技术监测冻土形变的精度可达到厘米级。近年来，为了解决卫星差分干涉 InSAR 技术易受时空失相干和大气延迟因素的影响，一些新的 InSAR 技术，如永久散射体合成孔径雷达干涉测量方法和小基线集干涉测量方法逐渐开始应用。这两种方法都是通过对散射特征比较稳定、高相干性的散射点的相位解缠来克服差分干涉 InSAR 技术的局限。

冻土遥感最直接的手段是对地表冻融状态的观测。冻土对微波信号的影响具有以下特征：①热力学温度较低；②发射率较高；③微波在冻土内的穿透/发射深度较大，需要考虑冻土的体散射效应。以上 3 个特征结合起来可以很好地区分冻土，37GHz 亮温阈值和 18 GHz 与 37 GHz 亮温谱梯度阈值成为区分土壤冻融状态的有效指标。然而，所选定的阈值并非处处适用，当把它们应用于区域性的冻融监测时，就需要根据实测数据对原阈值进行一定的修正。随着星载微波辐射计观测频率的多样化，特别是近年来一些新型地球观测卫星搭载了 L 波段微波辐射计，形成了对表面冻融状态的多源、多频率、多角度观测，可实现一天多次过境，提供日内表面冻融循环信息。同时，使用被动微波数据，可对多年冻土区地表融化范围及季节冻土区地表冻结范围进行常规制图，并可通过雪盖范围和近地表气温进行验证。

应用雷达信号监测冻融循环的方法是基于土壤冻结后，其后向散射系数会随冻结造成的土壤介电常数减小而显著降低这一原理开展的。对于被动微波监测冻融循环所使用的亮温指标而言，后向散射系数中几乎没有受到地表温度的影响，这导致主动微波监测冻融循环的方法更加可靠。利用 SAR 监测冻融循环的主要方法是后向散射系数时间序列变化监测。与 SAR 相比，散射计的缺点是空间分辨率很低，一般都在几万米，但它重访周期短、观测角度多、覆盖范围大，几天内就能覆盖全球大部分地区。

此外，冻土活动层的遥感方法研究主要集中在两个方面：一方面是将遥感信息应用于冻土模型来提高冻土活动层的模拟精度；另一方面是探索综合多传感器遥感数据的活动层厚度估计方法。然而，这些方法都有一定的局限性。未来，随着一些新型遥感传感器的发展，冻土活动层也有望通过卫星遥感直接探测。例如，ESA 计划于 2019 年发射的 BIOMASS 携带 P 波段 SAR，其将可能为活动层厚度、活动层含水量和地下冰含量遥感带来新的契机。

4）河湖冰

河湖冰是河流或湖泊水体表面被冻结而成的季节性冰体，其参数是气候变化的关键指标之一。河湖冰主要的物理参数包括河湖冰范围、封冻和解冻日期、冰厚度、冰类型等。河湖冰物理参数的动态监测采用可见光、近红外和被动微波遥感可获取河湖冰范围，河湖冰解冻、封冻日期，通过主被动微波、热红外遥感开展河湖冰厚度监测，通过合成孔径雷达实现河湖冰类型监测，通过高时间分辨率的监测数据可获得河湖冰参数时空动态变化过程信息。

由于冰面、未冻水域及堤岸的反射光谱特征、热容量、微波辐射发射率以及对雷达波的散射特性等差别较大，采用可见光、近红外、主动或被动微波遥感等方式均可获取河湖冰范围信息。采用光学遥感，可以有效计算河湖冰密集度和范围，主要方法有积雪填图法、阈值分类法等。在干燥的冰雪环境下，雷达图像对于冰、水的区分具有不可比拟的优势，在冬季较为平静的水体，其雷达后向散射强度大大低于冰体覆盖的水体，因此在雷达图像中具有较大的反差。其典型的应用如采用自动分割方法开展雷达遥感数据的湖冰分类研究。

单独使用卫星图像进行冰厚度研究具有很大的局限性，而微波遥感技术对于河湖冰厚度的测量具有潜在的应用价值。被动微波主要依据传感器接收来自河湖冰及不同界面的微波辐射信号，经各种处理后提取冰厚度信息。主动微波遥感是由传感器发射不同频率和极化微波信号后，接收来自河湖冰及不同界面的后向散射信息来分析冰厚度的。利用遥感监测河湖冰的形成与解冻，需注意河湖冰与其他地物特征的波谱可分性、冰形成与解冻的统一识别标准、湖泊上云状况以及湖泊面积，以便准确获取河湖冰的变化信息，同时需要足够的遥感资料覆盖频率，以保证监测具体日期的精度。此外，热红外遥感也是估算河冰厚度的手段之一，如利用机载热红外影像估算河流薄冰层的厚度（小于 20cm），且该方法可推广到利用 MODIS 的热红外数据进行河冰厚度变化动态监测研究。

对于冰塞凌汛灾害的遥感监测可分为两个阶段：冰塞形成监测和洪水形成监测。对于前者，机载遥感传感器包括航测以及航空侧视雷达或高分辨率遥感数据较为适合；中低分辨率遥感更适合于监测凌汛灾害。对于凌汛灾害，遥感监测应选择具有一定地面分辨率和较高覆盖频率的数据源，以便快速识别淹没区界限和定量计算淹没区面积。水与周围环境的反射光谱特性差异较大，因此多光谱遥感数据有助于淹没区界限的确定。利用 SAR 数据探测洪水的淹没范围时，不受日照和云雾的限制，SAR 图像经过几何校正和滤波处理后能较好地增强淹没区与未淹没区的区别，尤其直方图出现明显的双峰现象，即水体峰区和陆地峰区，两峰相交处就是淹没区和未淹没区的分界线，再通过简单的阈值处理就可以实现区分的目的。

冰体的封冻、解冻及冰封持续时间被称为冰物候，是气候变化研究的敏感因子之一。光学遥感主要利用多光谱数据在不同波段对冰、水不同相态反射特征的差异，实现湖冰冻融的监测，主要方法有反射率阈值法、单波段阈值法和归一化积雪指数法。光学传感器的时空分辨率对于河湖冰监测具有很大优势，但其监测易受限制，特别是在高纬度地区的晚秋、初冬极夜。与之相对，微波遥感开展河湖冰物候的监测具有独特的优势，依赖于微波辐射亮温和后向散射的时间序列数据，可对微波遥感像元尺度的湖泊的冰覆盖状态及其冰水相变过程进行监测。

2. 海洋冰冻圈

1）海冰

海冰变化不仅影响海洋的层结、稳定性及对流变化，甚至影响大尺度的温盐环境。海冰遥感获取的参数主要包括海冰范围、海冰类型（一年冰或多年冰，甚至更细的海冰类型）、海冰密集度、海冰厚度以及冰间水道大小分布等。

海冰范围与密集度是反映海冰变化的主要指标，是指导冰区航行的重要参数。海冰范围可以从无云的可见光和近红外图像中直接确定，因为在该波段海冰的反照率比开阔水域高得多。只有用可见光和近红外遥感图像确定区分海冰和海水的灰阶阈值后，才能实施海冰密集度监测。通常用图像像元灰阶（0～255）直方图来确定阈值，即将直方图上代表海水及各类冰型的灰阶峰所相间的灰阶最低谷选作阈值，并以此确定海冰面积及密集度。目前，利用 SMMR 和 SSM/I 等被动微波传感器亮温与极化特征反演海冰密集度的算法已被广泛应用，如 NASA 算法等。NASA 算法除利用由冰–水及冰型间极化亮温差与和之比组成的极化比这一信息外，还包含了不同频率亮温差信息即频率梯度。图 7.8 是美国冰雪数据中心基于 NASA TEAM 算法得到的海冰密集度。然而，天气环境的变动是影响 NASA 算法反演密集度准确性的关键因子，它常使 SMMR 及 SMM/I 反演

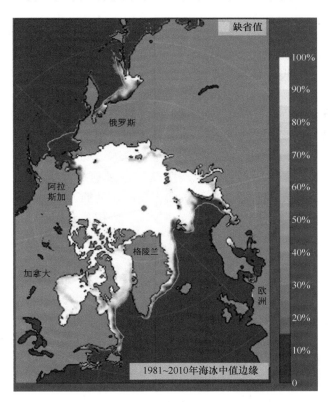

图 7.8　基于 NASA 算法获取的北极海冰密集度（2018 年 4 月 28 日）（图片来自美国冰雪数据中心）

的海冰密集度出现一些虚假。尽管 SMM/I 为大尺度监测海冰密集度提供了简捷的技术手段，但其低分辨率有时不能满足监测的需要。当微波信号以同一入射角照射各类海冰和海水时，传感器获得的后向散射系数有差异。当差异足够大时即可从遥感图像上确定其边界，计算各自范围及海冰密集度。主动微波传感器 SAR 图像分辨率通常为 20～30 m，所以可逐个像元解译。以 SAR 为代表的高分辨率图像的主动微波遥感正逐渐成为监测海冰密集度的主要工具。

海冰类型分布与气候变化有关，主要包括多年冰、一年冰和新冰。不同类型的海冰，在反照率上差异较大，且薄冰与海水的温度差异明显，基于此，结合宽波段大气顶层反照率和温度这两个参数，实现基于阈值分割来提取新冰。SAR 海冰图像分类主要包括基于先验知识的分类方法和基于概率统计的分类方法。其中，马尔可夫随机场模型是基于概率统计分类方法的一种。例如，在应用该模型对 SAR 海冰图像进行自动分类时，首先把海冰图像分为不规则的区域，再利用马尔可夫随机场制定联合信息的标注，对每块信息进行像素级分类。这种方法只适用于特定情况下的海冰图像处理，其应用范围相对较小。

海冰物理特性较为复杂，无论可见光和近红外图像的灰阶还是微波遥感图像的亮温或后向散射系数，都不随海冰厚度变化呈简单的线性关系，因而用它们反演海冰厚度十分困难。然而，海水开始冻结成冰时伴有快速排盐过程，使冰面附着一层物理性质明显与下伏冰层不同、含盐量甚至可达 100‰的表皮。表皮介电常数异常高，其微波辐射、散射及传输特性明显不同。基于此，航空 SAR 极化主动微波传感器用来监测这类薄海冰，时序 SAR 图像还用于监测海冰表面位移。此外，AVHRR 或热红外波段所测亮温可用于监测海冰区各类地表温度，或根据单通道亮温识别冰面出现消融的阈值，由测区亮温序列初次达到阈值的日期确定冰面首次融化出现日。

海冰运动是指海冰在风力、潮汐、洋流等多种因素的影响下，由多种作用力综合作用而呈现出的复杂运动形式，海冰会在洋流和风的作用下发生显著的运动。当前，基于遥感数据能有效获取大范围海冰运动数据，用于海冰运动观测的卫星传感器包括被动微波辐射计、光学传感器和 SAR 雷达。采用的方法主要有最大协相关方法、光流算法等。其中，最大协相关方法是最常用的估算大面积海冰运动的方法，其基本原理是通过计算最大协相关系数来获得两个信号之间的位移量，用协相关分析法对连续的卫星遥感图像进行处理，从而得到海冰运动信息。光流算法则将像素运动的瞬时速度作为海冰流场来进行分析。

2）冰山

冰山是指由冰盖和冰架边缘或冰川末端崩解进入水体的大块冰体。受洋流和海风等因素的影响，冰山从高纬度海域逐渐向中低纬度漂移，对过往船只构成极大的威胁。与传统的飞机巡航、船只航行报告和陆基雷达观测等方法相比，遥感技术具有覆盖范围广和时频高的优势，已是冰山监测和研究的重要手段。

可见光和近红外传感器、散射计、单极化雷达及交叉极化雷达都可以用来监测冰山。冰山遥感监测根据冰山反照率或者后向散射系数的特征来探测冰山，其主要方法有目视解译和恒虚警率算法。冰山的目视解译不仅仅需要根据反射率或者反照率来确定冰山，还需要根据洋流、海冰以及冰架或者冰川的特征来确定某一块冰山是由较大冰山还是由冰架崩解而成的，从而对其正确编码。恒虚警率算法主要用于 SAR 影像数据的冰山探测。

冰山随着洋流运动，且受到湍流的影响，其会发生旋转。根据在冰山内部每个点的后向散射系数与平均值之间差值的分布来建立等廓线。基于冰山的等廓线，建立最符合其大小的椭圆函数，利用主向量分解算法，获取椭圆的旋转矩阵，然后根据旋转矩阵计算出椭圆的旋转角度。仅基于冰山面积和范围难以完成追踪冰山的任务，因此冰山旋转的角度也是冰山漂移追踪的一个重要变量。因此，根据冰山的范围、面积和旋转角度，可以在遥感影像的时间序列中确定每一个冰山的位置，从而对冰山进行追踪。

3）冰架

冰架是冰盖前端延伸漂浮在海洋部分的冰体，可看作冰盖的组成部分。随着对冰架认识的逐步深入，观测冰架的手段不断丰富，如摄影测量、InSAR、GPS、卫星测高及卫星重力等，其观测精度也不断提高。

触地线是内陆冰盖和漂浮冰架的分界，其位置对于物质平衡的估算至关重要。GPS和无线电回波是触地线测量常用的方法。通过实地布设 GPS 观测点，利用漂浮冰架受到潮汐作用而产生冰面周期性垂直运动的特征来区分陆地冰和漂浮冰，从而确定触地线位置。无线电回波测量方法可获取数据点的纬度、经度、冰面高程和冰厚度；结合冰架的剖面表面高程或冰厚的变化规律，可以初步得到触地线的位置。这两种方法的测量精度都较高，但都需要大量的野外工作。基于不同的遥感数据，触地线监测的方法有 4 种：卫星测高流体静力学法、光学遥感坡度分析法、测高数据的重复轨道分析和雷达干涉差分测量。其中，SAR 卫星的不断发展为触地线动态变化提供了丰富的数据源，使得高精度、长时间序列监测触地线成为可能，其也是今后研究的重点，同时综合利用多种方法来更好地开展触地线研究也成为趋势。

冰架崩解是指冰架边缘的冰体在重力作用下从整体冰架上崩落的现象，其崩解的冰体进入水体后成为冰山。理解冰架崩解过程是准确预测冰冻圈对未来气候响应以及海平面变化的关键。近年来，遥感作为一种手段开始应用于冰架崩解的监测，2002 年南极半岛拉森 B 冰架的突然崩解引起了科学家的注意，全南极范围内的崩解监测工作也在开展。基于遥感影像，当冰架向前移动时，崩解区域监测需要追踪原始图像（崩解前）和第二幅图像（崩解后）的冰架边缘和裂缝位置。在表面崩解的情况下，冰架前部的崩解区域明显可见；在与大规模裂缝相关的崩解情况下，可以将第二幅图像冰前的表面特征与原始图像中的特征相匹配，从而估计出裂缝位置；在崩解的其他情况下，其中特征不能被唯一地识别，可以通过流线法估计起始冰面的前进。然而，冰架崩解与特定的数据集或固定的区域有关，目前还未建立普遍适用的"崩解法则"，但是已经对其崩解的机制有了了解，并且通过遥感手段能够做到对冰架崩解的长时间序列监测，高空间分辨率影像的应用可以识别更小尺度的崩解时间同时提高崩解面积的估算精度，多源高分辨率遥感数据的联合运用可以弥补其覆盖周期太长的局限。

3. 大气冰冻圈

1）降雪

监测降雪的星载传感器可分为被动和主动两种模式，其中，被动传感器中的高频微波辐射计及其他被动微波传感器已被较广泛地用于降雪反演。当降雪达到较大程度时，空中的冰粒子数量很大，冰粒子的散射作用掩盖了地表和近地面大气的上行辐射，从而导致该降雪区域亮度温度降低。当降雪较少时，雪云中的液态水占主导地位，其微波辐射能够增加降雪区域的亮度温度，遥感可通过提取其变化信息反演降雪率等参数。

利用被动微波监测降雪有经验模型和物理模型两种方法。经验模型是根据地面雷达以及气象资料，根据降雪区域的亮度温度低于相邻晴朗区域亮度温度的特征，通过确定亮度温度的经验阈值反演降雪信息。物理模型是基于一定的物理原理，从遥感数据中解译出降雪的物理参数。当卫星传感器对降雪进行观测时，降雪常受到雪云的遮盖和干扰。因此，需要构建雪云模型，从卫星信号中去除雪云信息的影响。其次，选择合适的观测通道。较多的研究实验显示，150GHz 通道能够较好地监测降雪事件。由于受卫星自身的限制和辐射传输模型的复杂性，物理模型的方法有待进一步深化。此外，空间雷达的发展也推动了降雪的观测，尤其是被动微波与空间雷达的协同观测，提高了降雪遥感监测的精度，然而基于物理的降雪观测和参数反演算法面临诸多挑战。

2）冰云

由各种形状冰晶粒子组成的冰云对全球辐射平衡和气候变化有重要的影响。基于被动卫星遥感数据反演冰云参数的方法是双波段法。在可见光波段（如中心波长在 0.64 μm 或 0.86 μm 附近），卫星传感器接收到的云反射信号主要对云光学厚度敏感，在近红外波段（如中心波长在 1.6 μm、2.2 μm、3.7 μm 附近），卫星传感器接收到的云反射信号主要对云粒子有效半径的变化敏感。据此，结合辐射传输模式构建云参数反演查找表构建反演算法，从卫星观测资料反演冰云光学厚度和粒子有效半径。

对于过冷水云的遥感识别，其识别的主要内容是过冷水云高度和空间分布信息。阈值的设计主要基于过冷水云自身信号背后的云微物理特征。过冷水云遥感识别一般采用雷达观测、主动航空航天遥感等方法收集探测资料，但受到飞机积冰灾害及时空范围的限制。随着卫星遥感观测技术的发展，多源卫星观测覆盖全球，为大面积任意区域连续识别过冷水云提供了机遇。

3）冰雹与霰

冰雹与霰都是大气冰冻圈的组成部分，冰雹形成于强对流云中，而霰则产生于扰动强烈的云中。冰雹是云–降水过程中极端发展的产物，因此研究冰雹必须全程专注整个云–降水–冰雹过程。气象卫星识别雹云主要是通过分析卫星云图的结构形式、范围、边界形状、色调、暗影（可见光云图特有）和纹理等特征，从而得出云体的类型、水平尺度、边界形状、相对高度和厚度等，进而识别雹云并给出雹云的空间分布状况和强度。

气象雷达可以定量地观测云的高度、水平位置、厚度、雷达回波强度及反射截面等特征量，可以连续监视云的移动及其结构变化，以做出准确的冰雹预报。雹云的产生和发展过程中伴随着显著的能量变化，突出表现为大量闪电的发生，伴随着强烈的雷电活动，闪电频数急剧增加。使用闪电定位系统监测闪电活动可以识别和定位雹云。冰雹云的闪电频数和雷声的频谱均具有明显区别于非雹云的特征，闪电和雷声信号易于采集处理，利用雹云闪电和雷声的特点实现雹云的空间定位原理上是可行的。

7.2.2　大数据

自 2010 年以来，大数据之风以"迅雷不及掩耳之势"席卷全球。大数据已成为继云计算、物联网之后新一轮的技术变革热潮。过去的几年中，科学、工程和社会等领域分别围绕手机信令、社交媒体、智能刷卡、搜索引擎等数据开展了很多应用研究，上述数据多与空间位置相关，其推动了地理大数据应用的发展。尽管大数据理论体系尚未成型，但大数据技术、方法与应用实践已走在前面。在互联网时代，"大数据"已经成为人类社会的一种重要资源，而且这种资源呈几何级数增长，并且迅猛地影响着当今人类社会的发展与转型。2015 年 10 月 4 日，国务院正式印发了《促进大数据发展行动纲要》。这一行动纲要的出台意味着大数据发展正式成为国家战略。

地理信息科学（遥感、综合对地观测、测绘等）则在采集、管理与应用"地理大数据"方面走在前面，海量的遥感数据、对地观测数据、测绘地理信息数据本身就是大数据的重要组成部分。大数据不单纯是"数据"，更是一种能力和资源，大数据将改变很多传统的生活、工作、管理和思维模式。大数据之"大"，不仅在于其规模容量之大，更在于人类可以处理、分析及使用的数据在大量增加，通过对这些数据的处理、整合和分析，可以发现新规律，获取新知识，创造新价值。大数据驱动下的一个重要影响就是地理学研究范式的变化趋势。传统的地理学研究主要依赖于"自上向下"的理论建模驱动调查实验的设计，如今逐渐涌现"自下向上"的大数据驱动下的观察实证的研究。大数据时代的到来必然会对冰冻圈地理学的发展产生影响，也为冰冻圈地理学带来了全新的挑战与机遇。

近年来，机器学习被公认为是技术进步强大的工具。将人工智能应用于冰冻圈科学与全球变化科学正在发展中（图 7.9）。机器学习可以通过卫星遥感进行自动监测冰冻圈各要素的变化过程，也可以加快科学发现的过程。同时，机器学习可以优化系统以提高效率，而且它可以通过混合建模来加速计算复杂的物理模拟。基于高分辨率遥感数据，研究者使用了基于回归的机器学习数据融合算法，综合 LiDAR 获取的高分辨率地形参数、WorldView-2 的 NDVI 和活动层厚度地面测量数据，估算了美国阿拉斯加巴罗的冰楔多边形区域 2 m 空间分辨率的冻土活动层厚度，验证表明，估计结果的均方根误差为 4.4 cm，R^2 为 0.76，分析显示，小尺度的活动层厚度变异性受局地生态水文地貌因素的控制。机器学习方法也被引入 GPR 雷达图像解译工作中，研究者结合支持向量机和隐马尔可夫模型，取得了较好的冰裂隙提取效果。

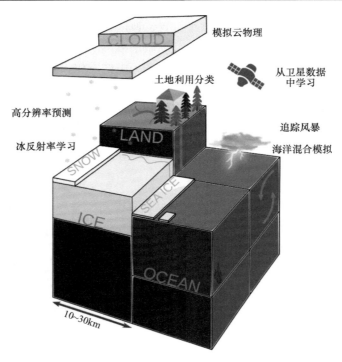

图 7.9 机器学习在冰冻圈和全球气候模式应用流程图（据 Rolnick et al.，2019 绘制）

随着网络和计算机技术的快速变革，云存储和云计算技术得到了迅速的发展，如 NASA Earth Exchange（NEX）虚拟实验室利用协作与网络技术将数据可视化，数据系统、模型与算法，超级计算机以及超大规模在线数据加以整合，使得科学家们可以将精力更多地投入科学研究中而非数据整理等。Amazon Web Service（AWS）是亚马逊公司旗下的云计算服务平台，其可以为海量 Landsat 影像提供在线实时的全球尺度分析。谷歌地球引擎（Google Earth Engine，GEE）云平台集成了 Landsat、MODIS 和 Sentinel 等常用的遥感数据集以及地形、土地覆盖和表面温度等常见的地理空间数据集，使研究工作效率提高，从而节约了成本，也使得利用 GEE 云平台进行多尺度地理及遥感数据的处理和分析成为趋势。

GEE 是谷歌公司推出的地理信息数据处理以及可视化的综合平台，其在卫星遥感影像数据在线可视化计算和分析处理方面表现得较为突出。该平台能够存取卫星图像和其他地球观测数据库中的资料，并提供足够的运算能力对这些数据进行处理。GEE 上包含的数据集超过 200 个公共的数据集，超过 500 万张影像，每天的数据量增加大约 4000 张影像，容量超过 5PB。GEE 可以快捷地提取 MODIS、Landsat 等对应的产品自己的 Google Drive。GEE 具有地球空间大数据分析的功能，能进行大规模的遥感数据处理，实现时空分析、资源环境监测、地球空间认知等科学研究。从本质上来讲，GEE 云平台包括三大部分（图 7.10）：前端、GEE 后台以及前端后台交互过程，GEE 前端为 Python 桌面客户端或 JavaScript 网页客户端，GEE 后台为数据库，存储数据集以及用户上传数据，前端后台交互过程即使用客户端函数库，通过 Web REST APIs（本质为 HTTP 请求）

向系统发送交互式或批量查询的请求，这些请求由前端服务器处理成一系列子查询请求并传给主服务器，然后主服务器将请求分配给子服务器计算，如果请求计算量较小，服务器则进行动态计算，如果请求计算量较大，则进行批处理；计算完成后将结果传给 GEE 前端经过解析后进行显示，用户便得到最终的分析结果。GEE 云平台集众多优势于一体，首先，对在云端存储的海量数据集进行研究，无须在本地下载和处理数据，只需在云端处理数据后下载结果；其次，GEE 后台数千万台计算机并行运算的新兴技术克服了大数据在实时监控或研究中使用时的计算能力限制；此外，其与地球观测数据集进行数据交互以及可视化的便利是前所未有的，且处理和分析不受时间和空间限制等。

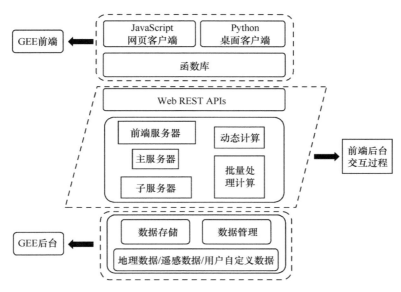

图 7.10　GEE 系统架构简图（郝斌飞等，2018）

地球大数据对于冰冻圈研究的贡献主要是从空间观测领域加强对冰冻圈科学的理解，特别是对全球冰冻圈变化及其影响、适应进行研究，并最终为冰冻圈变化及其服务功能、价值创新提供服务。当前面临的关键挑战有：①技术性挑战，为冰冻圈研究提供新的观测产品和模型，需要开发更多集成地面和遥感相结合的方法和技术。②科学理解的挑战，需提升中高纬度寒冷地区间互相关联和遥相关的理解。③可持续发展服务的挑战，冰冻圈分布区，特别是亚洲高山区包括水系的源头，高纬度气候变暖将为中国"一带一路"倡议的实施提供新的机遇，如何理解和适应这种变化是一种挑战。

7.3　数值分析与模拟

冰冻圈地理环境要素数值模拟已成为认识冰冻圈地理环境各要素变化机理、对气候变化响应特征及与其他圈层相互作用的过程与机制，以及预估未来气候变化条件下冰冻圈地理环境变化与影响的研究手段和分析工具。冰冻圈地理环境各要素是地球气候系统的重要成员，因而冰冻圈地理环境各要素数值模拟也成为地球系统模式中的重要组成部分。此外，以冰川、冻土和积雪为核心的冰冻圈呈快速变化趋势，其对气候变化的脆弱性特征也显著，综合评估冰冻圈脆弱性，是适应冰冻圈变化的前提与基础。本节介绍了冰冻圈地理环境各要素的数值模型，包括冰川/冰盖模型、积雪模型、冻土模型、河湖冰模型、海冰模型、冰冻圈脆弱性评估模型以及冰冻圈–社会水文耦合模型等。

7.3.1 冰川/冰盖模型

1. 物质平衡模型

冰川物质平衡变化是反映气候变化最敏感的指标之一，是冰川作用区能量–物质–水交换的纽带，是引起冰川性质、规模和径流变化的物质基础，其已成为冰川变化研究中重要的组成部分之一。目前，常用的冰川物质平衡模型主要有两类：度日模型和能量平衡模型。

度日模型是基于冰雪消融量与气温，尤其是冰雪表面的正积温之间的密切关系这一物理基础建立的，如式（7.1）所示：

$$M = \begin{cases} \text{DDF}_{\text{snow/ice}}(T - T_{\text{m}}) & T > T_{\text{m}} \\ 0 & T \leqslant T_{\text{m}} \end{cases} \tag{7.1}$$

式中，$\text{DDF}_{\text{snow/ice}}$为冰川冰和雪的度日因子[mm/（d·℃）]；$T$为某一海拔的平均气温（℃）；$T_{\text{m}}$为基准气温，一般取值为0℃。该模型所需参数少，气温是该模型的主要输入数据。相对于其他观测要素，气温是较为容易获取的，且无资料区域的气温插值与预测相对较为容易。此外，度日模型计算相对简单，且在流域尺度上，该模型可以输出与能量平衡模型相近的结果。为考虑能量平衡中不同分量的影响，也可将风速、水汽压和辐射分量加入模型中，如加入总辐射和水汽压分量，可提高融水径流模拟的精度；加入净辐射、水汽压和风速可改进日融雪的估算水平。

与度日模型相比，能量平衡模型输入参数较多，理论基础和模型结构较为复杂，所需驱动数据相应较多。该模型能从物理机制上准确揭示冰川区不同相态水的转化过程，特别是在地形复杂、具有较强空间变异的区域，该模型对冰川不同相态物质变化的模拟更为准确。该模型建立了冰川与大气之间的联系，描述了冰川消融的物理过程，其方程如式（7.2）所示：

$$Q_{\text{M}} = (1 - \alpha)R_{\text{S}} + R_{\text{Ld}} + R_{\text{Lu}} + Q_{\text{S}} + Q_{\text{L}} + Q_{\text{R}} + Q_{\text{G}} \tag{7.2}$$

式中，α为反照率；R_{S}为入射短波辐射；R_{Ld}和R_{Lu}分别为入射和出射长波辐射；Q_{S}和Q_{L}分别为冰雪面–大气间的感热和潜热交换；Q_{R}为降雨供热；Q_{G}为冰川表面向下的热传输项。上述各式中能量平衡各项均以表面获得热量为正、失去热量为负，单位为W/m²。只有当表面的能量通量为正且表面温度达到融点时，消融才发生；同时假设只有当冰川上的积雪层完全消融后，才开始消融下覆冰层。

对于冰川区积累项来说，一般采用临界气温法来确定或通过遥感资料获取。冰川表面能量平衡模型建立了冰川与大气之间的联系，描述了冰川表面物质转换的物理过程。其中，冰雪反照率是模型的一个关键参数，但是对反照率的模拟比较困难。普遍认为，雪的反照率与其晶体大小有关。一般雪的反照率会随其降落后时间的推移而减小，可根据雪深、雪密度、太阳高度和气温等参数模拟。不同于雪，关于冰的反照率研究较少。通常冰的反照率被当作一个时空均匀的常数。

2. 冰川/冰盖动力模型

随着冰川物质平衡的变化，冰川通过自身的动力过程最终引起冰川规模、储量等变化，以适应新的气候条件。这一问题的复杂性在于不同性质、不同规模冰川的动力过程不同，导致不同性质和规模的冰川对相同气候变化的响应在时间和大小程度上的表现有较大的差异，这也是为什么在同一流域、相同时间内存在一些冰川退缩显著、一些冰川退缩较小、一些冰川甚至处于前进的现象。为了解决这一问题，冰川动力模型以物质平衡模型的输出结果为驱动，通过引入各种动力学参数，可以很好地描述气候变化对冰川的各种影响，不仅能够模拟在气候变化条件下冰川几何形状的响应过程、冰温变化、底部运动状况等，而且可以预测出冰川在给定气候情景下的最终进退状况。国际上，冰川动力模型在过去几十年中基于冰川流动定理与物质守恒原理取得了较大发展。目前主要发展了 3 类模型理论：频率响应理论、剖面形态因子模型和冰流模型。其中，冰川主流线上基于冰体连续性方程和冰川流动方程的冰流模型发展趋于成熟。该模型由冰川连续性方程和冰川流动方程组成，以主流线为 x 轴，如式（7.3）所示：

$$\frac{\partial S}{\partial t} = BW - \frac{\partial Q}{\partial x} \tag{7.3}$$

式中，Q 为通过横断面的冰通量；S 为横断面面积；B 为冰面物质平衡；W 为冰面宽度。近年来，在众多国际计划的推动下，冰川主流线上的冰流模型迅猛发展。不同地区的研究表明，冰流模型不仅可以用于重建历史时期的冰量变化、冰川规模变化，也可以用于反演历史时期气候变化的幅度，以验证各类重建气候记录的可靠性。

冰盖动力学模型的发展为极地冰盖变化及影响的研究提供了重要的手段。模型发展初期，仅对最简单的板状冰川的层流速度分布进行了研究，而对冰内温度场的研究比较简单，其基本上是一维情形，且仅涉及冰盖。随后，基于浅冰近似假设的三维冰流模型、浅层冰架近似模型开始出现，浅层冰架近似模型目前仍被广泛使用。无论浅冰近似模型还是一阶/高阶近似模型，都是在不同程度上对 Stokes 模型的近似。随着计算能力的不断提升，逐渐应用 Stokes 模型对冰盖进行模拟。第一个 Stokes 模型可以追溯到 20 世纪 90 年代，然而直到 21 世纪初，Stokes 模型才逐渐开始广泛的应用。目前，Stokes 模型已经应用到极地冰盖的具体研究中，这也是冰盖模拟未来发展的主流方向。

7.3.2　积雪模型

积雪模型在过去几十年中得到了较快发展，特别是积雪模型比较计划（Snow Models Intercomparison Project）的组织与执行，其目标并不是优选一个最佳的积雪模型，而是通过比较识别针对不同应用目的的最佳积雪过程描述。按照积雪模型的复杂程度和发展历程，其分为 3 类：第一类是利用相对简单的强迫–恢复（force-restore）法，模拟积雪–

土壤复合层的温度变化，或者利用单层积雪模型分别计算积雪和土壤的热力学性质与热通量。早期基于能量平衡的积雪消融模型属于这一类，相对简单。第二类是基于物理基础的复杂精细模型，详细刻画积雪内部的质量及能量平衡以及雪面与大气的相互作用，如 SNICAR 和 SNOWPACK 等。第三类是基于物理过程的中等复杂模型。此类模型发展了相对简化的物理参数化方案，既能够描述复杂精细模型中最重要的物理过程，又可以利用分层来求解积雪内部过程和各物理量的变化。自 20 世纪 90 年代以来，此类中度复杂的多层积雪模型（通常 2~5 层）逐渐发展起来。同时，此类多层积雪模型的计算量可接受，因而在当前的水文和气候模型中被广泛采用。

简化的积雪–大气–土壤间输运模型属于中等复杂积雪模型，其分别刻画了比焓、雪水当量和积雪深度 3 个变量。在该模型中，采用比焓（H）代替温度（T）作为预报变量，并定义融点温度下的液态水比焓为 0 来建立能量方程，控制方程为

$$\frac{\partial H}{\partial t} = \frac{\partial}{\partial z}\left\{ K\frac{\partial T}{\partial z} - R\mathrm{S}(z) \right\} \tag{7.4}$$

式中，K 为有效热传导系数[W/（m·K）]，包括考虑蒸汽相变及扩散产生的热效应。由于雪对于太阳辐射是透明的，积雪内部太阳辐射通量 $R\mathrm{S}$（W/m^2）遵循 Beer 定律。该模型使用包含了水汽扩散过程的简化方程的有效热传导系数来表征水汽组分对于热输送的贡献，但忽略了对积雪质量平衡的作用，用比焓代替温度建立能量平衡方程，简化了相变计算的复杂性，积雪分层的厚度可变，可采用单步试探法的计算方案。

7.3.3　冻土模型

冻土冻融过程中土壤水的相变改变了水在土壤中的固液态分配比例，直接影响其水热状况和水热传导系数，进而改变土壤的水热传输过程，其成为冻土区水热传输过程区别于其他地区的主要特点。随着多年冻土对气候变化作用认识的逐渐深入，出现大量研究冻土状态和变化、分布及其时空变化的冻土模型。这些模型大都是基于热传输原理来模拟土壤中的热状态，主要包括概念模型、经验模型和数值模型。

统计经验模型通常把多年冻土与地形气候指数（如海拔、坡度和坡向、平均气温或者辐射强度等）联系起来，这类指标通常较易获得，所以这种类型的模型在山地多年冻土区的研究中有着广泛的应用。例如，年平均气温（MAAT）、年平均地温（MAGT）、雪底温度（BTS）等指标结合数字高程模型（DEM）被广泛用于北半球大范围多年冻土制图及区划等方面。可对气温与坡度、坡向建立相关关系并折算成等效纬度形式，计算直射地面的太阳辐射量，据此建立等效纬度模型，其常与其他技术如地表覆被、遥感影像等相结合，用于高纬多年冻土的分布模拟。

对冻土活动层水热与冻融状态进行模拟的模型较多，其中应用较多的冻融模型是 Stefan 模型、Kudryavtsev 模型、冻结数模型和 TTOP 模型。例如，冻结数模型是将大气和地面冻结指数关联为季节冻结深度和融化深度比值，以此来定义地面冻结指数与融化指数的比值——冻结数，它是一个周期（通常为 1 年）连续低于/高于 0℃气温的持续时间与其数值乘积的总和。冻结数计算如式（7.5）所示：

$$F = \sqrt{\mathrm{DDF}} \big/ \left(\sqrt{\mathrm{DDT}} + \sqrt{\mathrm{DDF}} \right) \tag{7.5}$$

式中，DDF 和 DDT 分别为冻结和融化度日因子（℃/d），并确定按 0.50、0.60、0.67 划分岛状、零星、不连续及连续冻土。

以上方法均侧重于土壤水或热的单项运动，忽略了冻融过程的冻土水热连续耦合变化，经过近十年的发展，基于物理过程考虑冻土水热耦合模型已成为目前活动层水热过程模拟的主要手段。土壤热量和水分传输耦合总方程分别采用经典的土壤能量传输过程方程和在非饱和状态下的水分运动 Richards 方程。

通常，地学的热物理模型都是通过有限差分或有限元的方法求解一维热传导方程来模拟垂直方向上的土壤温度剖面。相较于精确解模型，数值模型有着更好的灵活性，能够较好地解决时间和空间上的异质性问题，但会依赖于土壤的物质组成和初始状态资料。冻土数值模型的上边界条件可以有不同的形式，如温度可以是直接的地表温度或者是冻结数，而地表能量平衡模型通常利用辐射平衡及用空气动力学理论分割得到感热通量和潜热通量。

7.3.4　河湖冰模型

河湖冰是寒冷季节河流、湖泊或水库表面冻结形成的冰体。与河冰相比，湖冰是在相对稳定的水流中生成的，在同样的温度下，湖冰结冰时间相对于河冰短。河湖冰冰情的季节性变化能反映不同空间尺度的气候变化特征，其冻结时间、厚度和消融时间是表征区域气候变化的指标，也是冬季气温变化的指示器，特别是在资料缺乏的地区。

河湖冰的生消过程主要受热力学支配，其模型涉及气象条件和湖泊、河流自身形态参数。目前，一个能够完整描述河流结冰、封冻和解冻过程的河冰数学模型包含水力模型、热力模型和冰冻模型 3 个组成部分。水力模型主要用于计算河道中流场和其水力要素；热力模型主要用于计算水体热交换、水温分布和降温过程；冰冻模型主要用于模拟水内冰的产生、冰花输移、浮冰输移、底冰增厚和消融，冰层的形成、推进和增厚，冰层的热力增厚和消融，冰层前缘下潜输冰能力和冰塞演变过程。这 3 个模型相互影响和相互作用，水力条件影响热力交换和冰冻过程，热力条件决定冰冻过程，冰冻条件又反过来影响水力条件和热力条件。

近年来，淡水冰的热力学数值模式得到了较快的发展，同时发现影响其发展的主要问题不是模式结构本身，而是数值算法的优化和其中多元参数的参数化方案以及在运算条件允许范围内运用高分辨率计算，进而从本质上改善数值模拟的精度。尽管近年来河冰水力学的研究日益受到重视，取得了不少进展，但许多方面还有待于深入的研究，如冰期河道阻力的机制、水冰的相互作用等。

7.3.5　海冰模型

20 世纪 90 年代起，随着大气、海洋、陆地三圈层的耦合模式发展，海冰也逐渐作为一个单独的要素或作为海洋模式的一个子模块出现在耦合模式中。海冰模式的发展经历了几个阶段：热力学海冰模型阶段、动力学海冰模型阶段、动力学和热力学海冰模型阶段。最初的海冰模型阶段仅有成冰与融冰的简单热力学过程，并未考虑水平平流、流变学等动力因素。这种简单模型常见于单独海洋模式中。随着计算能力的增强、流变学及相关数值算法的发展，现代气候系统模式中的海冰模式均含有热力与动力过程。其中，热力过程主要包括：温度（或焓）模拟、盐度模拟、积雪与融池过程、短波反照率方案、短波穿透、边界层热量通量交换等部分。动力过程则主要包括：海冰流体变形学、边界层动量交换、海冰成脊、平流等过程。

海冰模式的主要预报变量有海冰的厚度分布、热容量（焓）、速度、积雪厚度与比热容等，此外由于设置不同，比较复杂的模式还预报盐度、积雪分布、融池分布等。其中，与厚度以及各状态量相关的热力学过程主要包括：边界层热量交换、反照率、短波穿透、盐度方案，温度扩散方案，侧向融化/生长方案。其中，海气边界的热量交换是成冰的物理基础，其也会影响海冰的垂直生长和消融。海冰表面辐射平衡主要由式（7.6）描述：

$$F_0 = F_S + F_I + F_{L\downarrow} + F_{L\uparrow} + (1-\alpha)(1-i_0)F_{SW} \tag{7.6}$$

从大气进入海冰内部的能量及辐射通量 F_0 主要由感热 F_S、潜热 F_I、向下 $F_{L\downarrow}$ 和向上 $F_{L\uparrow}$ 的长波辐射平衡，以及由反照率 α 和穿透率 i_0 主导的短波辐射平衡 F_{SW} 过程决定。反照率方案是影响辐射平衡的主要因素，将决定短波辐射量进入和返回大气的比例。近几年来，热力过程相关参数化研究主要的发展趋势表现在以下几个方面：①如何更真实地描述积雪及其对辐射的影响（包括风如何重分配积雪、干雪湿雪的反照率特征等）；②融池及其厚度的精确计算，使其正确反映对辐射的正反馈作用；③动态盐度方案，影响析盐过程以及海洋边界层及内部热传导率和消光性质；④浮冰大小分布，影响侧向生长与消融，进一步通过影响冰间水道内的热量收支以调节海气相互作用；⑤更准确的边界层过程，主要包括动量和热量输入及其与海冰表面特征的关系。

此外，海冰的动力学过程主要刻画海冰在碰撞和挤压过程中的动力特性，以及在不同应力作用下如何产生厚冰（成脊过程）。海冰成脊过程由于非线性较强、直接计算量很大，一般是基于海冰脊的厚度观测设计参数化方案来处理，因而具有较大的不确定性。目前，在海冰动力学方面也存在一系列科学前沿，如高分辨率海冰模式中的流变学及其求解方案，如何设计更为合理的海冰成脊方案等。在高分辨率下（10 km 或更高），海冰动力模型中如海冰为连续介质等假设将受到挑战，某些重要动力学特征如冰间水道的刻画、流变学的各向异性等将突显，这是当前高分辨率海冰模式，尤其是预报业务模式亟须解决的科学与建模问题。

7.3.6 冰冻圈脆弱性评估模型

中国冰冻圈环境要素变化通过水资源供给影响西北干旱区绿洲社会经济可持续发展，其关乎国家水安全；通过冻土水热过程直接影响寒区生态环境健康与基础设施的稳定性，进而影响高寒畜牧业与重大工程的运营，其关乎生态安全与工程安全；通过灾害严重威胁冰冻圈核心区、作用区，乃至影响区的人居与各种经济活动；通过人文过程影响依托冰冻圈环境的宗教、文化、习俗等的存在与发展。因此，研究冰冻圈对气候变化的脆弱性，明晰脆弱程度，了解其变化规律，掌握其未来变化趋势，是适应冰冻圈变化的前提与基础。

冰冻圈变化的脆弱性是指系统对冰冻圈变化影响的脆弱性，是系统易受冰冻圈变化不利影响的程度，这种脆弱性是系统对冰冻圈变化影响的暴露度、敏感性及其适应能力的函数。冰冻圈变化的脆弱性评估模型包含两个内容：①冰冻圈脆弱性指数模型构建；②冰冻圈脆弱性分级。如何将各种来源的信息综合成一个具有相对级别的脆弱性指数是脆弱性评价的关键和难点。目前，应用比较多的方法有指标权重法和层次分析法。这些方法依赖专家知识系统。中国冰冻圈及其主要组成要素的脆弱性评价既涉及类型数据（如冰川性质与冻土类型）、序列数据（气温和降水量），又涉及卫星影像数据。另外，冰冻圈脆弱性评价是一种区域尺度的脆弱性评价，需要回答区域总的脆弱性情况、空间差异，以及未来变化趋势等问题。我国冰冻圈及其主要成分要素的脆弱性现状评估及其未来预估采用空间主成分分析方法，如式（7.7）所示：

$$E = \alpha_1 Y_1 + \alpha_2 Y_2 + \cdots + \alpha_i Y_i \tag{7.7}$$

式中，E 为脆弱性评价指数；Y_i 为第 i 个主成分；α_i 为第 i 个主成分的贡献率。

脆弱性评价模型计算的脆弱性指数是连续数值，需对其归类分级，才能反映冰冻圈要素脆弱性的级别，通常采用自然分类法开展。该方法是基于数据固有的自然分组，对分类间隔加以识别，可对相似值进行最优分组，并可使各个类之间的差异最大化。其分级过程可在 ArcGIS 软件的空间分析模块中自动完成。

7.3.7　冰冻圈–社会水文耦合模型

社会水文学是考虑社会水文双向反馈机制，致力于解释、理解和分析人类活动改造的水文循环中的水流、水量等的一门应用导向性学科。社会水文学一方面考虑人类活动对水循环的影响，同时也考虑水循环变化后人类对自身活动做出的调整；另一方面定性和定量地考虑经济、环境、制度、政策和意识等诸多社会因子，并将这些社会因子耦合在"人–水"系统中，成为内在的社会驱动力，并通过多学科的交叉来定量研究社会因子。

冰冻圈水资源是维系干旱区绿洲经济发展和确保寒区生态系统稳定的重要水源保障。气候变化后冰冻圈对下游水资源的调节作用发生改变，表现为积雪和冻土消融提前，冰川融水对径流的补给发生变化，将导致径流年内分配发生改变，而且将影响未来流域的可利用水资源总量。当前的社会水文学研究方法在水循环方面较为粗糙，和冰冻圈水资源的结合较少，并且在社会变量的定量化描述上存在不足。耦合冰冻圈的水文过程模拟，采用不同学科的研究方法和理论，对社会因子进行更好的定量刻画，增强模型中社会部分方程的机理性和参数的物理性，能有效丰富社会水文学的机理性，并提高模型的模拟和预测能力。首先在塔里木河流域展开了相关研究，Liu 等（2013）采用水文、生态、经济和社会等子系统的代用指标，定量分析了塔里木河流域社会水文系统的协同演化的动力系统，并提出了太极模型。李曼等（2015）在疏勒河流域建立系统动力学模型，对径流量与绿洲面积、农业产值及生态效益的关系进行了研究。

思 考 题

1. 概述微波遥感探测冰、雪及冻土的基本原理。

2. 举例说明冰冻圈定量分析方法和一般过程。

参 考 文 献

艾松涛, 王泽民, 谭智, 等. 2013. 北极 Pedersenbreen 冰川变化(1936~1990~2009 年). 科学通报, 58(15): 1430-1437.

蔡榕硕, 谭红建. 2020. 海平面上升及其对低海拔岛屿、沿海地区和社会的影响之解读. 气候变化研究进展. http: //www. climatechange. cn/CN/abstract/article1203. shtml[2020-03-09].

曹泊, 王杰, 潘保田, 等. 2013. 祁连山东段宁缠河 1 号冰川和水管河 4 号冰川表面运动速度研究. 冰川冻土, 35(6): 1428-1435.

曹梅盛, 李新, 陈贤章, 等. 2006. 冰冻圈遥感. 北京: 科学出版社.

曹云锋, 梁顺林. 2018. 北极地区快速升温的驱动机制研究进展. 科学通报, 63(26): 2757-2771.

陈玉刚. 2013. 试析南极地缘政治的再安全化. 国际观察, (3): 56-62.

陈玉刚, 周超, 秦倩. 2012. 批判地缘政治学与南极地缘政治的发展. 世界经济与政治, (10): 116-131.

程国栋. 1984. 我国高海拔多年冻土地带性规律之探讨. 地理学报, (2): 185-193.

程国栋. 2003. 局地因素对多年冻土分布的影响及其对青藏铁路设计的启示. 中国科学(D 辑: 地球科学), 33(6): 602-607.

程国栋, 王绍令. 1982. 试论中国高海拔多年冻土的划分. 冰川冻土, 4(2): 1-17.

丁永建, 杨建平, 等. 2019. 中国冰冻圈变化的脆弱性与适应研究. 北京: 科学出版社.

丁永建, 张世强. 2015. 冰冻圈水循环在全球尺度的水文效应. 科学通报, 60: 593-602.

丁永建, 张世强, 陈仁升. 2017. 寒区水文学. 北京: 科学出版社.

杜建括, 辛惠娟, 何元庆, 等. 2013. 玉龙雪山现代季风温冰川对气候变化的响应. 地理科学, 33(7): 890-896.

冯童, 刘时银, 许君利, 等. 2015. 1968~2009 年叶尔羌河流域冰川变化-基于第一、第二次中国冰川编目数据. 冰川冻土, 37(1): 1-13.

高超, 汪丽, 陈财, 等. 2019. 海平面上升风险中国大陆沿海地区人口与经济暴露度. 地理学报, 74(8): 1590-1604.

韩微, 效存德, 窦挺峰, 等. 2018. 北极地区春季降水呈现固态向液态转变的态势. 科学通报, 63(12): 1154-1162.

郝斌飞, 韩旭军, 马明国, 等. 2018. Google Earth Engine 在地球科学与环境科学中的应用研究进展. 遥感技术与应用, 33 (4): 600-611.

何海迪. 2018. 北极山地冰川物质平衡变化及平衡线高度的气候敏感性研究. 西北师范大学硕士学位论文.

何海迪, 李忠勤, 王璞玉, 等. 2017. 近 50 年来北极斯瓦尔巴地区冰川物质平衡变化特征. 冰川冻土, 39(4): 701-709.

姜大膀, 刘叶一, 郎咸梅. 2019. 末次冰盛期中国西部冰川物质平衡线高度的模拟研究. 中国科学: 地球科学, 49(8): 1231-1245.

姜世中. 2010. 气象学与气候学. 北京: 科学出版社.

李曼, 丁永建, 杨建平, 等. 2015. 疏勒河径流量与绿洲面积、农业产值及生态效益的关系. 中国沙漠, 35(2): 514-520.

李珊珊, 张明军, 李忠勤, 等. 2013. 1960-2009 年中国天山现代冰川末端变化特征. 干旱区研究, 2: 378-384.

李忠勤, 等. 2019. 山地冰川物质平衡和动力过程模拟. 北京: 科学出版社.

李宗省, 何元庆, 王世金, 等. 2009. 1900—2007 年横断山区部分海洋型冰川变化. 地理学报, 64(11): 1319-1330.

廖琴. 2014. 多国研究指出南极冰融化致海平面上升幅度超预期. 地球科学进展, 29(9): 1036.

林战举, 牛富俊, 许健, 等. 2009. 路基施工对青藏高原多年冻土的影响. 冰川冻土, 31(6): 138-147.

刘健. 2013. 1: 5000000 北极地区图. 上海: 国家极地科学数据中心.

刘龙华. 2019. "地球运动"系列微专题探析. 地理教育, 9: 34-44.

刘南威. 2019. 自然地理学(第三版). 北京: 科学出版社.

刘时银, 刘潮海, 谢自楚, 等. 2012. 冰川观测与研究方法. 北京: 科学出版社.

刘时银, 姚晓军, 郭万钦, 等. 2015. 基于第二次冰川编目的中国冰川现状. 地理学报, 70(1): 3-16.

刘时银, 张勇, 刘巧, 等. 2017. 气候变化对冰川影响与风险研究. 北京: 科学出版社.

卢景美, 邵滋军, 房殿勇, 等. 2010. 北极圈油气资源潜力分析. 资源与产业, 12(4): 29-33.

鲁安新, 姚檀栋, 刘时银, 等. 2002. 青藏高原格拉丹东地区冰川变化的遥感监测. 冰川冻土, 5: 559-562.

麻伟娇, 陶士振, 韩文学. 2016. 北极地区油气成藏条件、资源分布规律与重点含油气盆地分析. 天然气地球科学, 27(6): 1046-1056.

苗祺, 牛富俊, 林战举, 等. 2019. 季节冻土区高铁路基冻胀研究进展及展望. 冰川冻土, 41(3): 669-679.

牟建新, 李忠勤, 张慧, 等. 2018. 全球冰川面积现状及近期变化——基于2017年发布的第6版Randolph冰川编目. 冰川冻土, 40(2): 238-248.

尼玛扎西. 1997. 青藏高原的自然地域分异与作物种质资源分布特点. 西藏农业科技, 4: 30-34.

庞小平, 刘清全, 季青, 等. 2017. 北极航道适航性研究现状与展望. 地理空间信息, 15(11): 1-5.

蒲健辰, 姚檀栋, 王宁练, 等. 2004. 近百年来青藏高原冰川的进退变化. 冰川冻土, 5: 517-522.

秦大河. 2012. 中国气候与环境演变: 2012 (综合卷). 北京: 气象出版社.

秦大河, 姚檀栋, 丁永建, 等. 2016. 冰冻圈科学辞典. 北京: 气象出版社.

秦大河, 姚檀栋, 丁永建, 等. 2018. 冰冻圈科学概论(修订版). 北京: 科学出版社.

任贾文, 明镜. 2014. IPCC 第五次评估报告对冰冻圈变化的评估结果要点. 气候变化研究进展, (1): 29-32.

施雅风. 2000. 中国冰川与环境——现在、过去和未来. 北京: 科学出版社.

施雅风, 赵井东, 王杰. 2011. 第四纪冰川新论. 上海: 上海科学普及出版社.

孙美平, 刘时银, 姚晓军, 等. 2015. 近 50 年来祁连山冰川变化-基于中国第一、二次冰川编目数据. 地理学报, 9: 1402-1414.

孙菽芬. 2005. 陆面过程的物理、生化机理和参数化模型. 北京: 气象出版社.

王光宇. 2010. 南极与南极科学考察. 信息时报, http: //finance. sina. com. cn/roll/20100815/04118483553. shtml[2010-08-15].

王军. 2004. 河冰形成和演化分析. 合肥: 合肥工业大学出版社.

王坤, 井哲帆, 吴玉伟, 等. 2014. 祁连山七一冰川表面运动特征最新观测研究. 冰川冻土, 36(3): 537-545.

王宁练, 刘时银, 吴青柏, 等. 2015. 北半球冰冻圈变化及其对气候环境的影响. 中国基础科学, 6: 9-14.

王荣, 孙松. 1995. 南极磷虾渔业现状与展望. 海洋科学, 4: 28-32.

王世金, 效存德. 2019. 全球冰冻圈灾害高风险区: 影响与态势. 科学通报, 64: 891-901.

王文, 姚乐. 2018. 新型全球治理观指引下的中国发展与南极治理——基于实地调研的思考和建议. 中国人民大学学报, 32(3): 123-134.

王欣, 刘世银, 丁永建. 2016. 我国喜马拉雅山冰碛湖溃决灾害评价方法与应用研究. 北京: 科学出版社.

王银学. 1993. 中国内蒙古乌玛矿区开采对冻土环境的影响. 冰川冻土, 1: 51-55.

温家洪, 袁穗萍, 李大力, 等. 2018. 海平面上升及其风险管理. 地球科学进展, 33(4): 350-360.

伍光和, 王乃昂, 胡双熙, 等. 2008. 自然地理学(第四版). 北京: 高等教育出版社.

武丰民, 李文铠, 李伟. 2019. 北极放大效应原因的研究进展. 地球科学进展, 34(3): 232-242.

夏明营. 2013. 近50多年来祁连山中段黑河流域冰川变化研究. 西北师范大学硕士学位论文.

效存德. 2008. 南极地区气候系统变化: 过去、现在和将来. 气候变化研究进展, (1): 1-7.

效存德, 陈卓奇, 江利明, 等. 2019. 格陵兰冰盖监测、模拟及气候影响研究. 地球科学进展, 34(8): 781-786.

效存德, 武炳义. 2019. 极地冰冻圈关键过程及其对气候的响应机理研究. 北京: 科学出版社.

谢自楚, 刘潮海. 2010. 冰川学导论. 上海: 上海科学普及出版社.

阎海琴. 2009. 世界人口. 北京: 社会科学文献出版社.

颜其德. 2005. 中国南极科学考察综述. 央视国际, (6): 78-81.

姚檀栋, 蒲健辰, 田立德, 等. 2007. 喜马拉雅山脉西段纳木那尼冰川正在强烈萎缩. 冰川冻土, 4: 503-508.

张国梁. 2012. 贡嘎山地区现代冰川变化研究. 兰州大学博士学位论文.

张慧, 李忠勤, 王璞玉, 等. 2015. 天山奎屯哈希勒根51号冰川变化及其对气候的响应. 干旱区研究, 32(1): 88-93.

张慧敏, Priemé A, Faucherre S, 等. 2017. 北极冻土区活跃层与永冻层土壤微生物组的空间分异. 微生物学报, 57(6): 839-855.

张健, 何晓波, 叶柏生, 等. 2013. 近期小冬克玛底冰川物质平衡变化及其影响因素分析. 冰川冻土, 35(2): 263-271.

张亮. 2018. 澳大利亚南极战略的内在逻辑及其影响. 亚太安全与海洋研究, (5): 48-59.

张堂堂, 任贾文, 康世昌. 2004. 近期气候变暖念青唐古拉山拉弄冰川处于退缩状态. 冰川冻土, 6: 736-739.

张侠, 杨惠根, 王洛. 2016. 我国北极航道开拓的战略选择初探. 极地研究, 28(2): 267-276.

张振振, 陈晨, 冯涛, 等. 2019. 南极旅游的发展和对我国的建议. 海洋开发与管理, 6: 59-62.

赵林, 盛煜. 2015. 多年冻土调查手册. 北京: 科学出版社.

赵宁宁. 2018. 挪威南极事务参与: 利益关切及政策选择. 边界与海洋研究, 3(4): 98-109.

赵宗慈, 罗勇, 黄建斌. 2015. 全球冰川正在迅速消融. 气候变化研究进展, 11(6): 440-442.

周汉昌, 马安周, 刘国华, 等. 2018. 冰川消退带微生物群落演替及生物地球化学循环. 生态学报, 38(24): 9021-9033.

周蓝月, 王世金, 孙振兀. 2019. 世界冰川旅游发展进程及其研究述评. 冰川冻土, 41(4): 1-11.

周幼吾, 邱国庆, 郭东信, 等. 2000. 中国冻土. 北京: 科学出版社.

朱建钢, 颜其德, 凌晓良. 2005. 南极资源及其开发利用前景分析. 中国软科学, 15(8): 22-27.

朱耀华, 魏泽勋, 方国洪, 等. 2014. 洋际交换及其在全球大洋环流中的作用: MOM4p1 积分 1400 年的结果. 海洋学报(中文版), 36(2): 1-15.

Agnan Y, Douglas T A, Helmig D, et al. 2018. Mercury in the Arctic tundra snowpack: temporal and spatial concentration patterns and trace gas exchanges. The Cryosphere, 12(6): 1939-1956.

Bennett K E, Prowse T D. 2010. Northern Hemisphere geography of ice-covered rivers. Hydrological Processes, 24: 235-240.

Benson C S. 1961. Stratigraphic studies in the snow and firn of the Greenland Ice Sheet. Folia Geographical Danica, 9: 13-37.

Biemans H, Siderius C, Lutz F, et al. 2019. Importance of snow and glacier meltwater for agriculture on the Indo-Gangetic Plain. Nature Sustainability, 2: 594-601.

Bokhorst S, Pedersen S H, Brucker L, et al. 2016. Changing arctic snow cover: a review of recent developments and assessment of future needs for observations, modelling, and impacts. Ambio, 45(5): 516-537.

Bromwich D H, Nicolas J P, Monaghan A J. 2011. An assessment of precipitation changes over antarctica and the southern ocean since 1989 in contemporary global reanalyses. Climate, 24: 4189-4209.

Bushuk T, Hudson S R, Granskog M A, et al. 2016. Spectral albedo and transmittance of thin young Arctic sea ice. Journal of Geophysical Research: Oceans, 121(1): 540-553.

Cauvy-Fraunié S, Dangles O. 2019. A global synthesis of biodiversity responses to glacier retreat. Nature Ecology and Evolution, 3: 1675-1685.

Comiso J C, Nishio F. 2008. Trends in the sea ice cover using enhanced and compatible AMSR-E, SSM/I, and SMMR data. Journal of Geophysical Research, 113(C2), doi: 10.1029/2007JC004257.

Cook A J, Holland P R, Meredith M P, et al. 2016. Ocean forcing of glacier retreat in the western Antarctic Peninsula. Science, 353(6296): 283-286.

Cooper E J. 2014. Warmer shorter winters disrupt Arctic terrestrial ecosystems. Annual Review of Ecology Evolution and Systematics, 45: 271-295.

Cuffry K M, Paterson W S B. 2010. The Physics of Glaciers . 4th ed. Amsterdam, Boston: Elsevier.

Cullather R I, Lim Y K, Boisvert L N, et al. 2016. Analysis of the warmest Arctic winter, 2015-2016. Geophysical Research Letters, 43: 10808-10816.

Derksen C, Brown R, Mudryk L, et al. 2015. Terrestrial snow state of the climate in 2014. Bulletin of the American Meteorological Society, 96: 133-135.

Ding Y, Zhang S, Zhao L, et al. 2019. Global warming weakening the inherent stability of glaciers and permafrost. Chinese Science Bulletin, (4): 245-253.

Dou T, Xiao C. 2016. An overview of black carbon deposition and its radiative forcing over the Arctic. Advances in Climate Change Research, 7: 115-122.

Dou T, Xiao C, Liu J, et al. 2019. A key factor initiating surface ablation of Arctic sea ice: earlier and increasing liquid precipitation. The Cryosphere, 13: 1233-1246.

Douglas T A, Loseto L L, Macdonald R W, et al. 2012. The fate of mercury in arctic terrestrial and aquatic ecosystems: a review. Environmental Chemistry, 9: 321 -355.

Fischer A. 2011. Comparison of direct and geodetic mass balances on a multi-annual time scale. Cryosphere, 5(1): 107-124.

Günther F, Overduin P P, Yakshina I A, et al. 2015. Observing Muostakh disappear: permafrost thaw subsidence and erosion of a ground-ice-rich island in response to Arctic summer warming and sea ice reduction. The Cryosphere, 9(1): 151-178.

Haeberili W, Whiterman C, Shorder J. 2015. Snow and Ice-related Hazards, Risks, and Disaster. Amsterdam: Elsevier.

Hanna E, Navarro F J, Pattyn F, et al. 2013. Ice-sheet mass balance and climate change. Nature, 498(7452): 51-59.

Hansen B B, Isaksen K, Benestad R E, et al. 2014. Warmer and wetter winters: characteristics and implications of an extreme weather event in the High Arctic. Environmental Research Letters, 9: 114021.

Holden C. 1998. Artificial glaciers to help farmers. Science, 202: 619.

Hugelius G, Strauss J, Zubrzycki S, et al. 2014. Estimated stocks of circumpolar permafrost carbon with quantified uncertainty ranges and identified data gaps. Biogeosciences, 11: 6573-6593.

Immerzeel W, Lutz F, Andrade M, et al. 2020. Importance and vulnerability of the world's water towers. Nature, 577: 364-369.

IPCC. 2013. Climate Change 2013: The Physical Science Basis//Stocker T F, Qin D, Plattner G K, et al. Contribution of Working Group I to the Fifth Assessment Report of the Intergovernmental Panel on Climate Change. Cambridge, United Kingdom and New York, NY, USA: Cambridge University Press: 1535.

Jan H, Olli K, Juha A, et al. 2018. Degrading permafrost puts Arctic infrastructure at risk by mid-century. Nature Communication, 9: 5147.

Kinnard C, Zdanowicz C M, Fisher D A, et al. 2011. Reconstructed changes in Arctic sea ice over the past 1450 years. Nature, 479: 509-512.

Kwok R, Rothrock D A. 2009. Decline in Arctic sea ice thickness from submarine and ICESat records: 1958-2008. Geophysical Research Letters, 36(15): L15501.

Lambeck K, Chappell J. 2001. Sea level change through the last glacial cycle. Science, 292(5517): 679-686.

Lee J R, Raymond B, Bracegirdle T J, et al. 2017. Climate change drives expansion of Antarctic ice-free habitat. Nature, 547(7661): 49-54.

Levermann A, Winkelmann R, Nowicki S, et al. 2014. Projecting Antarctic ice discharge using response functions from SeaRISE ice-sheet models. Earth System Dynamics, 5: 271-293.

Li G, Sheng Y, Jin H, et al. 2010. Development of freezing-thawing processes of foundation soils surrounding the China-Russia Crude Oil Pipeline in the permafrost areas under a warming climate. Cold Regions Science & Technology, 64(3): 226-234.

Liu J, Curry J A. 2010. Accelerated warming of the Southern Ocean and its impacts on the hydrological cycle and sea ice. Proceedings of the National Academy of Sciences of the United States of America, 107(34):

14987-14992.

Liu Y, Tian F, Hu H, et al. 2013. Socio-hydrologic perspectives of the co-evolution of humans and water in the Tarim River basin, Western China: the Taiji-Tire model. Hydrology and Earth System Sciences, 18(4): 1289-1303.

Matsumura S, Zhang X, Yamazaki K. 2014. Summer Arctic atmospheric circulation response to spring Eurasian snow cover and its possible linkage to accelerated sea ice decrease. Journal of Climate, 27: 6551-6558.

Meltofte H. 2013. Arctic Biodiversity Assessment. Status and Trends in Arctic Biodiversity. Akureyri: Conservation of Arctic Flora and Fauna.

Mercier H, Lherminier P, Sarafanov A, et al. 2015. Variability of the meridional overturning circulation at the Greenland-Portugal OVIDE section from 1993 to 2010. Progress in Oceanography, 132: 250-261.

Müller F. 1962. Zonation in the accumulation area of the glaciers of Axel Heiberg Island, N. W. T. , Canada. Journal of Glaciology, 4: 302-313.

Muster S, Roth K, Langer M, et al. 2017. PeRL: a circum-Arctic permafrost region pond and lake database. Earth System Science Data, 56(1): 317-348.

Obu J, Westermann S, Bartsch A, et al. 2019. Northern Hemisphere permafrost map based on TTOP modelling for 2000-2016 at 1 km^2 scale. Earth-Science Reviews, 193: 299-316.

Osterkamp T E. 2001. Sub-sea permafrost//Steele J H, Turekian K K, Thorpe S A. Encyclopedia of Ocean Sciences. Bostaon, Mass: Academic Press.

Paterson W S B. 1987. 张祥松, 丁亚梅译. 冰川物理学. 北京: 科学出版社.

Peeters B, Pedersen Å Ø, Loe L E, et al. 2019. Spatiotemporal patterns of rain-on-snow and basal ice in high Arctic Svalbard: detection of a climate-cryosphere regime shift. Environmental Research Letters, 14(1): 015002.

Peltier W R. 2004. Global glacial isostasy and the surface of the Ice-Age Earth: the ICE-5G (VM2) model and GRACE. Annual Review of Earth & Planetary Sciences, 32: 111-149.

Polyakov I V, Pnyushkov A V, Alkire M B, et al. 2017. Greater role for Atlantic inflows on sea-ice loss in the Eurasian Basin of the Arctic Ocean. Science, 356(6335): 285-291.

Rignot E, Jacobs S, Mouginot J, et al. 2013. Ice shelf melting around Antarctica. Science, 341(6143): 266-270.

Rignot E, Mouginot J, Scheuchl B. 2011. Ice flow of the antarctic ice sheet. Science, 333(6048): 1427-1430.

Rolnick D, Donti P L, Kaack L H, et al. 2019. Tackling climate change with machine learning. arXiv: 1906. 05433.

Shakhova N, Semiletov I, Salyuk A, et al. 2010. Extensive methane venting to the atmosphere from sediments of the East Siberian Arctic Shelf. Science, 327(5970): 1246-1250.

Shepherd A, Ivins E, Rignot E, et al. 2018. Mass balance of the Antarctic Ice Sheet from 1992 to 2017. Nature, 558: 219-222.

Shepherd A, Ivins E, Rignot E, et al. 2019. Mass balance of the Greenland Ice Sheet from 1992 to 2018. Nature, 579(7798): 233-239.

Turner J, Comiso J C, Marshall G J, et al. 2009. Non-annular atmospheric circulation change induced by stratospheric ozone depletion and its role in the recent increase of Antarctic sea ice extent. Geophysical Research Letters, 36(8), doi: 10.1029/2009GL037524.

Vandenberghe J, French H, Gorbunov A, et al. 2014. The Last Permafrost Maximum (LPM) map of the Northern Hemisphere: permafrost extent and mean annual air temperatures, 25-17ka BP. Boreas, 43(3): 652-666.

Vihma T, Screen J, Tjernström M, et al. 2016. The atmospheric role in the Arctic water cycle: a review on processes, past and future changes, and their impacts. Journal of Geophysical Research: Biogeosciences, 121(3): 586-620.

Walsh J E, Fetterer F, Scott Stewart J, et al. 2016. A database for depicting Arctic sea ice variations back to 1850. Geographical Review, 107(1): 89-107.

Wang L, Toose P, Brown R, et al. 2016a. Frequency and distribution of winter melt events from passive microwave satellite data in the pan-Arctic, 1988-2013. Cryosphere, 10(6): 2589-2602.

Wang T Y, Wu T H, Wang P, et al. 2019. Spatial distribution and changes of permafrost on the Qinghai-Tibet Plateau revealed by statistical models during the period of 1980 to 2010. Science of the Total Environment, 650(1): 661-670.

Wang Y, Ding M, van Wessem J M, et al. 2016b. A comparison of Antarctic ice sheet surface mass balance from atmospheric climate models and in situ observations. Journal of Climate, 29(14): 5317-5337.

Yang X, Pavelsky T M, Allen G H. 2020. The past and future of global river ice. Nature, 577: 69-73.

Yi Y, Kimball J S, Chen R, et al. 2019. Sensitivity of active-layer freezing process to snow cover in Arctic Alaska. The Cryosphere, 13: 197-218.

Yuan X, Martinson D G. 2000. Antarctic sea ice extent variability and its global connectivity. Journal of Climate, 13(10): 1697-1717.

Zemp M, Huss M, Thibert E, et al. 2019. Global glacier mass changes and their contributions to sea-level rise from 1961 to 2016. Nature, 568: 382-386.

Zhang T, Barry R G, Knowles K, et al. 2008. Statistics and characteristics of permafrost and ground-ice distribution in the Northern Hemisphere. Polar Geography, 31(1): 21.

Zhang Y, Ma N. 2018. Spatiotemporal variability of snow cover and snow water equivalent in the last three decades over Eurasia. Journal of Hydrology, 559: 238-251.

Zwally H J , Comiso J C , Parkinson C L , et al. 2002. Variability of Antarctic sea ice 1979-1998. Journal of Geophysical Research Oceans, 107(C5): 3041.

附录

冰冻圈野外生存与常用工具

一、野外生存要点

在山地行进，为避免迷失方向，节省体力，提高行进速度，应力求有道路不穿林翻山，有大路不走小路。若没有道路，可选择在纵向的山梁、山脊、山腰、河流小溪边缘，以及树高、林稀、空隙大、草丛低疏的地形上行进。一般不要走纵深大的深沟峡谷和草丛繁茂、藤竹交织的地方，力求走梁不走沟，走纵不走横。行进应遵循大步走的原则，山地也是如此。如果将步幅加大，三步并作两步走，几十公里下来，就可以少迈许多步，节省许多体力。当疲劳时，应用放松的慢行来休息，但不要停下来，站立 1min，慢行就可以走出几十米。

山地行走，经常会遇到各种岩石坡和陡壁。因此，攀登岩石是登山的主要技能。在攀登岩石之前，应对岩石进行细致的观察，慎重地识别岩石的质量和风化程度，然后确定攀登的方向和通过的路线。攀登岩石最基本的方法是"三点固定"法，要求登山者手和脚能很好地做配合动作。两手一脚或两脚一手固定后，再移动其他一点，使身体重心逐渐上升。运用该方法时，要防止蹿跳和猛进，并避免两点同时移动，而且一定要稳、轻、快，根据自己的情况，选择最合适的距离和最稳固的支点，不要跨大步和抓、蹬过远的点。

攀登冰川和雪坡要特别谨慎，冰川上裂隙很多，对人威胁最大的是冰瀑区和山麓边缘裂隙，特别是被积雪掩盖的隐裂隙。通过裂隙时，应数人结组行动，彼此用绳子连接，相邻两人之间的距离为 10~12m。在前面开路的人，要经常探测虚实。后面的人一定要踩着前面人的脚印走，这样比较安全。通过裂隙上的冰桥时，要匍匐前进。雪坡行进不仅要注意防裂隙，还要注意不要将雪蹬塌。在冰雪和积雪山坡交界的地方，积雪往往很深，行动时必须结组。过雪桥时开路者探测雪桥虚实，再行通过。如果雪很松软，而又必须由此通过时，应匍匐行进。攀登坡度很大的雪坡时，一定要两脚站稳后再移动。向前跨步，要用两脚前掌踏雪，踩成台阶再移动后脚。如果不慎滑倒，要立即俯卧，防止下滑。攀登冰川雪坡，要少走有裂缝的地方。一般来说，新雪后次日天晴，早晨九十点钟积雪发生雪崩。通过雪崩危险的地带应注意：预先松开背带，以备必要时解脱大背囊和其他装具，以保障行动自由。摘掉妨碍视觉和听觉的风雪帽，尽早发现雪崩征兆，避免横向通过有危险的雪坡、避免射击等音响震动、避免跌倒等冲击雪面的动作。若被卷入雪崩时，应在移动的雪流中勇猛地反复做游泳动作，力求浮到雪流表面上。因为雪崩停止后手脚就难以活动，应在雪流移动期间尽量浮出雪面。当埋入雪中后，让口中的唾液流出，看流动的方向，确定自己是否倒置，然后再努力自救。

在高寒地区需要大量饮水，许多高海拔病例如头痛、水肿、冻伤往往是由脱水而不是缺氧引起的。雪吃得越多越渴，由于雪水中缺少矿物质，因而即使是烧开了再喝，也会引起腹胀或腹泻。在高寒地带宿营，地点最好选择朝东向，因为日出就可以让帐篷晒到太阳，保持帐篷的温暖。在选择营地时，不要选择谷底，那里是冷空气的聚集地，也尽量避开承受强风的山脊或山凹。开阔地或溪谷不适合扎营，因为冷空气在晚上会凝聚于此。雪期宿营时，衣物最好置于睡袋内，必须穿着毛帽与袜子，这样保暖最佳。相机与底片也应放在睡袋内，这样才能防潮，同时起床不会受寒。在野外，一个挡风的帐篷能提供一个温暖的睡眠环境。一张好的防潮垫能有效地将睡袋与冰冷潮湿的地面分开，充气式的防潮垫效果更佳。

二、野外生存工具

1. 野外急救盒

在野外，没有人能够预料会发生什么事情。一个急救盒可以延长你的生命，务必随身携带：①铝或不锈钢制的饭盒——不仅是包装，也可作为炊具。盒盖内面也是发信号的反光板。②薄而结实的塑料布——用于保持体温、防止热量过快散失，隔潮或作为篷布。③防水火柴——火种一定要保存好，可用胶卷盒来密封。④大蜡烛——照明、生火、增加温暖。⑤多用途小刀。⑥指南针。⑦小哨——用于求救。⑧一小袋盐、糖果、复合维生素。⑨胶布——补丁或紧急绷带、除刺。⑩针线包——挑去异物、补衣。

2. 野外装备

完整的野外装备对于野外高海拔地区的攀登者而言是非常重要的，选择错误装备或是少了任何一项，则会对高海拔地区生活产生重大的影响，严重的话可能会失去一条宝贵的生命，基本的野外装备如下。

（1）风雪衣裤：雪地活动必备的是最外层的服装，其具备抗风防雪的功能，最佳的材质为 GORE TEX，无论买何种样式的上衣，须附有帽子以保护头部，吊带式雪裤最能防范跌倒时冰雪从裤腰跑入裤子内层。

（2）御寒外套：羽毛大衣或 Pile 材质外套为佳。

（3）里层：衬衫或毛线衣，毛线衣以宽松高领为佳且适合晚上睡觉穿。

（4）最内层：内衣裤以 P.P.材质的较为保暖。

（5）换洗衣服：以两至三套衣物作为行动及备用衣服，衣服不需带太多，若衣服长时间穿着，衣服内层会残留皮肤脱落的角质层而失去保暖作用。

（6）袜子：穿两双，以短而厚为宜。

（7）鞋垫：晚上睡觉可将湿鞋垫置入睡袋或羽毛大衣内烘干，避免隔天早上穿上湿的鞋垫在攀登期间冻伤脚趾。

（8）登山鞋：鞋底须选择较厚的底层，鞋子不穿时须置入防潮的袋子并放进帐篷内，以避免潮湿，此外，长时间的海外远征，鞋子最好换新，因为长时间不穿鞋面容易氧化造成危险，最好使用双重靴。

（9）绑腿：先穿绑腿再穿上风雪外裤，不仅可提高约 5℃ 的保温效果，而且在行动时也可避免鞋套被树枝勾到，还可以防止雪掉绑腿内。

（10）帽子：帽子应有三层，里层为头罩，保护皮肤用，中间层为保暖，最外层为 GORE-TEX 材质，具防风雪功能，一般俗称高手帽。

（11）御寒手套：御寒手套基本有两种，一种为并指（两指式）的羊毛手套，内层保温，外层可抗风雪；另一种为 P.P.手套，轻薄方便并兼具保温效果，这种手套属消耗品，因此建议多带几双备用，这两种手套同时戴着最保暖。

（12）风镜或墨镜：墨镜镜片须为深色，如墨绿色，较能防止紫外线，风镜镜片颜色较淡，能防风，但须防止镜片因结冰而破碎。雪盲通常 8h 后产生而雪盲时间长短视紫外线强弱程度而定。

（13）头灯：头灯的种类相当多，最好使用灯罩兼具开关，这种头灯使用方便且轻巧、易携带，备份的电池及灯泡须多带。

3. 野外生存装备

野外生存装备如下。

（1）帐篷：登山应用高山帐篷，通风、保暖、透气且非常结实，能防大风，一般旅游帐篷不适合高山地区；搭建帐篷时帐篷面最好朝南或东南面，这样能够看到清晨的阳光，营地尽量不要在棱脊或山顶上，至少要有凹槽地，不要搭于溪旁，晚上就不会太冷，营地选于沙地、草地或岩屑地等排水佳的营地，不需要挖排水沟，石头、树干可替代营钉。

（2）背包：登山最好使用带金属架的登山背包，若在冰壁攀登，则无金属架的背包较适宜。

（3）睡袋：普通气候条件可以用杜邦棉或其他棉的睡袋，但在高山或高寒地区以高质量的羽绒制成的睡袋较好，一般 1.5～2 kg 的充填绒量即可。

（4）防潮垫或气垫：防潮睡垫或充气睡垫用于与地面隔离，以保持体温及保证睡眠质量。

（5）卫星电话：卫星电话覆盖范围广，可保障野外紧急情况与外界进行信息沟通，保证救援工作的开展。

（6）地图的使用：地图是我们生活中不可或缺的一种工具，市售各种不同功能的地图，如县、市地图，街道图，游乐区简图，全球地图等，然而户外活动尤其是登山，它最需要的地图是等高线地图，这种地图能显示地表的各种地形，如高山、溪谷、险或缓坡、悬崖或峭壁都能表露无遗。等高线地图就是将地表高度相同的点连成一环线直接投影到平面形成水平曲线，不同高度的环线不会相合，除非地表显示悬崖或峭壁才能使某处线条太密集而出现重叠现象，若地表出现平坦开阔的山坡，曲线间的距离就相当宽，而它的基准线是以海平面的平均海潮位线为准，每张地图下方均有制作标示说明，可以方便使用者使用，主要图示有比例尺、图号、图幅接合表、图例与方位偏角度。

（7）指北针：指北针是登山健行不可或缺的工具，它的基本功能是利用地球磁场作用，指示北方方位，它必须配合地图寻求相对位置才能明确自己身处的位置。运用地图与指北针的主要目的就是让使用者了解自己与目的地之间的相关位置和地形变化并能标示在地图上。

（8）冰斧：选择冰斧时，应选择手持冰斧，手臂垂直，斧尖与脚踝同齐的高度即可。冰斧绳带长度最好能制作两个绳环，一个是手腕绳环，另一个是扣安全吊带的绳环，攀登过程不易遗失冰斧且多一个确保支点。

（9）冰爪：早期的带式冰爪穿脱相当麻烦且捆绑费时，目前最新的冰爪是快扣式冰爪，穿脱相当简便，穿冰爪时必须谨慎捆绑牢固，避免行进过程中冰爪脱落，造成危险，冰爪的爪尖不可太锐利更不能拿去磨砺，对于较潮湿的雪地，走路时容易因鞋底与冰爪间的积雪而跌倒，此时可用冰斧轻敲冰爪让积雪掉落，或是冰爪底部加装排雪板，不让软雪易附着于冰爪。

（10）安全吊带：安全吊带购买时，最好选择合身后再大一号的尺寸，因为雪地攀登会穿三至四条裤子。

（11）掣动器：掣动器又称下降器，选择时不能太小，以宽口的"8"环较好。

（12）攀升器：攀升器架设于主绳，攀升器只能往前推不能往后推，是绳队往高处攀登的利器，攀升器须用普鲁士绳紧系于使用者的安全吊带上，但绳长不得超过膝盖。

（13）普鲁士绳环：每人须准备两条约两米长的普鲁士绳，绳头以双渔人结缠绕。